高等学校通信工程专业"十二五"规划教材

通信工程应用数学

王国才　董　健　雷文太　主　编

漆华妹　副主编

邹逢兴　主　审

中国铁道出版社
CHINA RAILWAY PUBLISHING HOUSE

内 容 简 介

　　本书以高等数学、线性代数、概率论与数理统计等数学知识为基础，也是通信工程主要专业课程的基础。全书共分 9 章，主要内容包括整数、关系与函数、复变函数论、数学变换、图与网络分析、随机过程、随机序列、排队论、矢量分析，每章后均附有习题。

　　本书力图简明而全面地介绍通信工程专业课程中应用的数学基础知识，力求数学原理与通信技术相结合。本书适合作为高等学校通信工程专业本科生的教材，也可作为通信工程技术人员的参考书。

图书在版编目（CIP）数据

通信工程应用数学／王国才，董健，雷文太主编. —
北京：中国铁道出版社，2017.1
高等学校通信工程专业"十二五"规划教材
ISBN 978 - 7 - 113 - 22591 - 9

Ⅰ.①通… Ⅱ.①王… ②董… ③雷… Ⅲ.①通信 -
工程数学 - 高等学校 - 教材 Ⅳ.①TN911. 1

中国版本图书馆 CIP 数据核字（2016）第 295142 号

书　　　名：通信工程应用数学
作　　　者：王国才　董　健　雷文太　主编

策　　　划：曹莉群　周海燕　　　　　　　读者热线：（010）63550836
责任编辑：周海燕　徐盼欣
封面设计：一克米工作室
封面制作：白　雪
责任校对：张玉华
责任印制：郭向伟

出版发行：中国铁道出版社（100054，北京市西城区右安门西街 8 号）
网　　　址：http://www.51eds.com
印　　　刷：北京海淀五色花印刷厂
版　　　次：2017 年 1 月第 1 版　　　2017 年 1 月第 1 次印刷
开　　　本：787 mm×1 092 mm　1/16　印张：15　字数：370 千
书　　　号：ISBN 978 - 7 - 113 - 22591 - 9
定　　　价：38.00 元

高等学校通信工程专业"十二五"规划教材

在社会信息化的进程中，信息已成为社会发展的重要资源，现代通信技术作为信息社会的支柱之一，在社会发展、经济建设方面，起着重要的核心作用。信息的传输与交换的技术即通信技术得到了快速的发展，通信技术是信息科学技术发展迅速并极具活力的一个领域，尤其是数字移动通信、光纤通信、射频通信、Internet 网络通信使人们在传递信息和获得信息方面达到了前所未有的便捷程度。通信技术在国民经济各部门和国防工业以及日常生活中得到了广泛的应用，通信产业正在蓬勃发展。随着通信产业的快速发展和通信技术的广泛应用，社会对通信人才的需求在不断增加。通信工程（也作电信工程，旧称远距离通信工程、弱电工程）是电子工程的一个重要分支，电子信息类子专业，同时也是其中一个基础学科。该学科关注的是通信过程中的信息传输和信号处理的原理和应用。本专业学习通信技术、通信系统和通信网等方面的知识，能在通信领域中从事研究、设计、制造、运营及在国民经济各部门和国防工业中从事开发、应用通信技术与设备。

社会经济发展不仅对通信工程专业人才有十分强大的需求，同样通信工程专业的建设与发展也对社会经济发展产生重要影响。通信技术发展的国际化，将推动通信技术人才培养的国际化。目前，世界上有 3 项关于工程教育学历互认的国际性协议，签署时间最早、缔约方最多的是《华盛顿协议》，也是世界范围知名度最高的工程教育国际认证协议。2013 年 6 月 19 日，在韩国首尔召开的国际工程联盟大会上，《华盛顿协议》全会一致通过接纳中国为该协议签约成员，中国成为该协议组织第 21 个成员。标志着中国的工程教育与国际接轨。通信工程专业积极采用国际化的标准，吸收先进的理念和质量保障文化，对通信工程教育改革发展、专业建设，进一步提高通信工程教育的国际化水平，持续提升通信工程教育人才培养质量具有重要意义。

为此，中南大学信息科学与工程学院启动了通信工程专业的教学改革和课程建设，以及 2016 版通信工程专业培养方案。与中国铁道出版社在近期联合组织了一系列通信工程专业的教材研讨活动。他们以严谨负责的态度，认真组织教学一线的教师、专家、学者和编辑，共同研讨通信工程专业的教育方法和课程体系，并在总结长期的通信工程专业教学工作的基础上，启动了"高等院校通信工程专业系列教材"的编写工作，成立了高等院校通信工程专业系列教材编委会，由中南大学信息科学与工程学院主管教学的副院长施荣华教授、中南大学信息科学与工程学院电子与通信工程系李宏教授担任主任，邀请国家教学名师、国防科技大学邹逢兴教授担任主审。力图编写一套通信工程专业的知识结构简明完整的、符合工程认证教育的教材，相信可以对全国的高等院校通信工程专业的建设起到很好的促进作用。

本系列教材拟分为三期，覆盖通信工程专业的专业基础课程和专业核心课程。教材内容覆盖和知识点的取舍本着全面系统、科学合理、注重基础、注重实用、知识宽泛、关注发展的原则，比较完整地构建通信工程专业的课程教材体系。第一期包括以下教材：《信号与系统》《信号与系统分析》《信息论与编码》《网络测量》《现代通信网络》《通信工程导论》《计算机通信网络安全技术及应用》《北斗卫星通信》《射频通信系统》

《数字图像处理》《嵌入式通信系统》《通信原理》《通信工程应用数学》《电磁场与电磁波》《电磁场与微波技术》《现代通信网络管理》《微机原理与接口技术》《微机原理与接口技术实验指导》。

　　本套教材如有不足之处，请各位专家、老师和广大读者不吝指正。希望通过本套教材的不断完善和出版，为我国信息与通信工程教育事业的发展和人才培养做出更大贡献。

高等学校通信工程专业"十二五"规划教材编委会

2015.7

前　言

FOREWORD

通信的目的是由一个地方向另一个地方传递信息，以实现人与人之间、人与机器之间或机器与机器之间的信息交换。现代通信是用"电信号"或"光信号"运载信息的通信方式。信号可以表示为一个或者多个变量的函数，例如，一个语音信号可以表示为声压随时间变化的函数。为了分析信号在通信传输中的性质及其变化，需要应用数学变换、随机过程、随机序列、矢量分析；为了设计更大的通信范围，需要应用图论知识设计通信网络，应用排队论知识分析通信网络；为了实现通信保密和通信系统安全，可以应用数论知识、关系知识。可见，数学在通信工程领域中应用广泛，数学在通信系统以及信息处理等学科中具有极其重要的地位。

本书内容共分九章，第 1 章为整数，介绍整数的表示法、素数与因子分解、同余、离散对数、质素数有限域；第 2 章为关系与函数，介绍集合的概念与关系、关系的定义、相容关系、等价关系、偏序关系、函数；第 3 章为复变函数论，介绍复数与解析函数与柯西 – 黎曼条件、复积分、复级数、留数及其应用；第 4 章为数学变换，介绍傅里叶变换、拉普拉斯变换、z 变换、小波变换；第 5 章为图与网络分析，介绍图的基本概念、图的连通性、树和图的最小部分树、最短路径问题及算法、网络最大流与最小费用流、关键路径；第 6 章为随机过程，介绍随机过程的基本概念、平稳随机过程、高斯随机过程、平稳随机过程通过线性系统、窄带随机过程；第 7 章为随机序列，介绍随机序列的基本概念、随机序列的产生方法、伪随机序列、随机序列在通信工程中的应用；第 8 章为排队论，介绍排队服务系统的基本概念、到达与服务时间的分布、简单的排队系统模型、$M/G/1$ 排队系统、排队系统的优化、排队系统的随机模拟法；第 9 章为矢量分析，介绍矢量代数、三种常用的正交坐标系、标量场的梯度、矢量场的散度、矢量场的旋度、亥姆霍兹定理。

本书力图简明而全面地介绍通信工程专业课程中应用的数学基础知识，力求数学原理与通信应用相结合。

本书以高等数学、线性代数、概率论、数理统计为基础，由王国才、董健、雷文太任主编，由漆华妹任副主编。具体编写分工如下：第 1、3、4、5、8 章由王国才编写，第 2 章由漆华妹编写，第 6、7 章由董健编写，第 9 章由雷文太编写。本书由国防科技大学邹逢兴教授主审。中南大学施荣华教授、王玮副教授、康松林副教授、郭丽梅副教授对本书的编写提供了很多宝贵的建议；中国铁道出版社对本书的出版给予了大力支持，并提出了很多宝贵意见；在本书编写过程中参考了大量的书籍和国内外文献资料，在此，谨向这些著作者以及为本书出版付出辛勤劳动的同志深表感谢！

本书凝聚了编写人员多年的通信工程专业的教学经验和应用经验，由于编者水平有限，书中难免存在疏漏与不足之处，殷切希望广大读者批评指正。

编　者
2016 年 8 月

目　录

第1章 整数

通信，一般是指信息的传输与交换．通信速率的基本单位是 bit/s．可以将每一次传输与交换的信息看成一个整数或者若干整数．例如，因特网中的一个 IP 数据包 4500 001C 0001 0000 0411 8BB1 0A0C 0E05 0C06 0709 0102 0304 0506 0708，可以看成一个十六进制的整数，也可以看成由 45,00,00,1C,⋯ 28 个十六进制整数组成．在通信领域中，利用整数的性质，可以对信息进行编码、校验、加密等处理．

如果不加特殊说明，本章所涉及的数都是整数，所采用的字母（除了十六进制的数值）也表示整数．

1.1 整数的表示法

像 $-2,-1,0,1,2$ 这样的数称为**整数**．正整数、零与负整数构成**整数系**．在整数系中，零和正整数统称为**自然数**．$-1,-2,-3,\cdots,-n,\cdots$（$n$ 为非零自然数）为**负整数**．

1.1.1 进位制

进位制是一种计数方式，亦称进位计数法或位值计数法．利用这种计数方式，可以使用有限种数字符号来表示所有的数值．一种进位制中可以使用的数字符号的数目称为这种进位制的**基数或底数**．若一个进位制的基数为 n，即可称之为 n 进位制，简称 n 进制．现在最常用的进位制是十进制，这种进位制通常使用 10 个阿拉伯数字（即 0 ~ 9）进行计数．也常用十二进制，用于计算时辰、月份、一打物品．用于计算时间秒、分，使用六十进制．

在信息技术领域，通常用二进制、八进制、十六进制．二进位制通常使用 2 个阿拉伯数字（即 0 和 1）进行计数．八进制通常使用 8 个阿拉伯数字（即 0 ~ 7）进行计数．十六进制通常使用 10 个阿拉伯数字（即 0 ~ 9）和 6 个英语字母（A ~ F）进行计数．

可以用不同的进位制来表示同一个数．例如，57，一般看成十进制数 57，为了区分其他进制的数，可以记成 $57_{(10)}$，可以用二进制表示为 $111001_{(2)}$，也可以用五进制表示为 $212_{(5)}$，同时也可以用八进制表示为 $71_{(8)}$，亦可用十六进制表示为 $39_{(16)}$，它们所代表的数值都是一样的．这是因为有如下的关系式．

$$
\begin{aligned}
57_{(10)} &= 5 \times 10^1 + 7 \times 10^0 \\
&= 1 \times 2^5 + 1 \times 2^4 + 1 \times 2^3 + 0 \times 2^2 + 0 \times 2^1 + 1 \times 2^0 \\
&= 2 \times 5^2 + 1 \times 5^1 + 1 \times 5^0 \\
&= 7 \times 8^1 + 1 \times 8^0
\end{aligned}
$$

$$= 3 \times 16^1 + 9 \times 16^0$$

一般来说，b 进制有 b 个数字，如果 a_3, a_2, a_1, a_0 是其中四个数字，那么就有

$$a_3 a_2 a_1 a_0 = a_3 \times b^3 + a_2 \times b^2 + a_1 \times b^1 + a_0 \times b^0$$

其中，$a_3 a_2 a_1 a_0$ 表示一个数字序列，而不是数字的相乘．

从上面的叙述中，不难得出以下结论：

（1）一个数的某种进制的表示形式是唯一的．

（2）不同的进制表示形式可以相互转换．

（3）转换的方法采用除法，一个数除以 b，则可以得到最低位；商数除以 b，则可以得到次低位，重复用商数除以 b，则可以得到全部位．

（4）在编写程序时，大整数的表示也可以采用一个数组来存储表示这个数的数字序列．

1.1.2 原码、补码、反码

原码、补码、反码的目的是简化运算，具体地说，是为了让减法转换成加法．比如说时间，按 12 个小时来算，这个 12 就称为**模数**．假如现在的准确时间是 4 点，有一个时钟显示的是 7 点，要校准时间为 4 点，可以将时针退 3 格（$-3 = 4 - 7$），也可以向前拨 9 格（$-3 + 12 = 4 - 7 + 12$）．后退 3 格（即 -3）转换成前进 9 格（即 $+9$）．这里的 9 怎么得到呢？通过 $12 - (7 - 4)$．为了不用减法得到 9，就需要引进反码和补码．

原码：将符号位数码化了的数，其中"＋"用 0 表示，"－"用 1 表示，数值部分不变．

反码：正数的反码表示与原码表示一样；负数的反码表示是原码表示的符号位不变，数值位逐位取反．

补码：正数的补码表示与原码表示一样；负数的补码表示是原码表示的符号位不变，数值位逐位取反后最低位加 1（反码加 1）．

对于 8 bit 的数据，通常最高位表示符号，低 7 位表示该数的绝对值，这就是原码表示．部分 8 bit 整数的原码、反码、补码见表 1.1.1．应用补码，容易验证 $12 - 3$ 可以转换成加法：12 的补码 （00010100）和（-3）的补码 11111101 相加．因为 $00010100 + 11111101 = 00001001$（忽略进位）．

表 1.1.1

整数	-128	-127	-18	-3	-1	-0
原码	-	11111111	10010010	10000011	10000001	10000000
反码	-	10000000	11101101	11111100	11111110	11111111
补码	10000000	10000001	11101110	11111101	11111111	*10000000*
整数	+128	+127	+18	+3	+1	+0
原码	01111111	00010010	00000011	00000001	00000000	
反码	-	01111111	00010010	00000011	00000001	00000000
补码	-	01111111	00010010	00000011	00000001	00000000

用 8 位二进制记录数据，按照定义，0 有两种补码形式，即 $+0$（00000000）和 -0（10000000）．为了防止 0 有两个编码，即保证 0 的唯一性，把 10000000 分配给 -128，这样还可以多表示一个数字．之所以不分配给 $+128$，是因为其最高位是 1，表示一个负数，分给正数的话将会引起出错．

用 8 位二进制记录数据，只能存储 $-128 \sim 127$ 之间的数据，如果超过 127 或小于 -128 就需要增加位数，原码、补码、反码的表示规则不变．

1.2　素数与因子分解

1.2.1　整除的概念及其性质

设 a,b 是给定的整数，$b \neq 0$，若存在整数 c，使得 $a = bc$，则称 b **整除** a，记作 $b \mid a$，并称 b 是 a 的一个**约数**（**因子**，**因数**），称 a 是 b 的一个**倍数**，如果不存在上述 c，则称 b **不能整除** a.

显然：

(1)1 是任何整数的约数，即对于任何整数 a，总有 $1 \mid a$.

(2)0 是任何非零整数的倍数，$a \neq 0$，a 为整数，则 $a \mid 0$.

(3)若一个整数的末位是 0,2,4,6 或 8，则这个数能被 2 整除.

1.2.2　素数与合数

一个数，如果只有 1 和它本身两个约数，则称为**素数**（或称**质数**）. 100 以内的素数有 2,3,5,7,11,13,17,19,23,29,31,37,41,43,47,53,59,61,67,71,73,79,83,89,97.

一个数，如果除了 1 和它本身还有别的约数，则称为**合数**. 例如，4,6,8,9,12 都是合数.

0 和 1 不是素数也不是合数. 自然数除了 0 和 1 外，不是素数就是合数. 如果把自然数按其约数的个数的不同分类，可分为素数、合数、0 和 1.

如何找出某个正整数 n 内的所有素数呢？公元前 250 年由古希腊数学家埃拉托斯特提出了一种筛法，现在称之为埃拉托斯特筛法，简称埃氏筛或爱氏筛，是一种简单地找出某个正整数 n 内的所有素数的方法. 其方法如下：

首先，列出从 2 到 n 的所有整数. 先用 2 去筛，即把 2 留下，把 2 的倍数剔除掉；再把留下来的比 2 大的最小数，也就是 3 筛，把 3 留下，把 3 的倍数剔除掉；接下去用留下来的比 3 大的最小数 5 筛，不断重复下去，直到这个数大于 $\sqrt{n}$. 留下来的就全部是素数.

例如，求 25 以内的素数的步骤如下：

(1)列出 2 以后的所有整数：

$$2 \ 3 \ 4 \ 5 \ 6 \ 7 \ 8 \ 9 \ 10 \ 11 \ 12 \ 13 \ 14 \ 15 \ 16 \ 17 \ 18 \ 19 \ 20 \ 21 \ 22 \ 23 \ 24 \ 25$$

(2)标出序列中的第一个素数，也就是 2（序列中第 1 个），划掉 2 的倍数（用下画线标出），序列变成

$$2 \ 3 \ \underline{4} \ 5 \ \underline{6} \ 7 \ \underline{8} \ 9 \ \underline{10} \ 11 \ \underline{12} \ 13 \ \underline{14} \ 15 \ \underline{16} \ 17 \ \underline{18} \ 19 \ \underline{20} \ 21 \ \underline{22} \ 23 \ \underline{24} \ 25$$

(3)$25 > 2 \times 2$，继续标出序列中的第二个素数，也就是 3，划掉 3 的倍数（用下画线标出），即 9,15,21，序列变成

$$2 \ 3 \ \underline{4} \ 5 \ \underline{6} \ 7 \ \underline{8} \ \underline{9} \ \underline{10} \ 11 \ \underline{12} \ 13 \ \underline{14} \ \underline{15} \ \underline{16} \ 17 \ \underline{18} \ 19 \ \underline{20} \ \underline{21} \ \underline{22} \ 23 \ \underline{24} \ 25$$

(4)$25 > 3 \times 3$，继续标出序列中的第三个素数，也就是 5，划掉 5 的倍数（用下画线标出），即 25，序列变成

$$2 \ 3 \ \underline{4} \ 5 \ \underline{6} \ 7 \ \underline{8} \ \underline{9} \ \underline{10} \ 11 \ \underline{12} \ 13 \ \underline{14} \ \underline{15} \ \underline{16} \ 17 \ \underline{18} \ 19 \ \underline{20} \ \underline{21} \ \underline{22} \ 23 \ \underline{24} \ \underline{25}$$

(5)现在这个序列中最大数 $23 < 5 \times 5$，那么剩下的序列中所有的数都是素数，即

$$2 \ 3 \ 5 \ 7 \ 11 \ 13 \ 17 \ 19 \ 23$$

1.2.3 分解素因数

每个合数都可以写成几个素数相乘的形式,并且这种表示形式是唯一的.这个结论称为**算术基本定理**.其中每个素数都是这个合数的因数,称为这个合数的**素因数**.例如,$15 = 3 \times 5$,3 和 5 称为 15 的素因数.把一个合数用素因数相乘的形式表示出来,称为**分解素因数**.例如,把 28 分解素因数:$28 = 2 \times 2 \times 7$.

显然,每个偶数都有素因数 2.分解素因数的问题变为奇数的素因数分解问题.

分解素因数的方法有多个,目前的研究也很活跃.

1. 试除法

试除法就是尝试 $2 \sim \sqrt{n}$ 的整数是否整除 n.如果能整除则得到一个素因数和商.从该素因数开始继续对该商进行尝试,直到尝试的素因数等于尝试的商为止,或者尝试的素因数大于 $\sqrt{n}$ 为止.

2. 试拆法

试拆法就是尝试将奇数 n 表示成 m 个连续整数的和.例如,$51 = 16 + 17 + 18 = 3 \times 17$.试拆法的过程就是从 1 开始寻找若干连续整数的和的过程,全程不用除法.用试拆法分解 51 的素因数的过程如下:

$$51 < 1 + 2 + 3 + 4 + 5 + 6 + 7 + 8 + 9 + 10 = 55$$
$$51 < 2 + 3 + 4 + 5 + 6 + 7 + 8 + 9 + 10 = 54$$
$$51 < 3 + 4 + 5 + 6 + 7 + 8 + 9 + 10 = 52$$
$$51 > 4 + 5 + 6 + 7 + 8 + 9 + 10 = 49$$
$$51 < 4 + 5 + 6 + 7 + 8 + 9 + 10 + 11 = 60$$
$$51 < 5 + 6 + 7 + 8 + 9 + 10 + 11 = 56$$
$$51 = 6 + 7 + 8 + 9 + 10 + 11 = (6 + 11)/2 \times 6 = 17 \times 3$$

3. 费马整数分解方法

费马整数分解方法基于以下事实:如果正整数 $N = 2n + 1$,那么存在正整数 a, b 使得 $a^2 - b^2 = N$.假设 $N = cd$,那么 c 和 d 必为奇数,令 $a = \frac{c+d}{2}, b = \frac{c-d}{2}$,不难验证 $a^2 - b^2 = N$.因为 $(n + 1)^2 - n^2 = N$,方程 $x^2 - y^2 = N$ 至少有一组整数解,如果 $(x, y) = (a, b)$ 是它的一组正整数解,那么 $a \geqslant \sqrt{cd} = \sqrt{N}$,可见 a 取值于 $\sqrt{N} \sim n + 1$ 之间.费马整数分解的算法描述如下:

输入:正奇数 N.

输出:无.

返回:N 的一个因子.

(1)令 $x = \sqrt{N}$;

(2)令 $a = \lceil x \rceil, b = a^2 - N$;

(3)如果 b 是一个完全平方数,转(5);

(4)令 $a = a + 1, b = a^2 - N$,转(3);

(5)返回 $a - \sqrt{b}$,结束.

如果费马整数分解算法返回的值为 1,则说明 N 为素数.费马整数分解方法只是分解出整数的一个因子,不像试除法那样分解出整数的各个素数因子.如果希望用费马整数分解方法分解出整数的各个素因子,可以反复使用该方法.

例 1.2.1 分解 253.

解
$$\sqrt{253} \approx 15.9，令 a = 16，\quad b = 16^2 - 253 = 3$$
$$令 a = 17，\quad b = 17^2 - 253 = 36，\quad a - \sqrt{b} = 17 - 6 = 11$$

所以,一个因子是 11,另一个是 253/11 = 23.

4. 其他方法

从上述介绍中,可以感觉到整数素因子分解的工作主要是搜索,对于大整数而言,其计算量是巨大的. 著名的公开密钥 RSA 系统就是建立在大整数的分解极其困难的理论基础上的. 正是由于计算机的迅猛发展,随着加密与破密的对抗和数论自身理论的提高,整数分解的研究变得特别活跃,算法不断得到改进,整数分解素因数的算法还有二次筛法、数域筛法、连分数算法、椭圆曲线法等. 目前,对于大整数的分解计算量都是非常大的. 目前公认最快的整数素因子分解算法称为量子算法,其建立在未来的量子计算机上.

1.2.4 公约数与公倍数

几个数公有的约数称为这几个数的**公约数**. 其中,最大的一个称为这几个数的**最大公约数**. 例如,12 的约数有 1,2,3,4,6,12;18 的约数有 1,2,3,6,9,18. 其中,1,2,3,6 是 12 和 18 的公约数,6 是它们的最大公约数.

如果较小数是较大数的约数,那么较小数就是这两个数的最大公约数.

公约数只有 1 的两个数称为**互素数**. 例如,下列几种情况的两个数成互素关系:

(1)1 和任何自然数互素.

(2)相邻的两个自然数互素.

(3)两个不同的素数互素.

(4)当合数不是素数的倍数时,这个合数和这个素数互素.

如果两个数是互素数,它们的最大公约数就是 1. 两个合数的公约数只有 1 时,这两个合数互素. 如果几个数中任意两个都互素,就说这几个数两两互素.

几个数公有的倍数称为这几个数的**公倍数**. 其中,最小的一个称为这几个数的**最小公倍数**. 例如,2 的倍数有 2,4,6,8,10,12,14,16,18,…;3 的倍数有 3,6,9,12,15,18,…;其中 6,12,18,… 是 2,3 的公倍数,6 是它们的最小公倍数.

如果较大数是较小数的倍数,那么较大数就是这两个数的最小公倍数.

如果两个数是互素数,那么这两个数的积就是它们的最小公倍数.

几个数的公约数的个数是有限的,而几个数的公倍数的个数是无限的.

如果整数 a 和 b 的最大公约数是 d,则表示为 $d = (a, b)$ 或者 $d = \gcd(a, b)$.

1.2.5 辗转相除法

求两个数的公约数方法中最著名的是欧几里得辗转相除法,简称辗转相除法. 最早出现在公元前 300 年古希腊著名数学家欧几里得的《几何原本》(第 Ⅶ 卷,命题 i 和 ii)中. 而在中国则可以追溯至东汉出现的《九章算术》.

设两数为 $a, b (a > b)$,求 a 和 b 最大公约数 (a, b) 的步骤如下:

用 a 除以 b,得 $a \div b = q \cdots\cdots r_1 (0 \leqslant r_1)$. 若 $r_1 = 0$,则 $(a, b) = b$;若 $r_1 \neq 0$,则再用 b 除以 r_1,得 $b \div r_1 = q \cdots\cdots r_2 (0 \leqslant r_2)$. 若 $r_2 = 0$,则 $(a, b) = r_1$,若 $r_2 \neq 0$,则继续用 r_1 除 r_2,……,如此下去,直到能整除为止. 其最后一个非零除数即为 (a, b).

分析 设两数为 $a, b (b < a)$,用 $\gcd(a, b)$ 表示 a, b 的最大公约数,$r = a \bmod b$ 为 a 除以 b 以后

的余数,k 为 a 除以 b 的商,即 $a = kb + r$. 辗转相除法即是要证明 $\gcd(a,b) = \gcd(b,r)$.

证 令 $c = \gcd(a,b)$,则设 $a = mc,b = nc$,根据前提可知 $r = a - kb = mc - knc = (m - kn)c$,可知 c 也是 r 的因数,因此可以断定 $m - kn$ 与 n 互质. 否则,可设 $m - kn = xd,n = yd(d > 1)$,则 $m = kn + xd = kyd + xd = (ky + x)d$,即 $a = mc = (ky + x)dc,b = nc = ycd$,故 a 与 b 的最大公约数为 cd,而非 c,与前面结论矛盾.

从而可知 $\gcd(b,r) = c$,继而 $\gcd(a,b) = \gcd(b,r)$.

证毕.

对于辗转相除法的原理,也可以从以下三点来理解:

(1)如果 a 是任一整数,b 是任一大于零的整数,则总能找到一整数 q,使

$$a = bq + r$$

这里 r 是满足不等式 $0 \leqslant r < b$ 的一个整数.

(2)从 $a = bq + r$ 知道 $(a,b) = (b,r)$,即 a 和 b 的最大公因数与 b 和 r 的最大公因数是相等的. 这是因为对任意同时整除 a 和 b 的数 u,有 $a = su,b = tu$,它也能整除 r,因为 $r = a - bq = su - qtu = (s - qt)u$.

反过来每一个整除 b 和 r 的整数 v,有 $b = s'v$, $r = t'v$,它也能整除 a,因为 $a = bq + r = s'vq + t'v = (s'q + t')v$.

因此,a 和 b 的每一个公因子同时也是 b 和 r 的一个公因子,反之亦然.

(3)由于 r 是 a 除以 b 的余数,辗转相除法一直除下去,最后余数一定会得到 0.

例 1.2.2 $a = 1047,b = 797$,求 $\gcd(a,b)$.

解
$$1\ 047 = 1 \times 797 + 250$$
$$797 = 3 \times 250 + 47$$
$$250 = 5 \times 47 + 15$$
$$47 = 3 \times 15 + 2$$
$$15 = 7 \times 2 + 1$$

所以
$$\gcd(a,b) = 1$$

辗转相除法求 $\gcd$ 的算法描述如下:

/ * 功能:返回正整数 m 和 n 的最大公约数 * /

(1)如果 $m > n$ 则将 m 与 n 进行交换;

(2)如果 n 整除 m 则返回 n,否则转(3);

(3)temp $= m,m = n,n =$ temp% n;

(4)转(1).

1.3 同 余

同余理论是初等数论的重要组成部分,是研究整数问题的重要工具之一,利用同余来论证某些整除性的问题是很简便的.

1.3.1 同余的性质

1. 同余的定义

两个整数除以同一个整数,若得相同余数,则二整数同余. 最先引用同余的概念与符号者为

德国数学家高斯.

设 m 是大于 1 的正整数, a,b 是整数,如果 $m|(a-b)$,则称 a 与 b 关于模 m **同余**,记作 $a\equiv b(\bmod m)$,读作 a 与 b 对模 m 同余,或 a 同余于 b 模 m.

对同余,也可以理解成相同的余数,当然要求除数是相同的.

$\bmod m$ 称为**模运算**,或**求余运算**. C 语言的运算符"%"就是求余运算. 模运算在数论和信息技术领域都有着广泛的应用,从奇偶数的判别到素数的判别,从最大公约数的求法到孙子问题求解,从恺撒密码到公钥密码,都涉及模运算.

2. 同余与整除的关系

显然,有如下事实:

(1)若 $a\equiv 0(\bmod m)$,则 $m|a$;

(2) $a\equiv b(\bmod m)$ 等价于 a 与 b 分别用 m 去除,余数相同.

证 充分性:设 $a=mq_1+r_1,b=mq_2+r_2,0\le r_1<m,0\le r_2<m.$

因为 $a\equiv b(\bmod m)$, $a-b\equiv 0(\bmod m)$, $m|(a-b)$, $a-b=m(q_1-q_2)+(r_1-r_2)$,则有 $m|(r_1-r_2)$.

因为 $0\le r_1<m,0\le r_2<m$,所以 $0\le|r_1-r_2|<m$,即 $r_1-r_2=0$,所以 $r_1=r_2$.

必要性:设 a,b 用 m 去除余数为 r,即 $a=mq_1+r,b=mq_2+r,a-b=m(q_1-q_2)$,所以 $m|(a-b)$,故 $a\equiv b(\bmod m)$.

3. 同余的性质

(1)反身性: $a\equiv a(\bmod m)$;

(2)对称性:若 $a\equiv b(\bmod m)$,则 $b\equiv a(\bmod m)$;

(3)传递性:若 $a\equiv b(\bmod m)$, $b\equiv c(\bmod m)$,则 $a\equiv c(\bmod m)$.

证 上述性质很容易证明,下面仅证明(3).

因为 $a\equiv b(\bmod m)$,所以 $m|(a-b)$,同理 $m|(b-c)$,故 $m|[(a-b)+(b-c)]$,所以 $m|(a-c)$. 故 $a\equiv c(\bmod m)$.

4. 线性运算

如果 $a\equiv b(\bmod m)$, $c\equiv d(\bmod m)$,那么:

(1) $a\pm c\equiv b\pm d(\bmod m)$;

(2) $ac\equiv bd(\bmod m)$.

证 (1)因为 $a\equiv b(\bmod m)$,故 $m|(a-b)$,同理 $m|(c-d)$,所以 $m|[(a-b)\pm(c-d)]$,故 $m|[(a+c)-(b+d)]$,即 $a\pm c\equiv b\pm d(\bmod m)$.

(2)因为 $ac-bd=ac-bc+bc-bd=c(a-b)+b(c-d)$,又 $m|(a-b)$, $m|(c-d)$,故 $m|(ac-bd)$,所以 $a*c\equiv b*d(\bmod m)$.

5. 除法,消去律

若 $ac\equiv bc(\bmod m)$, $c\ne 0$,则 $a\equiv b(\bmod(m/(c,m)))$,其中 (c,m) 表示 c,m 的最大公约数.

特殊地若 $(c,m)=1$,则 $a\equiv b(\bmod m)$.

6. 乘方

如果 $a\equiv b(\bmod m)$,那么 $a^n\equiv b^n(\bmod m)$.

7. 其他

(1)若 $a\equiv b(\bmod m)$, $n|m$,则 $a\equiv b(\bmod n)$;

(2)若 $a\equiv b(\bmod m_i)$, $i=1,2,\cdots,n$,则 $a\equiv b(\bmod[m_1,m_2,\cdots,m_n])$,其中 $[m_1,m_2,\cdots,m_n]$ 表示 $m_1,m_2,\cdots,m_n$ 的最小公倍数.

1.3.2 欧拉定理

1. 欧拉函数 $\phi(m)$

欧拉函数 $\phi(m)$ 指小于 m 且与 m 互质的正整数的个数.

$\phi(m) = m - 1$（m 是素数）；

若 $m = q_1^{r_1} \times q_2^{r_2} \times \cdots \times q_i^{r_i}$，则 $\phi(m) = m(1 - 1/q_1)(1 - 1/q_2) \cdots (1 - 1/q_i)$.

例如，$m = 2 \times 3$，$\phi(m) = \phi(6) = 6(1 - 1/2)(1 - 1/3) = (2 - 1)(3 - 1) = 2$. 与 6 互质的数是 1,5.

2. 欧拉定理

定理 1.3.1（欧拉定理） 设 $a, n \in \mathbf{N}$，$(a, n) = 1$，则 $a^{\phi(n)} \equiv 1(\bmod n)$.

证 设 $x_1, x_2, \cdots, x_{\phi(n)}$ 是全部 $\phi(n)$ 个与 n 互素的数，$(a, n) = 1$，考察

$$a \times x_1(\bmod n), a \times x_2(\bmod n), \cdots, a \times x_{\phi(n)}(\bmod n) \tag{1.3.1}$$

式(1.3.1)中各项的乘积等于 $(a^{\phi(n)}(x_1 \times x_2 \times \cdots \times x_{\phi(n)}))(\bmod n)$

另一方面，由于 a, n 互素，x_i 也与 n 互素，则 ax_i 也一定与 n 互素.

又因为对于 x_i 和 x_j，如果 $x_i \neq x_j$，则 $ax_i(\bmod n) \neq ax_j(\bmod n)$，这由 a, p 互素和消去律可以得出，因此 ax_i 是 $x_1, x_2, \cdots, x_{\phi(n)}$ 中的某一个. 所以

$$(ax_1 \times ax_2 \times \cdots \times ax_{\phi(n)})(\bmod n)$$
$$= (ax_1(\bmod n) \times ax_2(\bmod n) \times \cdots \times ax_{\phi(n)}(\bmod n))(\bmod n)$$
$$= (x_1 \times x_2 \times \cdots \times x_{\phi(n)})(\bmod n)$$

所以，式中各项的乘积等于 $x_1, x_2, \cdots, x_{\phi(n)}$ 的乘积. 因此 $(a^{\phi(n)}(x_1 \times x_2 \times \cdots \times x_{\phi(n)}))(\bmod n) = (x_1 \times x_2 \times \cdots \times x_{\phi(n)})(\bmod n)$，而 $x_1 \times x_2 \times \cdots \times x_{\phi(n)}(\bmod n)$ 和 n 互质，根据消去律，可以从等式两边约去，得到

$$a^{\phi(n)} \equiv 1(\bmod n)$$

证毕.

推论 1.3.1 对于互素的数 a, n，满足 $a^{\phi(n)+1} \equiv a(\bmod n)$.

定理 1.3.2（费马定理） a 是不能被素数 p 整除的正整数，则有 $a^{(p-1)} \equiv 1(\bmod p)$

证明这个定理非常简单，由于 $\phi(p) = p - 1$，代入欧拉定理即可证明.

推论 1.3.2 对于不能被素数 p 整除的正整数 a，有 $a^p \equiv a(\bmod p)$.

1.3.3 中国剩余定理

《孙子算经》中的题目:有物不知其数,三个一数余二,五个一数余三,七个一数又余二,问该物总数几何? 该问题常常被简称为孙子问题.

《孙子算经》中的解法:三三数之,取数七十,与余数二相乘;五五数之,取数二十一,与余数三相乘;七七数之,取数十五,与余数二相乘. 将诸乘积相加,然后减去一百零五的倍数.

孙子问题转化为同余式组:

$$x = 2(\bmod 3)$$
$$x = 3(\bmod 5)$$
$$x = 2(\bmod 7)$$

其解法可以表述成:

令 $$x = 5 \times 7 \times 2 + 3 \times 7 \times 3 + 3 \times 5 \times 2 \bmod 3 \times 5 \times 7$$

即 $$x = 233 \bmod 3 \times 5 \times 7 = 233 \bmod 105 = 23$$

一般地,可以归纳为如下定理:

定理 1.3.4(中国剩余定理 CRT) 设 $m_1, m_2, \cdots, m_k$ 是两两互素的正整数,即 $\gcd(m_i, m_j) = 1$, $i \neq j, i, j = 1, 2, \cdots, k$,则同余方程组

$$x \equiv b_1 (\bmod\ m_1)$$
$$x \equiv b_2 (\bmod\ m_2)$$
$$\cdots$$
$$x \equiv b_k (\bmod\ m_k)$$

模 $M = m_1 \times m_2 \times \cdots \times m_k$ 有唯一解,即存在唯一的 x,满足

$$x \equiv b_i \bmod M, \quad i = 1, 2, \cdots, k$$

且 $$x \equiv M_1 N_1 b_1 + M_2 N_2 b_2 + \cdots M_k N_k b_k (\bmod\ M)$$

其中,$M = m_1 m_2 m_3 \cdots m_k$,$M_i = M/m_i$ $(1 \leqslant i \leqslant k)$,$N_j$ 满足 $M_j N_j \equiv 1 (\bmod\ m_j)$,$1 \leqslant j \leqslant k$.

中国剩余定理在加密运算中可以简化某些加密计算,也可以用于设计某些加密算法.

1.4 离 散 对 数

离散对数是一个数学词语. 离散对数和一般的对数有着相类似的性质,但离散对数的求解目前还是一个计算量巨大的问题.

1. 本原元

对于模运算,例如模 19 下,$7^1 = 7 \bmod 19$,$7^2 = 11 \bmod 19$,$7^3 = 1 \bmod 19$,$7^4 = 7 \bmod 19$,$7^5 = 11 \bmod 19$,$7^6 = 1 \bmod 19$,$7^7 = 7 \bmod 19$,具有周期性.

而 $2^1 = 2 \bmod 19$,$2^2 = 4 \bmod 19$,$2^3 = 8 \bmod 19$,$2^4 = 16 \bmod 19$,$2^5 = 13 \bmod 19$,$2^6 = 7 \bmod 19$,$2^7 = 14 \bmod 19$,$2^8 = 9 \bmod 19$,$2^9 = 18 \bmod 19$,$2^{10} = 17 \bmod 19$,$2^{11} = 15 \bmod 19$,$2^{12} = 11 \bmod 19$,$2^{13} = 3 \bmod 19$,$2^{14} = 6 \bmod 19$,$2^{15} = 12 \bmod 19$,$7^{16} = 5 \bmod 19$,$2^{17} = 10 \bmod 19$,$2^{18} = 1 \bmod 19$ 即通过 2 的幂再求余数的计算,可以得到 1~18 的全部 18 个整数. 为了区分整数的这个特性,引入阶、本原元的概念.

阶:模 n 下 a 的阶 b,为使得 $a^b = 1 \bmod n$ 成立的最小正整数 b. 例如,模 19 下 7 的阶为 3,模 19 下 2 的阶为 18.

本原元:若素数模 n 下 a 的阶为 $n-1$,则 a 就是 n 的本原元 2 是 19 的本原元.

本原元并不唯一,例如,19 的本原元有 2,3,10,13,14,15.

如果 b 是素数 n 的本原元,则 $b^{n-1} = 1 \bmod n$,且 $b^{(n-1)/2} = -1 \bmod n$.

2. 模幂算法

模幂运算是指先进行幂运算,再进行模运算.

根据等式 $a^b \bmod p = ((a \bmod p)^b) \bmod p$,可以简化计算. 例如,求 3333^{5555} 的个位数,即求 $3333^{5555} \bmod 10$. 由于 $3333^{5555} \bmod 10 = 3^{5555} \bmod 10$. 又因为 $3^4 = 81$,所以 $3^4 \bmod 10 = 1$,$5555 = 4 \times 1388 + 3$,所以 $3^{5555} = (3^{(4 \times 1388)} \times 3^3) \bmod 10 = ((3^{(4 \times 1388)} \bmod 10) \times 3^3 (\bmod\ 10)) (\bmod\ 10) = (1 \times 7) \bmod 10 = 7$.

利用这些规则可以有效地计算 $X^n (\bmod\ p)$. 简单的算法是将 result 初始化为 1,然后重复将 result 乘以 x,每次乘法之后应用% 运算符进行 mod 运算(这样使得 result 的值变小,以免溢出),执

行 n 次相乘后,result 就是要找的答案.

这样对于较小的 n 值来说,实现是合理的,但是当 n 的值很大时,需要计算很长时间,是不切实际的. 下面的结论可以使得指数快速地降低,从而得到一种更快的算法.

如果 n 是偶数,那么 $x^n = (x \times x)^{n/2}$;

如果 n 是奇数,那么 $x^n = x \times x^{(n-1)} = x \times (x \times x)^{(n-1)/2}$.

3. 离散对数问题及其应用

所谓离散对数,就是给定正整数 x, y, n,求出正整数 k(如果存在的话),使 $y \equiv x^k (\bmod\, n)$. 通常应用中的模数是素数的情况.

设 p 是素数,a 是 p 的本原元. 对 $b \in \{1, \cdots, p-1\}$,有唯一的 $i \in \{1, \cdots, p-1\}$,使 $b \equiv a^i \bmod p$. 称 i 为模 p 下以 a 为底 b 的**离散对数**,记为 $i \equiv \log_a b (\bmod\, p)$.

已知 a, p, i,求 b 比较容易,但已知 a, b, p,求 i 非常困难,称为**离散对数问题**.

就目前而言,人们还没有找到计算离散对数的快速算法(所谓快速算法,是指其计算复杂性在多项式范围内的算法,即 $O(\log_2 n)^k$,其中 k 为常数,n 是 p 的位数). 虽然有快速计算离散对数的量子算法,但现在并没有量子计算机.

目前,离散对数问题求解的困难性广泛应用于通信保密和信息安全领域. 例如,著名的 Diffie - Hellman 密钥交换算法的安全性基于离散对数问题. 该算法描述如下:

设通信双方为 A 和 B,他们之间要进行保密通信,需要协商一个密钥,为此,他们共同选用一个大素数 p 和 p 的一个本原元 g,并进行如下操作:

(1)用户 A 产生随机数 $\alpha (2 \leqslant \alpha \leqslant p-2)$,计算 $y_A = g^\alpha (\bmod\, p)$,并发送 y_A 给用户 B;

(2)用户 B 产生随机数 $\beta (2 \leqslant \beta \leqslant p-2)$,计算 $y_B = g^\beta (\bmod\, p)$,并发送 y_B 给用户 A;

(3)用户 A 收到 y_B 后,计算 $k_{AB} = y_B^\alpha (\bmod\, p)$;用户 B 收到 y_A 后,计算 $k_{BA} = y_A^\beta (\bmod\, p)$.

显然有

$$k_{AB} = y_B^\alpha (\bmod\, p) = g^{\beta\alpha} (\bmod\, p)$$

$$k_{BA} = y_A^\beta (\bmod\, p) = g^{\alpha\beta} (\bmod\, p)$$

$$k = k_{AB} = k_{BA}$$

在实际应用时,要求 p 是一个足够大的素数,这时,除 A 以外的用户想知道随机数 α 的值需要求解离散对数问题,同样,除 A 以外的用户想知道随机数 β 也需要求解离散对数问题,从而,除 A, B 之外,都无法得到 k. 这样,用户 A 和 B 就拥有了一个共享密钥 k,就能以 k 作为会话密钥进行保密通信了.

4. 求离散对数的大步 – 小步算法

目前计算离散对数的主要算法有 Pohlig - Hellman 离散对数求法、Shank 法、Pollard 法等. 这些算法或者对计算的条件要求苛刻,如当 $p-1$ 为形如 2 的幂次方,$p-1$ 的因数都较小,这也意味着设计密码算法时,如果 p 选择不当,则可能容易破解密码算法. Shank 法即大步 – 小步算法适合于所有离散对数问题,但需要计算模乘等费时的操作和较多数据的存储.

大步 – 小步算法的基本思想如下:

(1)选定 $d \approx \sqrt{n}$,计算 $x = qd + r, 0 \leqslant r < d$;

(2)建立一表格 $(\lambda, \log_a \lambda)$,$\log_a \lambda = 0, 1, \cdots, d-1$,$\lambda$ 按顺序排序;

(3)由于假定 $y = a^x = a^{qd+r} \bmod p$,所以 $y a^{-dq} = y(a^{-d})^q = a^r \bmod p$.

求 x 的过程转换为求 q 的过程,而每一个 q 值是否适合需要通过查找表格 $(\lambda, \log_a \lambda)$,也正因为这种特征,该算法称为大步 – 小步算法.

例　求出正整数 x，使 $17 \equiv 2^x \pmod{19}$.

解　一种方法是计算出所有的 2 的模 19 的模幂，直到等于 17 为止，从本节本原元的计算中可知，$x = 10$.

若采用大步 – 小步算法 $d = 5, r = 0, 1, 2, 3, 4$，表格 $(\lambda, \log_a \lambda)$ 如表 1.4.1 所示.

表　1.4.1

$\log_a \lambda = r$	0	1	2	3	4
λ	1	2	4	8	16

$$2^{-5} = 2^{18-5} = 2^{13} = 3 \bmod 19$$

$q = 1, y = 17$，表中无 $\lambda = 17$ 的数据项；

$q = q + 1 = 2, 17 \times 3^2 = 1$，表中存在 $\lambda = 1$ 的数据项，得到 $r = 0, q = 2, x = qd + r = 2 \times 5 + 0 = 10$.

1.5　素数检验方法

在实际应用时，要求应用素数，例如应用 Diffie – Hellman 密钥交换算法. 用埃拉托斯特筛法可以检定素数，但需要存储的数据较多，花费的时间也多. 为了减少存储的数据量，可以采用试除法，尝试 $2 \sim \sqrt{n}$ 的整数是否整除 n. 当然，实际上可以进一步简化为尝试用 $\sqrt{n}$ 以内的所有素数 p_1, $p_2, \cdots, p_k$ 是否整除 n，但需要已知 $\sqrt{n}$ 以内的所有素数 $p_1, p_2, \cdots, p_k$.

1.5.1　AKS 算法

素数检验方法目前最新的得到公认的是 AKS 算法，这是 2002 年 Agrawal，Kayak，Saxena 提出的多项式时间内判别素数的一种确定性算法. AKS 素数测试主要是基于以下定理：整数 $n (\geqslant 2)$ 是素数，当且仅当

$$(x - a)^n = (x^n - a) \bmod n \qquad (1.5.1)$$

这个同余多项式对所有与 n 互质的整数 a 均成立. 这个定理是费马小定理的一般化，并且可以简单地使用二项式定理与二项式系数的特征

$$\binom{n}{k} \equiv 0 \pmod{n}，对任何 \ 0 < k < n，当且仅当 \ n \ 是素数$$

来证明出此定理.

虽然说关系式 (1.5.1) 基本上构成了整个素数测试，但是验证花费的时间却很长. 因此，为了减少计算复杂度，AKS 改用以下的同余多项式

$$(x - a)^n = (x^n - a) \pmod{n, x^r - 1} \qquad (1.5.2)$$

这个多项式的含义为存在多项式 f 与 g，使得

$$(x - a)^n - (x^n - a) = nf + (x^r - 1)g \qquad (1.5.3)$$

这个同余式可以在多项式时间之内检查完毕. 这里要注意所有的素数必定满足此条件式（令 $g = 0$，则式 (1.5.3) 等于式 (1.5.1)，因此符合 n 必定是素数）. 然而，有一些合数也会满足这个条件式. 有关 AKS 正确性的证明包含了推导出存在一个足够小的 r 以及一个足够小的整数集合 A，如果此同余式对所有 A 中的整数都满足，则 n 必定为素数. 整个算法的操作如下：

（1）输入 $n > 1$.

(2)若 n 可以写成 a^b $(b > 1)$ 的形式,则输出合数.

(3)$r = 2$.

(4)当 $(r < n)$ 进行以下计算:

若 $\gcd(n, r) \neq 1$,输出合数;

令 q 为 $r - 1$ 的最大素因子;

若 $n^{\frac{r-1}{q}} \equiv 1 \bmod r$ 不成立,并且 $q \geq 4\sqrt{r}\log_2 n$,则 break;

$r = r + 1$.

(5)从 $a = 1$ 到 $s = 2\sqrt{r}\log_2 n$ 进行以下计算:

若 $(x - a)^n \equiv (x^n - a)\,(\bmod\ n, x^r - 1)$ 不成立,则输出合数.

(6)输出素数.

下面说明若 n 是一个素数,那么算法总是会返回素数.由于 n 是素数,步骤 $(1) \sim (4)$ 永远不会返回合数;步骤 (5) 也不会返回合数,因为式 $(1.5.2)$ 对所有素数 n 为真.因此,算法一定会在步骤 (4) 退出循环或在步骤 (6) 返回素数.

对应地,如果 n 是合数,那么算法一定返回合数.如果算法返回素数,那么一定是从步骤 (4) 或 (6) 返回.对于前者,因为 $n \leq r$,n 必然有因子 $a \leq r$ 符合 $1 < \gcd(a, n) < n$,因此会返回合数.剩余的可能性就是步骤 (4) 和 (5),这种情况被证明不会发生,因为在步骤 (5) 中检验的多个等式可以确保输出一定是合数.

1.5.2 Miller – Rabin 判定法

AKS 算法只适用于 n 很大的时候.目前对于 2500 比特以内的整数的检测较实用的是 Miller – Rabin 判定法,Miller – Rabin 判定法的依据是:

若 n 是素数,b 是整数,b 不整除 n,则 n 必然通过以 b 为基的 Miller – Rabin 测试,即:令 $n - 1 = 2^l m$,其中 l 是非负整数,m 是正整数,必有 $b^m = 1 \bmod n$ 或 $b^{mj} = 1 \bmod n$,j 是 2 的幂 $(0 \leq j \leq 2^{i-1})$.

可以应用其证明费马小定理:若 p 为素数,则 $a^p \equiv a\,(\bmod\ p)$ 即 $a^{p-1} \equiv 1\,(\bmod\ p)$.

Miller – Rabin 判定法存在误差,是一种概率检测算法,也被称为素数的 Miller – Rabin 概率测试法.算法如下:

输入:一个大于 3 的奇整数 n.

输出:返回 n 是否素数(概率意义上的,一般误判断的概率小于 2^{-80} 即可).

(1)将 $n - 1$ 表示成 $2^s r$;

(2)选择一个随机整数 $b(2 \leq b \leq n - 2)$,计算 $y = b^r\,(\bmod\ n)$;

(3)若 $y = 1$,则转 (8);

(4)$j = 1$;

(5)如果 $y \neq n - 1$,则转 (8);

(6)若 $j = s$,则 n 非素数,结束;

(7)计算 $y = y \times y\,(\bmod\ n)$,$j = j + 1$,转 (5);

(8)返回素数.

例 检验 17 的素性.

解 $n - 1 = 16 = 2^4$,$s = 4$,$r = 1$,选择一个随机数 $b = 3$,$y = 3 \neq 1$,$j = 1$,$y = 9$,$j = j + 1 = 2$;$y = 81$ mod $17 = 13$,$j = 3$;$y = 13^2$ mod $17 = 16 = 17 - 1$,n 是素数,即 17 是素数.

以上是通过一次 Miller – Rabin 判定,可以验证,选择一个随机数 $b = 4, 5, 6, \cdots, 15$ 都可以通过.

1.6 有 限 域

有限是指元素的个数有限多个. 有限域首先由 E. 伽罗瓦发现,因而又称伽罗瓦域. 它和有理数域、实数域比较,有着许多特性.

1.6.1 相关概念

1. 交换群的定义

交换群,又名阿贝尔群(Abel group,以数学家尼尔斯·阿贝尔命名),是这样一类群$(G, +)$:设 G 是一个集合,元素间定义了一种运算 +,对任意 a,b 属于 G,满足 $a + b = b + a$(交换律).

交换群中的这个运算 + 是一种抽象的运算,整数的加法运算是其中的一个具体实例. 例如,整数群 $< \mathbf{Z}, + >$,实数群 $< \mathbf{R}, + >$ 关于加法,都是交换群.

2. 域的定义

一个域是一组元素的集合,集合 $F = \{a, b, \cdots\}$,对 F 的元素定义了两种运算:"+"和"*",并满足以下三个条件.

(1) F 的元素关于运算"+"构成交换群,设其单位元素为 0,即 $a + b = b + a, a + 0 = 0 + a = a$.

(2) $F \backslash \{0\}$ 的元素关于运算"*"构成交换群. 即 F 中元素排除元素 0 后,关于运算"*"构成交换群,设其单位元素为 1,即 $a * b = b * a, a * 1 = 1 * a = a$.

(3) 分配率成立,即对于任意元素 $a, b, c \in F$,恒有 $a * (b + c) = (b + c) * a = a * b + a * c$.

3. 有限域的定义

F 域的元素数目有限时称为**有限域**.

例如,p 是素数时,可验证 $F\{0, 1, 2, \cdots, p-1\}$,在 mod p 意义下,关于求和运算"+"及乘积"*"构成域. 通常记为 GF(P).

在 $m = 2, 4, 8, 16$ 时,关于对模 m 的求和运算"+"及乘积"*"都可以构成域. 通常记为 GF(2),GF(4),GF(8),GF(16). 信息领域常用 GF(P),GF(2),GF(8),GF(32) 等.

4. 负元

域的定义中的运算"+"相当于处理实数时的加法运算.

对域中元素 a,若 $a + b = 0$,则称 b 是 a 的**负元**,记为 $-a$. 显然,a, b 互为负元.

负元的概念用来取代减法计算. 因此,域的定义中没有单独定义减法运算.

5. 逆元

域的定义中的运算"*"相当于处理实数时的乘法运算.

对域中元素 a,若 $a * b = 1$,则称 b 是 a 的**逆元**,记为 a^{-1}. 显然,a, b 互为逆元.

逆元的概念用来取代除法计算. 因此,域的定义中没有单独定义除法运算.

例 设 $a = 1047, b = 797$,求 $b^{-1} \bmod a$.

解 根据辗转相除法,有

$$1047 = 1 * 797 + 250$$
$$797 = 3 * 250 + 47$$
$$250 = 5 * 47 + 15$$
$$47 = 3 * 15 + 2$$
$$15 = 7 * 2 + 1$$

由此判断 $(a,b)=1,b$ 的逆存在.

由 $1047=1*797+250$ 得到 $250=1047+(-1)*797$;

由 $797=3*250+47$ 得到 $47=797+(-3)*250=(-3)*1047+4*797$;

由 $250=5*47+15$ 得到 $15=250-5*47$;

由 $47=3*15+2$ 得到 $2=47-3*15$;

由 $15=7*2+1$ 得到 $1=15-7*2=373*1047+(-490)*797$.

所以 $(-490)*797 \bmod 1047=1$,即 $557*797 \bmod 1047=1$.

$$b^{-1}\bmod a=557.$$

验算:$557*797=443\,929=424*1047+1$.

6. 有限域的阶

有限域元素的数目称为有限域的**阶**.对于有限域,其元素的数目必然是素数的幂.而这个对应的素数称为有限域的**特征**.在编码和密码理论里面 2^n 阶有限域被广泛使用,具有非常重要的意义.

另外,所有阶数相同的有限域都是同构的.也就是说,从本质上讲,给定有限域的阶,有限域就唯一确定了.

1.6.2 有限域多项式

多项式的系数的取值是在有限域上的多项式.例如,$c(x)=\sum c_i x^i$,$a(x)=\sum a_i x^i$,$b(x)=\sum b_i x^i$,$a(x),b(x),c(x)$ 是有限域 $\mathrm{GF}(2)$ 上的多项式,各多项式的系数的取值于 $\mathrm{GF}(2)$,即其系数只能是 0 或 1.

一个 $\mathrm{GF}(2)$ 上的多项式与一个比特串一一对应.例如,多项式 $x^6+x^4+x^2+x+1$ 等价于比特串 01010111,即十六进制表示的 57.

1. 有限域多项式加法

多项式之和等于先对具有相同 x 次幂的系数求和,然后各项再相加.而各系数求和是在域 F 中进行的,$c(x)=a(x)+b(x)$ 等价于 $c_i=a_i+b_i$.

2. 有限域多项式减法

有限域多项式减法先化成多项式的和来计算,即对减项的各系数用对应的负元表示,然后按有限域多项式加法进行计算.

在 $\mathrm{GF}(2)$ 上,由于 0 的负元是 0,1 的负元是 1,因此,$\mathrm{GF}(2)$ 上的有限域多项式减法可以直接用有限域多项式加法代替.

3. 有限域多项式乘法

多项式乘法通过多项式加法满足结合律、交换律和分配律来进行计算.

为使乘法运算在 F 域上具有封闭性,选取一个 n 次不可约多项式 $m(x)$,当多项式 $a(x)$ 和 $b(x)$ 的乘积定义为模多项式 $m(x)$ 下的多项式乘积,$c(x)=a(x).b(x)$ 等价于 $c(x)=a(x)\times b(x)(\bmod m(x))$.

不可约多项式是指多项式除了它本身和 1 以外没有其他因式.取不可约多项式的原因是想通过 $c(x)$ 和 $a(x)$ 可以唯一地确定 $b(x)$.

AES 密码算法应用了有限域 $\mathrm{GF}(2^8)$ 内的多项式乘法,这个不可约多项式被命名为 $m(x)$,$m(x)=x^8+x^4+x^3+x+1$,乘法所得到的结果再经一个不可约简的 8 次二进制多项式 $m(x)$ 取模后得到最后的结果.AES 密码算法中定义了一个 xtime( ) 运算,下面以 xtime( ) 来讨论有限域多项式乘法.

$$xtime(b(x)) = x * (\sum b_i x^i) = x * (b_7 x^7 + b_6 x^6 + b_5 x^5 + b_4 x^4 + b_3 x^3 + b_2 x^2 + b_1 x + b_0) \bmod (m(x))$$
$$= (b_7 x^8 + b_6 x^7 + b_5 x^6 + b_4 x^5 + b_3 x^4 + b_2 x^3 + b_1 x^2 + b_0 x) \bmod (m(x))$$
$$= (b_6 x^7 + b_5 x^6 + b_4 x^5 + b_3 x^4 + b_2 x^3 + b_1 x^2 + b_0 x) + (b_7 x^4 + b_7 x^3 + b_7 x + b_7)$$

由于 $xtime(xtime(b(x))) = x^2 * (\sum b_i x^i)$，乘以一个高于一次的多项式可以通过反复使用 xtime( )操作，然后将多个中间结果相加的方法来实现，由此达到简化运算的目的.

4. 有限域上多项式除法及其应用——CRC

循环校验方式简称 CRC，即循环冗余校验，它是错码检查与纠正方式中最重要的一种. 其优点是对随机错码和突发错码均能以较低的冗余度进行严格检查.

循环码的计算运用了多项式的性质. 设欲传送的信息长度为 k 位，k 位信息可作为一个 $k-1$ 阶多项式的系数，因此，k 位信息可用 $k-1$ 阶多项式 $M(x)$ 表示；设 $G(x)$ 为 r 阶校验多项式（或称生成多项式），求此 k 位信息的循环码的算法如下：

以 $x^r M(x)$ 作为被除数多项式，$G(x)$ 作为除数多项式，除法过程中用到的减法是模 2 减法，即有限域 GF(2) 上的加法运算，最后得到的 $r-1$ 次余数多项式的系数为所求的 CRC 码.

例如，设 $k=7$，7 位二进制信息位串为 1010001，$M(x) = x^6 + x^4 + 1$，选择 $G(x) = x^4 + x^2 + x + 1$，则 $r = 4$，以 $x^r M(x)$ 除 $G(x)$ 所得的余数多项式为 $x^3 + x^2 + 1$. 于是，CRC 码为 1101. 实际进行多项式除法计算时，只要对其相应系数进行模 2 除法就可以了. 其运算过程如图 1.6.1 所示.

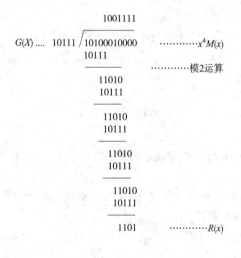

图 1.6.1

在通信应用中，若发送方要发送的信息是 1010001，为了使接收方能发现传输错误，实际发送的信息是 10100011101，即附加了 CRC 码，接收方接收到信息后，进行 CRC 校验，其运算过程如图 1.6.2 所示，结果余式为 0，可以判断接收正确. 如果余式不为 0，可以肯定通信出错.

使用 CRC 不能保证 100% 的检测出错误，但其漏检的概率很低. 漏检的概率取决于所使用的生成多项式的数学特性及其次数，可以证明，当一个次数为 r 的多项式 $G(x)$ 有 $x+1$ 因子、常数项为 1、周期大于等于 $k+r$，那么，由此 $G(x)$ 为生成多项式产生的 CRC 码对于小于 k 位的信息可以检出：所有的双位错、奇数位错、长度 $\leqslant r$ 位的所有突发性错误，对长度为 $r+1$ 位的突发性错误漏检的概率为 $2^{-(r-1)}$，对长度 $\geqslant r+2$ 位的突发性错误漏检的概率为 2^{-r}.

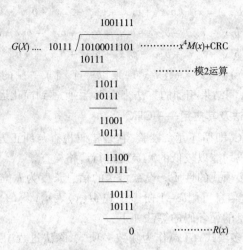

$$
\begin{array}{r}
1001111 \\
G(X) \cdots \;\; 10111 \overline{)10100011101} \;\cdots\cdots\cdots\cdots x^4 M(x)+\text{CRC} \\
10111 \\
\hline
\qquad\qquad\qquad\qquad\qquad\qquad\qquad \cdots\cdots\cdots\cdots \text{模2运算}\\
11011 \\
10111 \\
\hline
11001 \\
10111 \\
\hline
11100 \\
10111 \\
\hline
10111 \\
10111 \\
\hline
0 \qquad\quad \cdots\cdots\cdots\cdots R(x)
\end{array}
$$

图 1.6.2

常用的生成多项式有以下五个,并且被命名,名字中的数字是 CRC 码的位数,CCITT 是国际电信联盟 ITU 的前身.

$$\text{CRC}-12 = x^{12}+x^{11}+x^3+x^2+x+1$$
$$\text{CRC}-16 = x^{16}+x^{15}+x^2+1$$
$$\text{CRC}-\text{CCITT} = x^{16}+x^{12}+x^5+1$$
$$\text{CRC}-32 = x^{32}+x^{26}+x^{23}+x^{22}+x^{16}+x^{12}+x^{11}+x^{10}+x^8+x^7+x^5+x^4+x^2+x+1$$
$$\text{CRC}-8 = x^8+x^2+x+1$$

习　　题

1. 设计一种三十二进制数的表示方法,并以十进制数 65 533 为例说明三十二进制数的表示方法.

2. 证明:若一个整数的数字和能被 3 整除,则这个整数能被 3 整除.

3. 用费马整数分解方法分解因数:
(1)319;　(2)8323199;　(3)805.

4. 用辗转相除法计算 gcd(35,8).

5. 找出五个连续自然数,每个数都是合数.

6. 证明:设 p 是素数,a 为任意整数,则 $a^p \equiv a(\bmod\, p)$.

7. 证明:$4k+1$ 型素数有无穷多个.(提示:用费尔马小定理)

8. 设 $(a,91) = (b,91) = 1$,证明:$a^{12} - b^{12} \equiv 0(\bmod\, 91)$.

9. 计算逆元:
(1)$7^{-1}\bmod 32$;　(2)$9^{-1}\bmod 32$.

10. 解同余式方程组:

$$x \equiv 5(\bmod\, 7)$$
$$x \equiv 7(\bmod\, 10)$$

11. 计算 $5^{23} \bmod 187$.

通信工程应用数学

12. 检验 65 537 的素性.

13. 验证,$F = \{0,1,2,3,4,5,6\}$,关于对模 7 的求和运算"$+$"及乘积"$*$"构成域.

14. 设生成多项式为 CRC -8,信息为字符串 ABCDE,计算其 CRC 码.

15. 验证 3 是 19 的本原元.

16. 证明:选用 CRC -8 作为生成多项式,可以检验出所有双位错.

第 2 章　关系与函数

集合论包含三个小模块:集合、关系和函数. 集合中关键是笛卡儿乘积,关系是集合中笛卡儿乘积的子集,函数是关系的子集,它是一种规范化的关系. 集合论的概念为描述事物的单值或多值依赖提供了一种强有力的数学工具. 在通信工程领域,关系与函数有着广泛的应用,在有限自动机、形式语言、数据处理、信息检索、数据结构与算法分析和数据库等方面起着重要的作用.

2.1　集合的概念与表示

一些可以互相区分的对象汇合在一起形成的整体称为**集合**,这些对象是集合的**元素**(或称**成员**). 集合内的元素不计次序,也不计重度.

一般用大写英文字母表示集合,而用小写英文字母表示集合中的元素. 例如,$A = \{a, b, c\}$. 以下为几个特殊的集合:

Q:全体有理数组成的集合;

R:全体实数组成的集合;

R⁺:全体正实数组成的集合.

集合的元素可以是任意的,也可以是抽象的对象,或者本身也是一个集合.

如果 a 是集合 A 的元素,则称 a 属于 A(或称 A 含有 a),记作 $a \in A$,否则用 $a \notin A$ 表示 a 不是集合 A 的元素. 常将 $a_1 \in A, a_2 \in A, \cdots, a_n \in A$ 简记为 $a_1, a_2, \cdots, a_n \in A$.

定义 2.1.1　设 A 是一个集合.

(1)用 #A 或 $|A|$ 表示 A 含有的元素的个数,称为 A 的**基数**,或**阶**.

(2)若 #$A = 0$,则称 A 为**空集**;否则称 A 为**非空集**.

(3)若 #A 为一非负整数,则称 A 为**有限集**;否则则称 A 为**无限集**.

显然,空集是不含有任何元素的有限集,常用符号 $\varnothing$ 表示;另外,习惯上称基数为正整数 n 的非空有限集为 n 元(或 n 阶)集合.

定义 2.1.2　包含了讨论中全体元素的特殊集合称为**全集**,用 E 表示.

下面主要讨论集合之间的关系,即集合的比较运算.

定义 2.1.3　设 A 和 B 为两个集合. A 和 B 有完全相同的元素称为 A 和 B **相等**,用 $A = B$ 表示. 否则,用 $A \neq B$ 表示集合 A 和集合 B 不相等.

定义 2.1.4　设 A 和 B 是两个集合. 若 A 中的每一个元素都是 B 的元素,则称 A 是 B 的**子集**,也称 B 是 A 的**母集**(或称**扩集**). 记作 $A \subseteq B$,读作 A 包含于 B,或记作 $B \supseteq A$,读作 B 包含 A.

定理 2.1.1　设 A 和 B 是两个集合,则 $A = B$ 的充分必要条件是 $A \subseteq B$ 且 $B \subseteq A$.

证明 $A=B$ 表示对于集合 A 中的任何元素都在集合 B 中,反之亦然.

定义 2.1.5 设 A 和 B 是两个集合. 若 $A\subseteq B$,但 $A\neq B$,则称 A 是 B 的**真子集**,也称 B 是 A 的**真母集**. 记作 $A\subset B$,读作 A 真包含于 B,或记作 $B\supset A$,读作 B 真包含 A,即

$$A\subset B\Leftrightarrow(A\subseteq B)\wedge(A\neq B)$$

可以用各种不同的方法来描述一个集合. 常用的方法有列举法、谓词描述法、递归定义法等.

(1)列举法即是按照规定的某种次序不重复地将集合的元素一一列举出来,习惯上用一对大括号将这些元素括起来. 例如:

$$A=\{2,3,5,7\}$$

本方法仅适用于元素个数较少的有限集. 对于无限集以及元素个数较多的有限集来说,要列出其全部元素是不可能的,这时可以只列出集合的部分元素,只需这部分元素能充分体现出该集合的元素在人为规定次序下的构造规律,未列举出的元素用"…"代替. 例如:

$$B=\{2,3,5,7,11,13,\cdots,89,97\}$$
$$Z_m=\{0,1,2,\cdots,m-1\}$$
$$A=\{0,1,2,3\cdots\}$$

(2)谓词描述法将集合描述为

$$A=\{x\mid P(x)\}$$

其中,$P(x)$ 是一个谓词,说明 x 具有 P 性质.

这一表示的意义是:满足性质 P 的元素皆在 A 之中,不满足性质 P 的元素皆不在 A 之中. 例如:

$$A=\{x\mid x\text{ 是小于 }10\text{ 的素数}\}$$
$$B=\{x\mid x\text{ 是小于 }100\text{ 的素数}\}$$

(3)用递归定义法定义一个非空集合 A 时,一般应包括以下三个部分条款:

①基本项. 已知某些元素(常用 S_0 表示由这些元素组成的非空集合)属于 A,即 $S_0\subseteq A$. 这是构造 A 的基础,并保证 A 非空.

②递归项. 给出一组规则,从 A 中(已获得的)元素出发,依照这些规则所获得的元素,仍然是 A 中的元素. 这是构造 A 的关键部分.

③极小化. 如果集合 $S\subseteq A$ 也满足条款①和②,则 $S=A$. 这说明,A 中的每个元素都可以通过有限次使用条款①和条款②来获得(或说 A 是满足条款①和条款②的最小集合),它保证所构造出的集合 A 是唯一的.

例 2.1.1 设 Σ 是一个字母表,即一个由符号(称为字母)组成的非空有限集,称由 Σ 中的有限多个字母(可能重复出现)并置在一起所组成的序列为 Σ 上的字符串(串、字等是它的别名),不含任何字母的空序列称为空串,用 ε 表示. 常用 Σ^* 表示 Σ 上的全体字符串组成的集合. 则 Σ^* 可以用递归定义法定义如下:

(1)$\varepsilon\in\Sigma^*$;

(2)若 $a\in\Sigma^*$,则对于任意 $\alpha\in\Sigma$ 皆有 $a\alpha\in\Sigma^*$.

常用 Σ^+ 表示 Σ 上的全体非空串组成的集合,则 Σ^+ 可以用递归定义法定义如下:

(1)$\Sigma\subseteq\Sigma^+$;

(2)若 $\alpha,\beta\in\Sigma^+$,则 $\alpha\beta\in\Sigma^+$.

关于集合的比较运算,有以下性质:

定理 2.1.2 设 A,B 和 C 是任意三个集合,则有

(1)$\varnothing\subseteq A$;

(2) $A \subseteq E$;

(3) $A \subseteq A$;

(4) 若 $A \subseteq B$ 且 $B \subseteq C$,则 $A \subseteq C$;

(5) 若 $A \subset B$ 且 $B \subseteq C$,则 $A \subseteq C$;

(6) 若 $A = B$,则 $B = A$;

(7) 若 $A = B$ 且 $B = C$,则 $A = C$.

证 只证(1)、(2)、(3)和(4),其余请读者补证.

(1) $\forall x$:因为 $x \in \varnothing$ 为永假式,故 $x \in \varnothing \to x \in A$ 为永真式,所以 $\varnothing \subseteq A$.

(2) $\forall x$:因为 $x \in E$ 为永真式,故 $x \in A \to x \in E$ 为永真式,所以 $A \subseteq E$.

(3) $\forall x$:因为 $x \in A \to x \in A$ 为永真式,所以 $A \subseteq A$.

(4) 若 $A \subseteq B$ 且 $B \subseteq C$,则 $\forall x \in E : x \in A \Rightarrow x \in B \Rightarrow x \in C$,即 $A \subseteq C$.

从本定理可知,每个非空集合 A 至少有两个不同的子集:空集 $\varnothing$ 和 A 本身,常称这两个集合是 A 的平凡子集.

前面已经指出,允许一个集合是另外一个集合的成员,譬如对于集合 $A = \{0, 1, 2, \{0, 1\}, \{3\}\}$,有 $\#A = 5$. 且 $\{0, 1\} \subset A$,$\{0, 1\} \in A$,$\{2\} \subset A$,$\{3\} \in A$ 等关系式皆成立,但关系式 $\{2\} \in A$,$\{3\} \subseteq A$ 不成立.

定义 2.1.6 设 A 是一个集合,那么由 A 的全部子集组成的集合称为 A 的**幂集**,常用 2^A 或 $P(A)$ 表示,即

$$2^A = \{S \mid S \subseteq A\}$$

定理 2.1.3 设 A 是有限集,则 $\#2^A = 2^{\#A}$.

证 不妨设 $\#A = n$ 且 $A = \{a_1, a_2, \cdots, a_n\}$. 考虑全体 n 位二进制串组成的集合 B

$$B = \{i_1 i_2 \cdots i_n \mid i_k = 0 \text{ 或 } 1, k = 1, 2, \cdots, n\}$$

显然,$\#B = 2n$. 另外,可在 2^A 与 B 间建立一一对应:

$$\{a_k \mid 1 \leqslant k \leqslant n, \text{且 } i_k = 1\} \quad \text{一一对应} \quad i_1 i_2 \cdots i_n$$

可得

$$\#2^A = \#B$$

所以

$$\#2^A = 2^{\#A}$$

2.2 关系的定义与性质

定义 2.2.1 设 n(一般大于1)为正整数,$A_1, A_2, \cdots, A_n$ 是 n 个集合,若 $R \subseteq A_1 \times A_2 \times \cdots \times A_n$,则称 R 是定义在 $A_1 \times A_2 \times \cdots \times A_n$ 上的 n 元**关系**. 特殊地,若 $R = \varnothing$,则称 R 为 $A_1 \times A_2 \times \cdots \times A_n$ 上的**空关系**;若 $R = A_1 \times A_2 \times \cdots \times A_n$,则称 R 为 $R = A_1 \times A_2 \times \cdots \times A_n$ 上的**全(域)关系**.

关系反映了对象即元素之间的联系和性质. 本教材仅研究二元关系,为方便起见,常常把"二元"两字省去,而把"二元关系"简称为"关系".

定义 2.2.2 设 A 和 B 是两个集合,若 $R \subseteq A \times B$,则称 R 为 A 到 B 的**关系**,记作 $R : A \to B$ 关系;特殊地,当 $A = B$ 时,便称 R 为 A 上的关系.

例 2.2.1 设 A 是一个集合,则 $A \times A$ 的子集

$$I_A = \{ <a, a> \mid a \in A \}$$

是 A 上的关系,习惯上称它为 A 上的**恒等关系**.

例 2.2.2 设 $A = \{c_1, c_2, c_3, c_4\}$ 是四个女队员的集合,$B = \{t_1, t_2, t_3, t_4\}$ 是四个男队员的集合,则

$R = \{ <c_1, t_2>, <c_1, t_3>, <c_2, t_1>, <c_2, t_3>, <c_3, t_1>, <c_3, t_3>, <c_3, t_4>, <c_4, t_2> \}$

是一个 A 到 B 的关系.

按照习惯,常将 $<a, b> \in R$ 写作 aRb,而将 $<a, b> \notin R$ 写作 $a\bar{R}b$.

从关系的定义可知,关系是笛卡儿积的子集. 关系是一个集合,它具有集合的共性. 比如,可用表示集合的方法表示关系;关系可以进行比较、并、交、差、对称差等集合运算. 关系在进行比较、并、交、差、对称差等集合运算时,要求两关系同是 A 到 B 的关系(或 A 上的关系);又如,A 到 B 的关系 R 的补关系 $\bar{R}$ 是指 $A \times B - R$.

定义 2.2.3 设 R 是集合 A 上的关系,若对于每一个 $x \in A$,皆有 xRx,则称 R 具有**自反性**.

例 2.2.3 实数集合上的"小于或等于"关系、"相等"关系,集合之间的"相等"关系、"包含"关系等都是自反关系.

定理 2.2.1 设 R 是集合 A 上的关系,则 R 具有自反性当且仅当 $I_A \subseteq R$.

证 (1)必要性.

$\forall x \in A$,由 R 自反知,$<x, x> \in R$,故 $I_A \subseteq R$.

(2)充分性.

$\forall x \in A$,由 I_A 的定义知 $<x, x> \in I_A$,故 $<x, x> \in R$,即 R 自反.

极易发现,在自反关系的关系图中,每个结点上皆有自环线. 在自反关系的关系矩阵中,主对角线上的值皆为 1.

定义 2.2.4 设 R 是集合 A 上的关系,若对于每一个 $x \in A$,皆有 $x\bar{R}x$,则称 R 具有**反自反性**.

例 2.2.4 实数集合上的"小于"关系,集合之间的"真包含"关系,平面上直线之间的"垂直"关系,日常生活中的"父子"关系等都是反自反的.

定理 2.2.2 设 R 是集合 A 上的关系,则 R 具有反自反性当且仅当 $I_A \cap R = \varnothing$.

证 (1)必要性(反证法).

假若 $I_A \cap R \neq \varnothing$,则存在 $<x, y> \in I_A \cap R$,即 $x = y$ 且 xRy,这与 R 反自反矛盾.

(2)充分性.

由 $I_A \cap R = \varnothing$ 知 I_A 中的二元组均不可能在 R 中出现,故 $\forall x \in A$,皆有 $x\bar{R}x$. 这表明 R 反自反.

显然,在反自反关系的关系图中,每个结点上皆没有自环线. 在反自反关系的关系矩阵中,主对角线上的值皆为 0.

定义 2.2.5 设 R 是集合 A 上的关系,若对所有 $x, y \in A$,只要 xRy,就有 yRx,则称 R 具有**对称性**.

例 2.2.5 实数集合上的"相等"关系,整数集合上的"关于模 m 同余"关系,命题(谓词)公式的"等价"关系,集合之间的"不相交"关系,日常生活中的"同班同学"关系等都是对称关系.

容易理解,在对称关系的关系图中,每条非自环线皆与其反向边一起成对出现. 对称关系的关系矩阵是关于主对角线对称的.

定义 2.2.6 设 R 是集合 A 上的关系,若对所有 $x, y \in A$,只要 xRy 且 yRx,就有 $x = y$,则称 R 具有**反对称性**.

例 2.2.6 实数集合上的"小于或等于"关系,集合之间的"包含"关系,等都是反对称关系.

很明显,在反对称关系的关系图中,每条非自环线皆不与其反向边一起成对出现. 在反对称关系的关系矩阵中,关于主对角线对称位置的元素不能同时为 1(这种矩阵称为反对称矩阵).

定义 2.2.7 设 R 是集合 A 上的关系,若对所有 $x,y,z \in A$,只要 xRy 且 yRz,就有 xRz,则称 R 具有**传递性**.

例 2.2.7 实数集合上的"小于"关系、"相等"关系,整数集合上的"整除"关系、"关于模 m 同余"关系等都是传递关系.

定义 2.2.8 设 R 是集合 A 上的关系,若对所有 $x,y,z \in A$,只要 xRy 且 yRz,就有 $x\overline{R}z$,则称 R 具有**反传递性**.

例 2.2.8 整数集合上"相差为 1"关系、平面上直线的"垂直"关系、日常生活中的"父子"关系等都是反传递的.

2.3 相 容 关 系

定义 2.3.1 设 R 是集合 A 上的关系,若 R 是自反且对称的,则称 R 是 A 上的**相容关系**. 若 aRb,则称 a 和 b **相容**;否则,称 a 和 b **不相容**.

例 2.3.1 设 A 是由五个英文单词组成的集合:$A = \{\text{cat}, \text{cow}, \text{dog}, \text{let}, \text{net}\}$,定义 A 上的关系 R 为 xRy 当且仅当 x 和 y 中含有相同的字母,则 R 是 A 上的相容关系. 此外,非空集合之间的"相交不为空"关系、日常生活中的"同班同学"关系等都是相容关系.

由于相容关系是自反且对称的,故其关系矩阵的主对角线元素都是 1,且矩阵是对称的. 为此可将矩阵用梯形(三角矩阵)表示:

$$
\begin{array}{c|ccccc}
a_2 & \mu_{21} \\
a_3 & \mu_{31} & \mu_{32} \\
\cdots & & \cdots & \cdots \\
a_n & \mu_{n1} & \mu_{n2} & \cdots & \mu_{n \cdot n-1} \\
\hline
& a_1 & a_2 & \cdots & a_{n-1}
\end{array}
$$

并称之为相容关系的简化关系矩阵.

例 2.3.2 例 2.3.1 所给出的相容关系 R 的简化关系矩阵为

$$
\begin{array}{c|cccc}
\text{cow} & 1 \\
\text{dog} & 0 & 1 \\
\text{let} & 1 & 0 & 0 \\
\text{net} & 1 & 0 & 0 & 1 \\
\hline
& \text{cat} & \text{cow} & \text{dog} & \text{let}
\end{array}
$$

其简化关系图如图 2.3.1 所示.

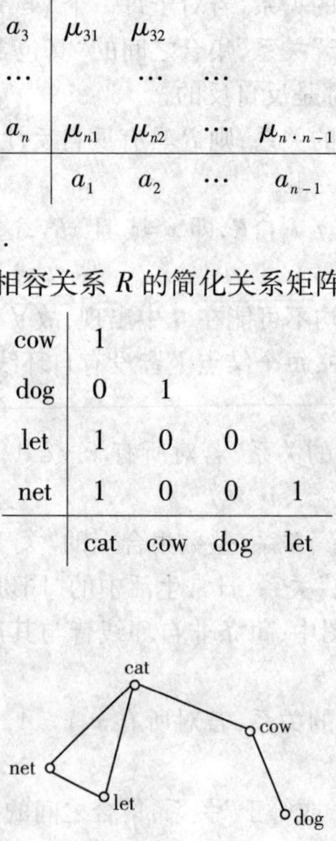

图 2.3.1

定义 2.3.2 设 R 是非空集合 A 上的相容关系，$S \subseteq A$. 如果对于 S 中的任意元素 a 和 b 皆有 aRb，则称 S 为一个关于 R 的**相容类**.

定义 2.3.3 设 R 是非空集合 A 上的相容关系，S 是一个关于 R 的相容类. 若 S 不真包含在任何其他的相容类中，则称 S 是关于 R 的一个**极大相容类**.

例 2.3.3 对于图 2.3.2 所表示的相容关系 R，其简化关系矩阵为

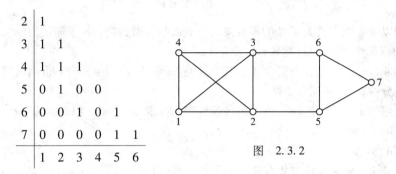

$$
\begin{array}{c|cccccc}
2 & 1 \\
3 & 1 & 1 \\
4 & 1 & 1 & 1 \\
5 & 0 & 1 & 0 & 0 \\
6 & 0 & 0 & 1 & 0 & 1 \\
7 & 0 & 0 & 0 & 0 & 1 & 1 \\
\hline
  & 1 & 2 & 3 & 4 & 5 & 6
\end{array}
$$

图 2.3.2

因为 $n = 7$，故先列出 R 的 7 级相容类

$$\{1\}, \{2\}, \{3\}, \{4\}, \{5\}, \{6\}, \{7\}$$

从第 6 列开始扫描，可知 $A = \{7\}$，因此应添加上 $\{6,7\}$，并删去 $\{6\}$ 和 $\{7\}$ 得到 6 级相容类

$$\{1\}, \{2\}, \{3\}, \{4\}, \{5\}, \{6,7\}$$

对第 5 列，$A = \{6,7\}$，因此应添加上 $\{5,6,7\}$，并删去 $\{5\}$ 和 $\{6,7\}$ 得到 5 级相容类

$$\{1\}, \{2\}, \{3\}, \{4\}, \{5,6,7\}$$

对第 4 列，$A = \varnothing$，因此 4 级相容类与 5 级相容类相同.

对第 3 列，$A = \{4,6\}$，因此应添加上 $\{3,4\}$ 及 $\{3,6\}$，并删去 $\{3\}$ 和 $\{4\}$ 得到 3 级相容类

$$\{1\}, \{2\}, \{3,4\}, \{3,6\}, \{5,6,7\}$$

对第 2 列，$A = \{3,4,5\}$，因此应添加上 $\{2,3,4\}$、$\{2,3\}$ 及 $\{2,5\}$，但要删去其中的 $\{2,3\}$ 和 $\{2\}$，$\{3,4\}$，这样得到 2 级相容类

$$\{1\}, \{2,3,4\}, \{2,5\}, \{3,6\}, \{5,6,7\}$$

对第 1 列，$A = \{2,3,4\}$，因此应添加上 $\{1,2,3,4\}$、$\{1,2\}$ 及 $\{1,3\}$，但要删去其中的 $\{1,2\}$，$\{1,3\}$ 和 $\{1\}$，$\{2,3,4\}$，这样得到 1 级相容类，即关于 R 的所有极大相容类

$$\{1,2,3,4\}, \{2,5\}, \{3,6\}, \{5,6,7\}$$

2.4 等 价 关 系

定义 2.4.1 设 R 是集合 A 上的关系，若 R 是自反、对称且传递的，则称 R 是 A 上的**等价关系**.

例 2.4.1 设 $m > 1$ 为正整数，则 $\equiv_m$ 是整数集合上的等价关系. 此外，恒等关系、全关系等都是等价关系.

例 2.4.2 设 $A = \{1,2,3,4,5,6,7,8,9,10\}$，$A$ 上的相容关系 R 的简化关系图如图 2.4.1 所示，不难验证 R 是一个等价关系.

定义 2.4.2 设 R 是非空集合 A 上的等价关系，对任意 $a \in A$，令

$$[a]_R = \{x \mid x \in A \land aRx\} = \{x \mid x \in A \land xRa\}$$

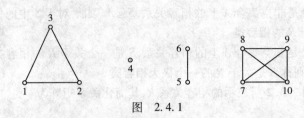

图 2.4.1

称之为以 a 为代表的关于 R 的**等价类**. 当不强调 R 时,常将 $[a]_R$ 简记为 $[a]$.

由 R 的自反性可知,对任意 $a \in A$,皆有 $a \in [a]$.

定理 2.4.1 设 R 是非空集合 A 上的等价关系,对任意 $a, b \in A$ 有 aRb 当且仅当 $[a] = [b]$.

证 充分性显然,现证必要性.

对于任意的 $x \in [b]$,有 bRx,由 R 的传递性得 aRx,即 $x \in [a]$,所以 $[b] \subseteq [a]$.

同理,$[a] \subseteq [b]$.

总之,$[a] = [b]$.

定理 2.4.2 设 R 是非空集合 A 上的等价关系,则 $\pi_R = \{[a] | a \in A\}$ 是集合 A 的划分.

证 因为对任意 $a \in A$,皆有 $a \in [a]$,故 $[a]$ 非空且 $\bigcup_{a \in A}[a] = A$. 下面证明:对于任意的 $a, b \in A$,当 $[a] \cap [b] \neq \varnothing$ 时,必有 $[a] = [b]$.

因为 $[a] \cap [b] \neq \varnothing$,故存在 $c \in A$ 使得 $c \in [a] \cap [b]$,即 aRc 且 cRb,从而 aRb,由定理 2.4.1 可知 $[a] = [b]$.

本定理说明,等价关系 R 将所有("从 R 的角度来看")没有差别的成员聚集在一起形成等价类. 例如,$\equiv_2$ 将全体整数分成两类:奇数和偶数. 一般将这个由等价关系 R 诱导(导致、决定)的 A 的划分称为 A 关于 R 的商集.

定义 2.4.3 设 R 是非空集合 A 上的等价关系,关于 R 的诸等价类构成之集称为 A 关于 R 的**商集**,记作 A/R,即 $A/R = \{[a] | a \in A\}$.

例 2.4.3 若 A 是非空集合,则 A/I_A 是 A 的最细划分,而 $A/A \times A$ 是 A 的最粗划分. 另外,对于例 2.4.2 所描述的 A 上的等价关系 R 来说,$A/R = \{\{1,2,3\}, \{4\}, \{5,6\}, \{7,8,9,10\}\}$.

定理 2.4.3 设 R_1 和 R_2 是非空集合 A 上的等价关系,则 $A/R_1 = A/R_2$ 当且仅当 $R_1 = R_2$.

证 当 $R_1 = R_2$ 时,显然对于任意 $a \in A$ 皆有 $[a]_{R_1} = [a]_{R_2}$,从而 $A/R_1 = A/R_2$.

另一方面,当 $A/R_1 = A/R_2$ 时,因为对任意 $[a]_{R_1} \in A/R_1$,皆存在 $[c]_{R_2} \in A/R_2$ 使得 $[a]_{R_1} = [c]_{R_2}$,这样对任意 $<a, b> \in R_1$ 来说,因为 $a, b \in [a]_{R_1}$,故 $a, b \in [c]_{R_2}$,从而 $<a, b> \in R_2$. 这表明 $R_1 \subseteq R_2$. 同理 $R_2 \subseteq R_1$.

定理 2.4.4 设 π 是非空集合 A 的划分. 定义 A 上的关系 R_π 如下:

$$\forall a, b \in A, aR_\pi b \text{ 当且仅当 } a \text{ 和 } b \text{ 属于 } \pi \text{ 中的同一个块中}$$

则 R_π 是 A 上的等价关系,且 $A/R_\pi = \pi$.

证 R_π 是 A 上的等价关系这一点是显然的,下面证明 $A/R_\pi = \pi$.

任取 $S \in \pi$ 及 $a \in S$. 若 $b \in S$,则由 R_π 的定义可知 $aR_\pi b$,所以 $b \in [a]$,因此 $S \subseteq [a]$. 另一方面,若 $b \in [a]$,则 $aR_\pi b$,从而由 R_π 的定义可知,必有 $S' \in \pi$ 使 $a, b \in S'$,因为 $a \in S$,所以 $S \cap S' \neq \varnothing$. 而 π 是 A 的划分,因此 $S = S'$. 这表明 $S = [a]$. 从而得到 $\pi \subseteq A/R_\pi$.

此外,任取 $[a] \in A/R_\pi$. 因为 π 是 A 的划分,所以必有 $S \in \pi$ 使得 $a \in S$. 通过与前面相类似的讨论可知有 $S = [a]$,故而 $[a] \in \pi$. 从而又得 $A/R_\pi \subseteq \pi$.

综上所述,$A/R_\pi = \pi$.

定理 2.4.2 和 2.4.3 表明,非空集合 A 上的每个等价关系 R,都可唯一地确定 A 的一个划分

A/R. 另一方面,定理 2.4.4 表明,对集合 A 的每个划分 π,当把 π 的每个块作为一个等价类时,就可给出 A 上的一个等价关系 R_π,并且 π 即为由 R_π 确定的 A 的划分 A/R_π.

总之,非空集合 A 上的等价关系与 A 的划分之间存在一一对应. A 上的等价关系诱导了 A 的划分,且从 R 的角度来说划分中同一个块内的成员是没有差别的,这便使 A 中的一个元素可代表一个等价类,这种等价划分在本教材的后续部分经常会提及,在日常生活和计算机科学、软件工程中也有重要应用. 例如,软件测试中就有等价类划分的方法:把程序的输入域划分为若干个数据类,据此选择少量具有代表性的输入数据作为测试用例,以期用较小的代价暴露出较多的程序错误.

2.5 偏 序 关 系

数学的基础很大程度上是基于数的大小与相等关系,数论的基础很大程度上是基于整除和同余这两个关系,数理逻辑的基础很大程度上是基于公式的等价与蕴涵关系,集合论的基础很大程度上是基于集合的包含与相等关系……. 因此,对这些关系的共性作深入研究是非常必要的.

定义 2.5.1 设 R 是集合 A 上的关系,若 R 是自反、反对称且传递的,则称 R 是 A 上的**偏序**(或称**半序**,**部分序**)关系,并称有序偶 $<A;R>$ 为**偏序集**(或**偏序结构**). 若 $a,b \in A$,aRb,则称 a **先于** b,或称 a 是 b 的**前辈**,相应地,也常说 b **后于** a,或 b 是 a 的**后裔**.

例 2.5.1 "小于或等于"关系是 $\mathbf{N}(\mathbf{Z},\mathbf{N}_+,\mathbf{R})$ 上的一个偏序关系.

例 2.5.2 "整除"关系是 $\mathbf{N}$(或 $\mathbf{N}_+$,或其子集)上的一个偏序关系,但不是 $\mathbf{Z}$ 上的偏序.

例 2.5.3 若 A 是一个集合,则集合的"包含"关系是 2^A(或其子集)上的一个偏序关系.

例 2.5.4 对于偏序集 $<\mathbf{R};\leqslant>$ 而言,任何实数没有直接前辈(后裔),因为在任意两个不同的实数之间,都存在有另外的实数,比如它们的平均值. 对于偏序集 $<\mathbf{N};\leqslant>$ 而言,每个正整数都有唯一的直接前辈(后裔),即它的前趋(后继). 在后面的例子中还将看到,一个元素可能有多个不同的直接前辈(后裔).

直接前辈(后裔)这一概念很好地反映了偏序集中元素间的层次关系,利用这一点就可较简便地作出偏序关系的 Hasse 图. 偏序集 $<A,\leqslant>$ 的 Hasse 图的作法如下:

(1)用小圆圈(或小圆点)表示集合 A 中的元素;

(2)如果 $a \leqslant b$,且 $a \neq b$,则将代表 a 的小圆圈画在代表 b 的小圆圈的下方;

(3)只有当 a 是 b 的直接前辈(后裔)时,才将代表 a 的小圆圈和代表 b 的小圆圈用直线连接.

例 2.5.5 图 2.5.1 的(a)、(b)、(c)和(d)给出了当 A 分别为 $\varnothing$、$\{a\}$、$\{a,b\}$ 和 $\{a,b,c\}$ 等不同集合时,偏序集 $<2^A;\subseteq>$ 的 Hasse 图.

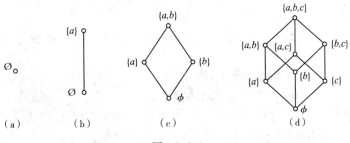

图 2.5.1

而图 2.5.2 的(a)、(b)和(c)则分别给出了偏序集 $<\{1,2,3,4\};\leqslant>$、$<\{1,2,3,6\};|>$ 和 $<\{1,2,4,8\};|>$ 的 Hasse 图.

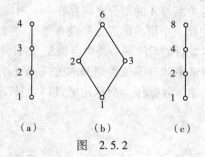

图 2.5.2

对于一个全序集而言,它的 Hasse 图中的顶点是上下一一排列着的,很像一条链子,这就是全序集也称线序集和链的原因.

更直观地说,为了作出偏序集 $<A;\leqslant>$ 的 Hasse 图,可首先将 A 中所有没有直接前辈(后裔)的元素画在最低(高)层,然后将它们各自的所有直接后裔(前辈)画在次低(高)层,同时在对应元素之间用直线连接,如此进行到 A 中的全体元素全部被画上为止.

例 2.5.6 设 $A=\{1,2,3,4,\cdots,12\}$,则偏序集 $<A;|>$ 的 Hasse 图可如下作出.

首先将元素 1 画在最低层(不妨称之为第零层);然后将元素 1 的直接后裔(为素数)2,3,5,7,11 画在第一层,并将它们与 1 用直线连接;第三步,在第二层上画上 4,6,9,10 这些有两个素因子(幂次累计在内)的元素,并在 4 和 2,6 和 2,3,9 和 3,10 和 2,5 之间用直线连接;最后,在第三层上画上 8,12 这些有三个素因子的元素,并在 8 和 4,12 和 4、6 之间用直线连接.这样所得的 Hasse 图如图 2.5.3 所示.

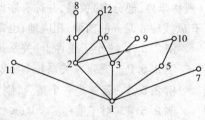

图 2.5.3

对于偏序集 $<A;\leqslant>$ 而言,A 中没有直接前辈(后裔)的元素就是 A 的极小(大)元.

定义 2.5.2 设 $<A;\leqslant>$ 是一个偏序集,B 是 A 的非空子集.若存在 $b\in B$,使得 B 中没有元素 x 满足 $x\neq b$ 且 $x\leqslant b$,则称 B **有极小元**,并称 b 是 B 的一个**极小元**;类似地,若存在 $b\in B$,使得 B 中没有元素 x 满足 $x\neq b$ 且 $b\leqslant x$,则称 B **有极大元**,并称 b 是 B 的一个**极大元**.

通俗地说,B 的极小(大)元是 B 中的不大(小)于 B 中其他元素的元素.根据定义,"极小的联结词功能完备集"就是一个关于偏序关系"$\subseteq$"的极小元.

定义 2.5.3 设 $<A;\leqslant>$ 是一个偏序集,B 是 A 的非空子集.若存在 $b\in B$,对于 B 中任意元素 x 皆有 $b\leqslant x$,则称 B **有最小元**,并称 b 是 B 的一个**最小元**;类似地,若存在 $b\in B$,对于 B 中任意元素 x 皆有 $x\leqslant b$,则称 B **有最大元**,并称 b 是 B 的一个**最大元**.

通俗地说,B 的最小(大)元是 B 中的小(大)于 B 中其他每个元素的元素."关系的闭包"就是有特殊含义的最小元.

定理 2.5.1 设 $<A;\leqslant>$ 是一个偏序集,B 是 A 的非空子集.若 B 有最小(大)元,则必是唯一的.

证 反证法.

假定 a 和 b 是 B 的两个不同的最小元,则

$$a\leqslant b \text{ 且 } b\leqslant a$$

由 $\leqslant$ 的反对称性知,$a=b$,这与假设相矛盾.B 的最大元的情况与此类似.

例 2.5.7 若偏序集 $<A;\leqslant>$ 的 Hasse 图如图 2.5.4 所示,则当 B 取相应集合时,有表 2.5.1 所示结论.

表 2.5.1

B	极小元	极大元	最小元	最大元
$\{a,b\}$	a,b	a,b	无	无
$\{a,b,c\}$	a,b	c	无	c
$\{a,b,c,d\}$	a,b	c,d	无	无
$\{b,c,d,f\}$	b	f	b	f
$\{a,c,f,i\}$	a	i	a	i

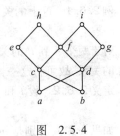

图 2.5.4

定义 2.5.4 设 $<A;\leqslant>$ 是一个偏序集,B 是 A 的非空子集.

(1)若存在 $a\in A$,使得对每个 $x\in B$ 皆有 $x\leqslant a$,则称 B **有上界**,并称 a 为 B 的一个**上界**;类似地,若存在 $a\in A$,使得对每个 $x\in B$ 皆有 $a\leqslant x$,则称 B **有下界**,并称 a 为 B 的一个**下界**.

(2)若存在 B 的上界 a,使得对 B 的每一个上界 a' 皆有 $a\leqslant a'$,则称 a 是 B 的**上确界**;类似地,若存在 B 的下界 a,使得对 B 的每一个下界 a' 皆有 $a'\leqslant a$,则称 a 是 B 的**下确界**.

通俗地说,B 的上(下)界是 A 中大(小)于 B 中的每个元素的元素,B 的上(下)确界是 B 的全体上(下)界中的最小(大)者.

例 2.5.8 对于例 2.5.7 所给出的偏序集 $<A;\leqslant>$,对于集合 B 的不同取值,根据定义有表 2.5.2 所示结论.

表 2.5.2

B	上界	下界	上确界	下确界
$\{a,b\}$	c,d,e,f,g,h,i	无	无	无
$\{a,b,c\}$	c,e,f,h,i	无	c	无
$\{a,b,c,d\}$	f,h,i	无	f	无
$\{b,c,d,f\}$	f,h,i	b	f	b
$\{a,c,f,i\}$	i	a	i	a

2.6 函 数

2.6.1 函数的概念

函数是一个基本的数学概念,这里所讨论的函数都是离散的函数,它是定义在离散集合上的特殊的("单值")关系.计算机的输出可以看作输入的一个函数,编译程序可看作把算法语言变成机器语言的函数.

定义 2.6.1 若 A 和 B 是两个非空集合,f 是 A 到 B 的关系,且对于每一个 $a\in A$,恰好存在一个 $b\in B$ 使得 $<a,b>\in f$,则称 f 是 A 到 B 的**函数**(它有映射、变换等别名),记为 $f:A\to B$.

即 A 到 B 的函数是定义域为 A 的 A 到 B 的"单值"二元关系.当 $<a,b>\in f$ 时,称 a 为**自变量**,b 为 f 在 a 的**值(像)**,或称 a 为 b 的**原像**,记为 $b=f(a)$,也常将这种情况称作 a 在 f 作用下的像为 b.

与讨论关系时一样,当 $A=B$ 时,便称 f 是 A 上的函数.

例 2.6.1 $\mathbf{N}$ 上的关系 $f=\{<n,n+1>\mid n\in\mathbf{N}\}$ 是 $\mathbf{N}$ 上的函数,它可表示为

$$\forall n\in\mathbf{N},\quad f(n)=n+1$$

对于两个 A 到 B 的关系而言,它们相等是指它们有完全相同的二元组. 而根据定义,函数是特殊的关系,故可将这一概念应用到函数中.

定义 2.6.2 设 f 和 g 都是 A 到 B 的函数, f 和 g 相等记作 $f=g$,定义为

$$f=g\Leftrightarrow\forall a(a\in A\rightarrow f(a)=g(a))$$

如果 A 和 B 分别是 m 元和 n 元非空有限集,那么对 A 中的任何一个元素来说,它的函数值可能是 B 中 n 个元素中的某一个;另一方面,只要 A 中某一个元素的函数值不同,它们就是不同的函数. 故共有 n^m 个不同的 A 到 B 的函数,所以常用 B^A 表示全体 A 到 B 的函数组成之集(甚至当 A 和 B 为无限集时,也采用这一记号),即 $B^A=\{f\mid f:A\rightarrow B\}$.

例 2.6.2 设 $A=\{a,b,c\}$, $B=\{0,1\}$. 则共有 8 个 A 到 B 的函数(分别是 A 的 8 个子集的特征函数),它们是:

$$f_1=\{<a,0>,<b,0>,<c,0>\}\qquad f_2=\{<a,0>,<b,0>,<c,1>\}$$
$$f_3=\{<a,0>,<b,1>,<c,0>\}\qquad f_4=\{<a,0>,<b,1>,<c,1>\}$$
$$f_5=\{<a,1>,<b,0>,<c,0>\}\qquad f_6=\{<a,1>,<b,0>,<c,1>\}$$
$$f_7=\{<a,1>,<b,1>,<c,0>\}\qquad f_8=\{<a,1>,<b,1>,<c,1>\}$$

即

$$B^A=\{f_1,f_2,f_3,f_4,f_5,f_6,f_7,f_8\}$$

在讨论关系时,曾引入关系图和关系矩阵表示关系. 因为函数是特殊的关系,故也可用关系图或关系矩阵来表示函数.

例 2.6.3 集合 $A=\{1,2,3,4\}$ 上的函数 $f=\{<1,2>,<2,3>,<3,4>,<4,1>\}$ 可用图 2.6.1 表示:

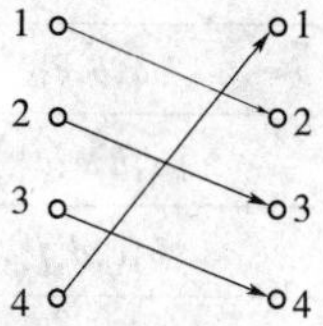

也可用下面的矩阵表示:

图 2.6.1

$$\begin{array}{c}\quad\ 1\ \ 2\ \ 3\ \ 4\\ \begin{array}{c}1\\2\\3\\4\end{array}\left(\begin{array}{cccc}0&1&0&0\\0&0&1&0\\0&0&0&1\\1&0&0&0\end{array}\right)\end{array}$$

由函数的定义,它的关系矩阵的每一行只有一个元素为 1,而其余元素都为 0. 根据这一特点,常采用如下的简化形式表示函数:

$$\left(\begin{array}{cccc}自变量1&自变量2&\cdots&自变量n\\函数值1&函数值2&\cdots&函数值n\end{array}\right)$$

如例 2.6.3 中的 f 可表示为

$$f:\left(\begin{array}{cccc}1&2&3&4\\2&3&4&1\end{array}\right)$$

若把 A 到 B 的函数 f 看作一个关系,那么它的定义域 $\mathrm{dom}f$ 是 A 本身,但它的值域 $\mathrm{ran}f$ 一般只是 B 的子集,习惯上也常用 $f(A)$ 表示

$$\mathrm{ran}f=f(A)=\{b\mid b\in B\wedge\exists a(a\in A\wedge b=f(a))\}$$

相应地,对于 A 的子集 S ,用 $f(S)$ 表示 S 中的元素的像组成的集合(称为 S 在 f 作用下的像集合),即

$$f(S) = \{b \mid b \in B \land \exists a(a \in S \land b = f(a))\}$$

下面讨论函数的几类特殊情况.

定义 2.6.3 设 $f:A \to B$.

(1) 如果 A 中不同元素的函数值都是不同的,即对任意的 a_1 和 $a_2 \in A$

$$a_1 \neq a_2 \Rightarrow f(a_1) \neq f(a_2)$$

或者说

$$f(a_1) = f(a_2) \Rightarrow a_1 = a_2$$

那么便称 f 是一个**入射**(也有称"内射"的,injection),或称 f 是**一对一**的(one to one 或 $1-1$);

(2) 如果 $\mathrm{ran}f = B$,即对任意的 $b \in B$ 都存在 $a \in A$ 使得 $f(a) = b$,那么便称 f 是一个**满射**(surjection),或称 f 是**映上**的(onto);

(3) 如果 f 既是入射,又是满射,则称 f 是一个**双射**(bijection),或称 f 是**一对一映上**的.

双射常称为**一一对应**,又称**集合同构**(set isomorphism).

定理 2.6.1 若 f 是 A 到 B 的函数,其中 A 和 B 都是非空有限集,且 $\#A = \#B$,那么 f 是一个入射当且仅当是一个满射.

证 (1)必要性.

若 f 是一个入射,则 $\#A = \#f(A)$,故 $\#f(A) = \#B$,而 $f(A) \subseteq B$ 且 B 是有限集,故 $f(A) = B$,因此,f 是一个满射.

(2)充分性.

若 f 是一个满射,则 $f(A) = B$,于是 $\#A = \#B = \#f(A)$,因为 A 是有限集,故 f 是一个入射.

必须特别说明,这个定理的结论只在有限集的情况下才有效,对无限集之间的函数不一定成立. 如 $f:\mathbf{Z} \to \mathbf{Z}$,其中 $f(n) = 2n$,f 是入射但不是满射. 又如 $g:\mathbf{Z} \to \mathbf{Z}$,其中 $g(x) = \left[\dfrac{x}{2}\right]$,$g$ 是满射但不是入射.

2.6.2 复合函数与逆函数

函数是特殊的关系,但对函数进行并、交、差、对称差等运算的结果一般不再是函数. 这一节来考虑函数的复合与逆.

定理 2.6.2 若 g 是 A 到 B 的函数,f 是 B 到 C 的函数,那么从 A 到 C 的复合关系 $f \circ g$ 是一个 A 到 C 函数,称为 f 和 g 的**复合函数**(或**合成函数**),用 $f \circ g$ 表示. 并且,对所有的 $a \in A$ 皆有 $f \circ g(a) = f(g(a))$.

证 对于任意的 $a \in A$,由于 g 是 A 到 B 的函数,故存在唯一确定的 $b \in B$ 使得 $<a,b> \in g$;又因为 f 是 B 到 C 的函数,故存在唯一确定的 $c \in C$ 使得 $<b,c> \in f$,即 $<a,c> \in f \circ g$. 所以 $f \circ g$ 是一个 A 到 C 的函数,且

$$f \circ g(a) = c = f(b) = f(g(a))$$

注意:复合函数 $f \circ g$ 与复合关系 $g \circ f$ 实际上表示同一个集合. 这种表示方法上的差异既是历史形成的,也有其方便之处:

(1)对于复合函数 $f \circ g$,由于 $f \circ g(a) = f(g(a))$,$f \circ g(a)$ 与 $f(g(a))$ 的这种次序关系是很理想的;

(2)对于复合关系 $g \circ f$,$<a,c> \in g \circ f$ 是指存在 b 使得 $<a,b> \in g$ 且 $<b,c> \in f$,g 和 f 的这种次序关系比较符合人们的习惯.

例 2.6.4 设 $f:\mathbf{N}_+ \to \{0,1\}$,$g:\{0,1\} \to \{0,1\}$,其中

$$f(x) = \begin{cases} 0 & \text{当 } x \text{ 为奇数} \\ 1 & \text{当 } x \text{ 为偶数} \end{cases} \qquad g(x) = \begin{cases} 0 & \text{当 } x = 1 \\ 1 & \text{当 } x = 0 \end{cases}$$

那么,$g \circ f$ 是 $\mathbf{N}_+$ 到 $\{0,1\}$ 的函数,且

$$g \circ f(x) = g(f(x)) = \begin{cases} g(0) & \text{当 } x \text{ 为奇数} \\ g(1) & \text{当 } x \text{ 为偶数} \end{cases} = \begin{cases} 1 & \text{当 } x \text{ 为奇数} \\ 0 & \text{当 } x \text{ 为偶数} \end{cases}$$

而 $f \circ g$ 无定义.

例 2.6.5 设 f 和 g 都是 $\mathbf{N}$ 上的函数,其中

$$f(x) = \begin{cases} 0 & \text{若 } x \text{ 为奇数} \\ \dfrac{x}{2} & \text{若 } x \text{ 为偶数} \end{cases} \qquad g(x) = 2x$$

那么,$g \circ f$ 和 $f \circ g$ 也都是 $\mathbf{N}$ 上的函数,且

$$g \circ f(x) = g(f(x)) = 2f(x) = \begin{cases} 0 & \text{若 } x \text{ 为奇数} \\ x & \text{若 } x \text{ 为偶数} \end{cases}$$

$$f \circ g(x) = f(g(x)) = f(2x) = x$$

由于复合函数 $f \circ g$ 与复合关系 $g \circ f$ 实际上是同一个集合,因此关于关系复合的许多结论对函数复合同样成立.

定理 2.6.3 若 f 是 A 到 B 的函数,则 $f \circ I_A = I_B \circ f = f$.

定理 2.6.4 若 f 是 A 到 B 的函数,g 是 B 到 C 的函数,h 是 C 到 D 的函数,则 $(h \circ g) \circ f = h \circ (g \circ f)$.

同样,与关系复合运算相关的一些概念也可推广到函数的复合运算.

定义 2.6.4 设 f 是 A 上的函数,并设 n 为非负整数,定义 f(关于复合运算)的 n 次方幂 f^n 如下:

(1) $f^0 = I_A$;

(2) 对任意正整数 n, $f^n = f^{n-1} \circ f$.

关于复合函数的性质,有以下定理.

定理 2.6.5 设 f 是 A 到 B 的函数,g 是 B 到 C 的函数.

(1) 若 f 和 g 都是入射,则 $g \circ f$ 也是入射;

(2) 若 f 和 g 都是满射,则 $g \circ f$ 也是满射;

(3) 若 f 和 g 都是双射,则 $g \circ f$ 也是双射.

证 (1) 令 $a, b \in A$,且 $a \neq b$. 因为 f 是入射,故 $f(a) \neq f(b)$,又因为 g 也是入射,所以 $g(f(a)) \neq g(f(b))$,即 $g \circ f(a) \neq g \circ f(b)$. 这表明 $g \circ f$ 是入射.

(2) 对于任意的 $c \in C$,因为 g 是满射,故存在 $b \in B$ 使得 $g(b) = c$,又因为 f 也是满射,所以存在 $a \in A$ 使得 $f(a) = b$,于是,$c = g(b) = g(f(a)) = g \circ f(a)$. 这表明 $g \circ f$ 是满射.

(3) 结合(1)和(2)直接得到.

定理 2.6.6 设 f 是 A 到 B 的函数,g 是 B 到 C 的函数.

(1) 若 $g \circ f$ 是入射,则 f 是入射;

(2) 若 $g \circ f$ 是满射,则 g 是满射;

(3) 若 $g \circ f$ 是双射,则 f 是入射且 g 是满射;

证 (1) 反证法.

假若不然,即存在 $a_1, a_2 \in A$, $a_1 \neq a_2$,但 $f(a_1) = f(a_2)$. 这样,必有 $g(f(a_1)) = g(f(a_2))$,即 $g \circ f(a_1) = g \circ f(a_2)$,这与条件相矛盾.

(2)对于任意的 $c \in C$,因为 $g \circ f$ 是满射,故必存在 $a \in A$ 使得 $c = g \circ f(a) = g(f(a))$. 记 $f(a) = b$,显然 $b \in B$,且 $g(b) = c$. 这说明 g 是满射.

(3)综合(1)和(2)直接可得.

下面讨论逆函数及其性质.

定理 2.6.7　若 f 是 A 到 B 的双射,则 f 的逆关系 f^{-1} 是 B 到 A 的双射.

证　分三步来证明本定理.

(1)首先证明 f^{-1} 是 B 到 A 的函数:

对于任意的 $b \in B$,一方面,因为 f 是满射,故存在 $a \in A$ 使得 $<a,b> \in f$,即 $<b,a> \in f^{-1}$;另一方面,若同时有 $a_1 \in A$ 和 $a_2 \in A$ 使得 $<b,a_1> \in f^{-1}$ 且 $<b,a_2> \in f^{-1}$,即 $f(a_1) = b$ 且 $f(a_2) = b$,由 f 是入射可知 $a_1 = a_2$.

所以,f^{-1} 是 B 到 A 的函数.

(2)再证明 f^{-1} 是入射:

对于任意的 $b_1, b_2 \in B$,若 $f^{-1}(b_1) = f^{-1}(b_2) = a$,那么
$$b_1 = f(a) \text{ 且 } b_2 = f(a)$$

从而
$$b_1 = b_2$$

这表明 f^{-1} 是入射.

(3)最后证明 f^{-1} 是满射:

对于任意的 $a \in A$,由于存在 $b \in B$ 使得 $b = f(a)$,即 $a = f^{-1}(b)$.

这表明 f^{-1} 是满射.

定理 2.6.8　若 f 是 A 到 B 的双射,则 $f^{-1} \circ f = I_A$ 且 $f \circ f^{-1} = I_B$.

证　显然,$f^{-1} \circ f$ 是 A 到 A 的双射. 对于任意的 $a \in A$,令 $f(a) = b$,即 $f^{-1}(b) = a$,这样
$$f^{-1} \circ f(a) = f^{-1}(f(a)) = f^{-1}(b) = a$$

可见
$$f^{-1} \circ f = I_A$$

同理,$f \circ f^{-1} = I_B$.

定理 2.6.9　若 f 是 A 到 B 的函数,g 是 B 到 A 的函数,且 $g \circ f = I_A$,$f \circ g = I_B$,则 $g = f^{-1}$,$f = g^{-1}$.

证　因为 I_A 和 I_B 都是双射,从 $g \circ f = I_A$ 可知 f 是入射、g 是满射;又从 $f \circ g = I_B$ 可知 g 是入射、f 是满射,也即 f 和 g 皆是双射. 从而
$$g = g \circ I_B = g \circ (f \circ f^{-1}) = (g \circ f) \circ f^{-1} = I_A \circ f^{-1} = f^{-1}$$

同理可得 $f = g^{-1}$.

定义 2.6.5　设 f 是 A 到 B 的函数,若存在 B 到 A 的函数 g 使得 $g \circ f = I_A$,则称 f 是**左可逆的**,并称 g 是 f 的**左逆**;类似地,若存在 B 到 A 的函数 h 使得 $f \circ h = I_B$,则称 f 是**右可逆的**,并称 h 是 f 的**右逆**;若 f 既是左可逆的,又是右可逆的,则称 f 是**可逆的**.

例 2.6.6　设 f_1, f_2, g_1, g_2 是四个 **N** 上的函数,其中

$$f_1(x) = \begin{cases} 0 & \text{当 } x = 0 \text{ 或 } 1 \\ x - 2 & \text{当 } x \geqslant 2 \end{cases}, \qquad f_2(x) = \begin{cases} 1 & \text{当 } x = 0 \text{ 或 } 1 \\ x - 2 & \text{当 } x \geqslant 2 \end{cases}$$

$$g_1(x) = x + 2, \qquad g_2(x) = \begin{cases} 0 & \text{当 } x = 0 \\ x + 2 & \text{当 } x \geqslant 1 \end{cases}$$

则有
$$f_1 \circ g_1 = f_2 \circ g_1 = f_1 \circ g_2 = I_{\mathbf{N}}$$

即 f_1 和 f_2 同是 g_1 的左逆,g_1 和 g_2 同是 f_1 的右逆.

定理 2.6.10 设 f 是 A 到 B 的函数.

(1) f 是左可逆的当且仅当 f 是入射;

(2) f 是右可逆的当且仅当 f 是满射;

(3) f 既是左可逆的,又是右可逆的当且仅当 f 是双射;

(4) 如果 f 有左逆 g 且有右逆 h,则 $g = h = f^{-1}$.

证

(1) 必要性可由左可逆的定义与定理 2.6.5 之(1)直接得到,下面用构造证法证明充分性.

当 f 是入射时,对任意 $b \in f(A)$,必存在唯一的 $a \in A$ 使 $f(a) = b$,故可任取 $c \in A$,构造 B 到 A 的函数 g 如下:

$$g(b) = \begin{cases} a & \text{当 } b \in f(A) \text{ 且 } f(a) = b \\ c & \text{当 } b \notin f(A) \end{cases}$$

显然

$$\forall a \in A, \quad g \circ f(a) = g(f(a)) = a$$

这说明 g 是 f 的左逆.

(2) 必要性可由右可逆的定义与定理 6.2.5 之(2)直接得到,下面用构造证法证明充分性.

当 f 是满射时,构造 B 到 A 的函数 g 如下:

$$g(b) = a, \quad \text{其中 } a \in A \text{ 且 } f(a) = b$$

(若 A 中有多个元素在 f 作用下的像为 b,则可从中任取一个作为 b 在 g 作用下的像.)显然,

$$\forall b \in B, \quad f \circ g(b) = f(g(b)) = b$$

这说明 g 是 f 的右逆.

(3) 可由(1)和(2)平凡地得到.

(4) 显然,$g \circ f = I_A$,$f \circ h = I_B$. 现考虑复合函数 $g \circ f \circ h$:

一方面,$g \circ f \circ h = (g \circ f) \circ h = I_A \circ h = h$;

另一方面,$g \circ f \circ h = g \circ (f \circ h) = g \circ I_B = g$;

从而,$g = h$. 由定理 2.6.8,$g = h = f^{-1}$.

这些定理实质上指出了逆函数的存在性、唯一性与相互性. 一方面,说明了唯有双射是可逆的,且其逆关系即是它的左逆兼右逆(称为逆函数或反函数). 另一方面,说明了每个双射的逆函数是唯一的(即是它的逆关系). 另外,还说明了逆函数是相互的,即 $(f^{-1})^{-1} = f$.

定理 2.6.11 若 f 是 A 到 B 的双射,g 是 B 到 C 的双射. 那么

$$(g \circ f)^{-1} = f^{-1} \circ g^{-1}$$

证 由条件,$g \circ f$ 是 A 到 C 的双射. 此外,由于

$$(g \circ f) \circ (f^{-1} \circ g^{-1}) = g \circ (f \circ f^{-1}) \circ g^{-1} = g \circ I_B \circ g^{-1} = g \circ g^{-1} = I_C$$

和

$$(f^{-1} \circ g^{-1}) \circ (g \circ f) = f^{-1} \circ (g^{-1} \circ g) \circ f = f^{-1} \circ I_B \circ f = f^{-1} \circ f = I_A$$

可得

$$(g \circ f)^{-1} = f^{-1} \circ g^{-1}$$

根据这一定理,由数学归纳法原理可得如下推论.

推论 若 f 是集合 A 上的双射,$n \in \mathbf{N}_+$,则

$$(f^{-1})^n = (f^n)^{-1}$$

这样,可定义集合 A 上的双射 f 的负次方幂 f^{-n} 为

$$f^{-n} = (f^{-1})^n = (f^n)^{-1}$$

其中 $n \in \mathbf{N}_+$.

习 题

1. 计算下面的集合：

(1) $\varnothing \cap \{\varnothing\}$；

(2) $\{\varnothing\} \cap \{\varnothing\}$；

(3) $\{\varnothing, \{\varnothing\}\} - \varnothing$；

(4) $\{\varnothing, \{\varnothing\}\} - \{\varnothing\}$；

(5) $\{\varnothing, \{\varnothing\}\} - \{\{\varnothing\}\}$.

2. 试设计学生档案管理系统，令 $A_1 = \{x \mid x$ 是学号$\}$，$A_2 = \{x \mid x$ 是姓名$\}$，$A_3 = \{$男，女$\}$，$A_4 = \{x \mid x$ 是出生日期$\}$，$A_5 = \{x \mid x$ 是班级$\}$，$A_6 = \{x \mid x$ 是籍贯$\}$，求学生档案管理数据的记录.

3. 试设计一个早上穿衣服的拓扑排序过程.

4. 对于下面所列的整数集合上的关系 R，说明它是否是等价关系.

(1) $R = \{<a,b> \mid a \leqslant 0\}$；

(2) $R = \{<a,b> \mid a \mid b\}$；

(3) $R = \{<a,b> \mid 10 \mid (a-b)\}$；

(4) $R = \{<a,b> \mid |a-b| \leqslant 10\}$；

(5) $R = \{<a,b> \mid ab \neq 0\}$；

(6) $R = \{<a,b> \mid ab \geqslant 0\}$；

(7) $R = \{<a,b> \mid ab > 0\}$；

(8) $R = \{<a,b> \mid ab > 0\} \cup \{<0,0>\}$；

(9) $R = \{<a,b> \mid (a \leqslant 0 \wedge b > 0) \vee (a > 0 \wedge b \leqslant 0)\}$；

(10) $R = \{<a,b> \mid (a \leqslant 0 \wedge b \geqslant 0) \vee (a \geqslant 0 \wedge b \leqslant 0)\}$.

5. 设 $A = \{3,6,9,15,54,90,135,180\}$，$\mid$ 为自然数的整除关系. 画出 $<A;\mid>$ 的 Hasse 图，并求 $\{6,15,90\}$ 的上、下确界.

6. 设 $A = \{a, b, c, d\}$，$B = \{1, 2, 3, 4\}$，f, g 和 h 均是由 A 到 B 的函数，这些函数的值域分别为 $f(A) = \{1,2,4\}$，$g(A) = \{1,3\}$，$h(A) = B$. 这三个函数中，哪个有逆函数？

第3章 复变函数论

复变函数论是工程数学中的重要内容,应用广泛,在通信领域也有广泛的应用,例如通信电路分析、信号分析、信号处理等方面的计算,应用复数可以方便地进行计算.下一章数学变换也应用到复数.复变函数论的研究对象是复变数的函数,其中许多概念、理论和方法是实变函数在复变函数领域内的推广和发展,在学习过程中要注意它们相似之处和不同之处的比较.

3.1 复数与复变函数

3.1.1 复数及其代数运算

1. 复数的概念

复数不是产生于生产实践,而是产生于数学自身.意大利数学家卡尔丹(Gardano,1501—1576)在 1545 年解三次方程时,首次产生了负数开平方的思想,使数域从实数域扩大到虚数域.1777 年瑞士数学家欧拉(Euler,1707—1783)发现复指数和三角函数的关系,系统地建立了复数理论,开始把它们应用到水利学和地图学上.在 19 世纪,复变函数论形成非常系统的理论.20 世纪以来,复变函数论已经被广泛应用于理论物理、电学、电磁学、天体力学、信号处理等方面.有关复数的定义如下:

(1)形如 $z = x + \mathrm{i}y(x,y \in \mathbf{R})$ 的数表示**复数**,其中,x 和 y 是实数,i 是**虚单位**($\mathrm{i}^2 = -1$).

(2)称 $x = \mathrm{Re}z$ 为复数 $z = x + \mathrm{i}y(x,y \in \mathbf{R})$ 的**实部**;称 $y = \mathrm{Im}z$ 为复数 $z = x + \mathrm{i}y(x,y \in \mathbf{R})$ 的**虚部**;

(3)若 $x = 0, y \neq 0$,则称 $z = x + \mathrm{i}y(x,y \in \mathbf{R})$ 为**纯虚数**;当 $y = 0$ 时,$z = x(x \in \mathbf{R})$ 为实数,因此,复数可以视为实数的推广;

(4)两个复数相等,两个复数相等是指它们的实部与虚部分别相等.

(5)虚数不能比较大小.

(6)称实部相同而虚部互为相反数的两个复数为**共轭复数**.记 z 的共轭复数为 $\bar{z}$,即 $\bar{z} = x - \mathrm{i}y$.

复数的应用与电学关系密切,为了区分电流 i,甚至将虚单位 i 写成 j.例如,阻抗往往用复数形式表示成 $Z = R + \mathrm{j}X$(单位为 Ω).其中,实数部分 R 就是电阻(单位为 Ω),虚数部分是由容抗、感抗组成,称为电抗.在通信天线的设计方面,天线的输入阻抗是复数,实部称为输入电阻,虚部称为输入电抗.应用复数的主要目的还是计算方便.

2. 复数的代数运算

复数的代数运算,可以按照多项式的四则运算进行,只需注意将 i^2 要换成 -1.设 $z_1 = x_1 + \mathrm{i}y_1$,$z_2 = x_2 + \mathrm{i}y_2$:

（1）加减法：$(x_1 + iy_1) \pm (x_2 + iy_2) = (x_1 \pm x_2) + i(y_1 \pm y_2)$；

（2）乘法：$(x_1 + iy_1) \cdot (x_2 + iy_2) = (x_1x_2 - y_1y_2) + i(x_2y_1 + x_1y_2)$；

（3）除法：$z_2 = x_2 + iy_2 \neq 0, \dfrac{z_1}{z_2} = \dfrac{x_1 + iy_1}{x_2 + iy_2} = \dfrac{(x_1x_2 + y_1y_2) + i(x_2y_1 - x_1y_2)}{x_2^2 + y_2^2} = \dfrac{z_1}{z_2} \cdot \dfrac{\overline{z_2}}{\overline{z_2}}$；

（4）共轭复数的运算：

①$\overline{z_1 \pm z_2} = \overline{z_1} \pm \overline{z_2}, \overline{z_1 z_2} = \overline{z_1} \cdot \overline{z_2}, \overline{\left(\dfrac{z_1}{z_2}\right)} = \dfrac{\overline{z_1}}{\overline{z_2}}$；

②$\overline{\overline{z}} = z$；

③$z \cdot \overline{z} = [\mathrm{Re}(z)]^2 + [\mathrm{Im}(z)]^2 = x^2 + y^2$；

④$z + \overline{z} = 2\mathrm{Re}(z), z - \overline{z} = 2i\mathrm{Im}(z)$.

显然，复数的运算满足交换律、结合律和分配律.

例 3.1.1 设 $z_1 = 2 + 3i, z_2 = 2 - 3i$，求 $\dfrac{z_1}{z_2}, \overline{\left(\dfrac{z_1}{z_2}\right)}$.

解 $\dfrac{z_1}{z_2} = \dfrac{2+3i}{2-3i} = \dfrac{(2+3i)(2+3i)}{(2-3i)(2+3i)} = \dfrac{4+12i-9}{4+9} = -\dfrac{5}{13} + \dfrac{12}{13}i$；

$\overline{\left(\dfrac{z_1}{z_2}\right)} = \overline{\dfrac{2+3i}{2-3i}} = \overline{-\dfrac{5}{13} + \dfrac{12}{13}i} = -\dfrac{5}{13} - \dfrac{12}{13}i$.

显然，通过共轭复数可以消去分母中的虚数.

3.1.2 复数的几何表示

1. 复平面

（1）复平面

我们把直角坐标系中的 x 轴称为**实轴**，而把 y 轴称为**虚轴**，把实轴和虚轴决定的平面称为**复平面**或 z **平面**.

（2）复数 z 表示为复平面上的点

因为复数 $z = x + iy(x, y \in \mathbf{R})$ 由一对有序实数 (x, y) 唯一确定，从而复数全体与直角坐标平面上点的全体构成一一对应关系，所以，复数 $z = x + iy(x, y \in \mathbf{R})$ 可以用复平面上的点 (x, y) 来表示，如图 3.1.1 所示.

（3）复数 z 表示为复平面上的向量

复数 z 表示为复平面上的向量时，复数的运算可以通过向量的运算实现. 下面利用复平面上的点对应的以原点为起点的向量来定义模和辐角的概念，如图 3.1.2 所示.

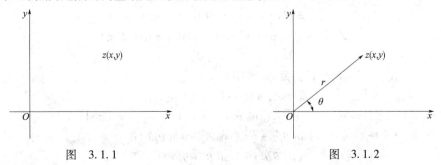

图 3.1.1   图 3.1.2

①模. 在复平面上，复数 z 与从原点指向点 $z = x + iy(x, y \in \mathbf{R})$ 的平面向量一一对应，因此复数 z 能用向量表示. 向量的长度称为 z 的**模**或**绝对值**，记为 $|z| = r = \sqrt{x^2 + y^2}$.

显然，$|z| \leqslant \mathrm{Re}(z) + \mathrm{Im}(z)$；$\mathrm{Re}(z) \leqslant |z|$；$\mathrm{Im}(z) \leqslant |z|$；$z\bar{z} = |z|^2 = |z^2|$；$|z| = |\bar{z}|$；$|z_1 \pm z_2| \leqslant |z_1| + |z_2|$；$|z_1 \pm z_2|^2 = |z_1|^2 + |z_2|^2 \pm 2\mathrm{Re}(z_1 \overline{z_2})$．

②辐角．在 $z \neq 0$ 时，以正实轴为始边，以表示 z 的向量为终边的角的弧度数 θ 称为 z 的**辐角**，记为

$$\mathrm{Arg}\, z = \theta, \quad \tan(\mathrm{Arg}\, z) = \frac{y}{x}$$

任何一个复数 $z \neq 0$ 有无穷多个辐角，如果 θ_1 是其中一个，则
$$\mathrm{Arg}\, z = \theta_1 + 2k\pi \quad (k\ \text{为整数})$$
给出了 z 的全部辐角．

在 $z \neq 0$ 的所有辐角中，满足 $-\pi < \theta_0 \leqslant \pi$ 的 θ_0 称为辐角 $\mathrm{Arg}\, z$ 的**主值**，简称**辐角主值**，记作 $\theta_0 = \arg z$．

$$\theta_0 = \arg z = \begin{cases} \arctan \dfrac{y}{x} & \text{当}\ x > 0 \\[2mm] \dfrac{\pi}{2} & \text{当}\ x = 0, y > 0 \\[2mm] -\dfrac{\pi}{2} & \text{当}\ x = 0, y < 0 \\[2mm] \arctan \dfrac{y}{x} + \pi & \text{当}\ x < 0, y > 0 \\[2mm] \arctan \dfrac{y}{x} - \pi & \text{当}\ x < 0, y < 0 \\[2mm] \pi & \text{当}\ x < 0, y = 0 \end{cases}$$

(4) 复数的三角形式和指数形式

由图 3.1.1 和图 3.1.2，对复数 $z = x + \mathrm{i}y\,(x, y \in \mathbf{R}, z \neq 0)$，有 $x = r\cos\theta$，$y = r\sin\theta$．于是可以用三角函数表示复数，即有复数 z 的三角形式 $z = r(\cos\theta + \mathrm{i}\sin\theta)$．

利用欧拉公式 $\mathrm{e}^{\mathrm{i}\theta} = \cos\theta + \mathrm{i}\sin\theta$，非零复数可以表示成指数的形式．非零复数 z 的指数形式为 $z = r\mathrm{e}^{\mathrm{i}\theta}$．

例 3.1.2 将复数 $z = 1 - \sqrt{3}\mathrm{i}$ 化为三角形式与指数形式．

解 因为 $x = 1$，$y = -\sqrt{3}$，所以 $r = \sqrt{1^2 + \left(-\sqrt{3}\right)^2} = 2$．

由于 z 在第四象限，于是
$$\theta = \arg z = \arg\tan(-\sqrt{3}/1) = -\pi/3$$
所以
$$z = 2(\cos(-\pi/3) + \mathrm{i}\sin(-\pi/3))$$
或者，可表示为
$$z = 2[\cos(-\pi/3 + 2k\pi) + \mathrm{i}\sin(-\pi/3 + 2k\pi)]$$
指数表示式为
$$z = 2\mathrm{e}^{-\pi\mathrm{i}/3 + 2k\pi}, \quad k = 0, \pm1, \pm2, \cdots$$

例 3.1.3 设 z_1, z_2 为两个任意复数，证明：
$$|z_1 \overline{z_2}| = |z_1||z_2|; \quad |z_1 \pm z_2| \leqslant |z_1| + |z_2|$$

证 $|z_1 \overline{z_2}| = |r_1(\cos\theta_1 + \mathrm{i}\sin\theta_1)r_2(\cos\theta_2 - \mathrm{i}\sin\theta_2)| = |r_1 r_2| = |z_1||z_2|$

$|z_1 \pm z_2| = |r_1(\cos\theta_1 + \mathrm{i}\sin\theta_1) \pm [r_2(\cos\theta_2 - \mathrm{i}\sin\theta_2)]|$

$\qquad\quad = |(r_1 \pm r_2)[\cos(\theta_1 \mp \theta_2) + \mathrm{i}\sin(\theta_1 \mp \theta_2)]|$

$\qquad\quad \leqslant |(r_1 \pm r_2)| \leqslant |z_1| + |z_2|$

证毕．

2. 复球面与无穷远点

复数可以表示为复平面上的点及向量(几何表示),也可以用复球面上的点来表示复数.

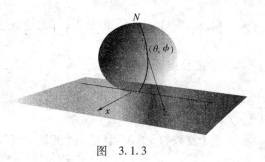

将球面摆放在复平面上,球面上的一点与复平面相切,通过切点做垂直于复平面的直线,该直线与球面的另一个交点称为北极,切点称为南极.通过复平面上的点与北极之间的直线与球面有唯一的一个交点,如图 3.1.3 所示.球面上的点,除去北极 N 外,与复平面内的点之间存在着一一对应的关系.

图 3.1.3

为了使复平面与球面上的点无例外地都能一一对应起来,我们规定:复平面上有一个唯一的"无穷远点",它与球面上的北极 N 相对应.这样一来,球面上的每一个点就有唯一的一个复数与它对应,这样的球面称为**复球面**.同时,可以理解复数中无穷远点是存在的,也是可以不断接近的,在复数中趋向于无穷大,就是趋向于一个定点.

相应地规定:复数中有一个唯一的"无穷大"与复平面上的无穷远点相对应,并记作 ∞. ∞ 是一个定值,这与微积分中的 ∞ 有所不同.

并且规定:

(1)设 a 是一个异于 ∞ 的复数,则 $a + \infty = \infty + a = \infty$, $a/\infty = 0$, $\infty/a = \infty$;

(2)设 b 是一个异于 0 的复数,则 $b\infty = \infty b = \infty$, $b/0 = \infty$;

(3) ∞ 与 0 之间的运算无意义.

对于复数 ∞,实部、虚部及辐角都没有意义,而模规定为 $|\infty| = +\infty$.

包括无穷远点在内的复平面称为**扩充复平面**;不包括无穷远点在内的复平面称为**有限复平面**或称**复平面**.

3.1.3 复数的乘幂与方根

把复数表示成三角形式,再进行乘幂与方根的计算,比直接用代数式运算有时要方便得多.

1. 乘积与商

定理 3.1.1 两个复数乘积的模等于它们的模的乘积;两个复数乘积的辐角等于它们的辐角的和.

证 设 $z_1 = r_1 \mathrm{e}^{\mathrm{i}\theta_1}$, $z_2 = r_2 \mathrm{e}^{\mathrm{i}\theta_2}$,则 $z_1 z_2 = r_1 \mathrm{e}^{\mathrm{i}\theta_1} r_2 \mathrm{e}^{\mathrm{i}\theta_2} = r_1 r_2 \mathrm{e}^{\mathrm{i}(\theta_1 + \theta_2)}$.

证毕.

定理 3.1.2 两个复数的商的模等于它们的模的商;两个复数的商的辐角等于被除数与除数的辐角之差.

证 设 $z_1 = r_1 \mathrm{e}^{\mathrm{i}\theta_1}$, $z_2 = r_2 \mathrm{e}^{\mathrm{i}\theta_2}$,则 $\dfrac{z_1}{z_2} = \dfrac{r_1 \mathrm{e}^{\mathrm{i}\theta_1}}{r_2 \mathrm{e}^{\mathrm{i}\theta_2}} = \dfrac{r_1}{r_2} \mathrm{e}^{\mathrm{i}(\theta_1 - \theta_2)}$.

证毕.

例 3.1.4 设 n 为正整数,试证明 $\left(\dfrac{-1+\sqrt{3}\mathrm{i}}{2}\right)^{3n+1} + \left(\dfrac{-1-\sqrt{3}\mathrm{i}}{2}\right)^{3n+1} = -1$.

证 因为 $\dfrac{-1+\sqrt{3}\mathrm{i}}{2} = \cos\dfrac{2\pi}{3} + \mathrm{i}\sin\dfrac{2\pi}{3}$, $\dfrac{-1-\sqrt{3}\mathrm{i}}{2} = \cos\dfrac{4\pi}{3} - \mathrm{i}\sin\dfrac{4\pi}{3}$,所以

$$\left(\dfrac{-1+\sqrt{3}\mathrm{i}}{2}\right)^{3n+1} = \left(\dfrac{-1+\sqrt{3}\mathrm{i}}{2}\right)^{3n}\left(\dfrac{-1+\sqrt{3}\mathrm{i}}{2}\right) = (\cos 2n\pi + \mathrm{i}\sin 2n\pi)\left(\dfrac{-1+\sqrt{3}\mathrm{i}}{2}\right)$$

$$\left(\frac{-1-\sqrt{3}i}{2}\right)^{3n+1} = \left(\frac{-1-\sqrt{3}i}{2}\right)^{3n}\left(\frac{-1-\sqrt{3}i}{2}\right) = (\cos 4n\pi + i\sin 4n\pi)\left(\frac{-1+\sqrt{3}i}{2}\right)$$

$$\left(\frac{-1+\sqrt{3}i}{2}\right)^{3n+1} + \left(\frac{-1-\sqrt{3}i}{2}\right)^{3n+1} = \frac{-1+\sqrt{3}i}{2} + \frac{-1-\sqrt{3}i}{2} = -1$$

证毕.

2. 乘幂与开方

一个复数的 n 次幂,就是 n 个相同个复数的乘积,若复数 $z = re^{i\theta}$,则它的 n 次幂

$$z^n = (re^{i\theta})^n = r^n e^{in\theta} = r^n(\cos n\theta + i\sin \theta)$$

特别地,当 $r=1$ 时,有棣莫弗(De Moivre)公式

$$(\cos \theta + i\sin \theta)^n = \cos n\theta + i\sin n\theta$$

另外,要注意的是 $\arg(z^n) \neq n\arg z (n>1)$.

例如,$z=i$, $\arg(i^2) = \pi + 2k\pi \neq 2\arg z = 2\left(\frac{\pi}{2} + 2k\pi\right)$, $k=0,1,2,\cdots$.

求 z 的 n 次方根,相当于求方程 $\omega^n = z$ 的解,由乘幂的计算过程,可以得到

方根公式 $\qquad \omega^n = r(\cos \theta + i\sin \theta)$, $\qquad \omega = \sqrt[n]{r}\left(\cos \frac{\theta + 2k\pi}{n} + i\sin \frac{\theta + 2k\pi}{n}\right)$

$$(k = 1, 2, \cdots, n-1)$$

若记 $\omega_0 = \sqrt[n]{r}e^{i\theta/n}$,$\omega = \sqrt[n]{z} = \omega_0 e^{i2k\pi/n}$,可知 z 的 n 次方根均匀地分布于以原点为圆心、半径为 $\sqrt[n]{r}$ 的圆周上.

例 3.1.5 求 $\sqrt[4]{1-i}$.

解 $1 - i = \sqrt{2}\left(\frac{\sqrt{2}}{2} - \frac{\sqrt{2}}{2}i\right) = \sqrt{2}\left[\cos\left(-\frac{\pi}{4}\right) + i\sin\left(-\frac{\pi}{4}\right)\right]$

$$\sqrt[4]{1-i} = \sqrt[8]{2}\left(\cos \frac{-\pi/4 + 2k\pi}{4} + i\sin \frac{-\pi/4 + 2k\pi}{4}\right)$$

$$= \sqrt[8]{2}\left[\cos\left(-\frac{\pi}{16} + \frac{k\pi}{2}\right) + i\sin\left(-\frac{\pi}{16} + \frac{k\pi}{2}\right)\right]$$

$k = 0, 1, 2, 3$.

3.1.4 区域

区域的概念是为了描述函数的定义域的特征.

1. 区域的概念

(1)邻域:平面上以 z_0 为中心,δ(任意正数)为半径的圆:$|z - z_0| < \delta$ 内部的点的集合称为 z_0 的**邻域**,而称由不等式 $0 < |z - z_0| < \delta$ 所确定的点集 $\{z \mid 0 < |z - z_0| < \delta\}$ 为 z_0 的**去心邻域**.

(2)内点:设 G 为平面点集,z_0 为 G 中任意一点,如果存在 z_0 的一个邻域,该邻域内的所有点都属于 G,那么称 z_0 为 G 的**内点**.

(3)开集:如果 G 内的每个点都是它的内点,那么称 G 为**开集**.

(4)区域:平面点集 D 称为一个**区域**,如果它满足下列两个条件:D 是一个开集;D 是连通的(即 D 中任何两点都可以用完全属于 D 的一条折线连接起来).

(5)边界点(边界):设 D 为平面内的一个区域,如果点 P 不属于 D,但在 P 的任意小的邻域内总含有 D 中的点,这样的点 P 称为 D 的**边界点**;D 的所有边界点组成 D 的**边界**.(区域的边界可能由几条曲线和一些孤立的点所组成)

(6)区域 D 与它的边界一起构成**闭区域**.

(7)如果一个区域 D 可以被包含在一个以原点为中心的圆里面,即存在正数 M,使区域 D 的每个点 z 都满足 $|z| < M$,即称 D 为**有界的**. 否则称为**无界的**.

2. 单连通域与多连通域

(1)连续曲线:如果 $x(t)$,$y(t)$ 是两个连续的实变函数,那么,方程组 $x = x(t)$,$y = y(t)$($a \leqslant t \leqslant b$)代表一条平面曲线,称为**连续曲线**.

(2)按段光滑曲线:如果在区间 $a \leqslant t \leqslant b$ 上 $x'(t)$,$y'(t)$ 都是连续的,且对于 t 的每一个值,有 $[x'(t)]^2 + [y'(t)]^2 \neq 0$,那么这曲线称为**光滑的**. 由几段依次相接的光滑曲线所组成的曲线称为**按段光滑曲线**.

(3)简单曲线或 Jordan 曲线:没有重点的连续曲线称为**简单曲线**.

(4)单连通域:复平面上的一个区域 B,如果在其中任作一条简单闭曲线,而曲线的内部总属于 B,就称为**单连通域**.

(5)多连通域:一个区域如果不是单连通域,就称为**多连通域**.

3.1.5　复变函数

1. 定义

复变函数:设 G 是一个复数 $z = x + iy$ 的集合,如果有一个确定的法则存在,按照这一法则,对于集合 G 中的每一个复数 $z = x + iy$,都有一个或几个复数 $w = u + iv$ 与之对应,那么称复变数 $w = u + iv$ 是 $z = x + iy$ 的**函数**(简称**复变函数**),记为 $w = f(z)$.

例如,可以验证 $w = 2z$,是定义在整个复平面上的函数.

可以这样理解,复变函数是一个自变量是复数,函数值也是为复数的函数,即以复数作为自变量和因变量的函数即为复变函数. 因此,复变函数的定义域与值域与实变函数类似,且也有单值函数与多值函数、反函数等概念. 并且 u,v 都是二元实函数 $u(x,y)$,$v(x,y)$.

2. 映射

对于复变函数,由于它反映了两对变量之间的对应关系,因而无法用同一个平面内的几何图形表示出来,必须把它看成两个复平面上的点集之间的对应关系.

如果用 z 平面上的点表示自变量 z 的值,而用另一个平面上的点表示函数的值,那么函数 $w = f(z)$ 在几何上就可以看作把 z 平面上的一个点集 G 变到平面上的一个点集的映射. 有时用像点与原像来描述把 G 平面上的一个点与 z 平面上的一个点的对应关系,G 平面上的一个像点是 z 平面上的一个原像的映射.

对于多值函数,像点不是唯一的,在实际应用中,一般应用只考虑单值函数,通过选取值域,或 G 平面来实现.

3. 反函数

假定 $w = f(z)$ 的定义集合为 z 平面上的集合 G,函数值集合为 ω 平面上的集合 G^*,那么 G^* 中的每一点 ω 必将对应着 G 中的一个(或几个)点. 按照函数定义,在 G^* 上就定义了一个单值(或多值)函数 $z = f(w)$,它称为函数 $w = f(z)$ 的**反函数**(也称映射 $w = f(z)$ 的**逆映射**).

3.1.6　复变函数的极限和连续

1. 复变函数的极限

复变函数的极限定义:设函数 $w = f(z)$ 定义在 z_0 的去心邻域 $0 < |z - z_0| < \rho$ 内,如果有一确定的数 A 存在,对于任意给定的 $\varepsilon > 0$,相应地必有一正数 $\delta(\varepsilon)$($0 < \delta \leqslant \rho$),使得当 $0 < |z - z_0| < \delta$

时有

$$|f(A) - A| < \varepsilon$$

那么称 A 为 $f(z)$ 在 $z \to z_0$ 时的**极限**,记作 $\lim\limits_{z \to z_0} f(z) = A$.

复变函数的极限的几何意义:当变点 z 一旦进入 z_0 的充分小 $\delta(\varepsilon)(0 < \delta \le \rho)$ 去心邻域时,它的像点 $f(z)$ 就落入 A 的预先给定的 ε 邻域中. 这与一元实变函数极限的几何意义相比类似,只是用圆形邻域代替了那里的邻区.

定义中 z 趋向 z_0 的方式是任意的,即无论 z 从什么方向、以何种方式趋于 z_0,$f(z)$ 都要趋向于同一个常数 A,这比对一元实变函数极限定义的要求苛刻得多.

定理 3.1.3 设 $f(z) = u(x, y) + iv(x, y)$,$A = u_0 + iv_0$,$z_0 = x_0 + iy_0$,则 $\lim\limits_{z \to z_0} f(z) = A$ 的充分必要条件为 $\lim\limits_{\substack{x \to x_0 \\ y \to y_0}} u(x, y) = u_0$,$\lim\limits_{\substack{x \to x_0 \\ y \to y_0}} v(x, y) = v_0$.

此定理将复变函数 $f(z) = u(x, y) + iv(x, y)$ 的极限问题转化为求两个二元实变函数的极限问题.

定理 3.1.4 如果 $\lim\limits_{z \to z_0} f(z) = A$,$\lim\limits_{z \to z_0} g(z) = B$,则

$$\lim\limits_{z \to z_0} [f(z) \pm g(z)] = A \pm B; \quad \lim\limits_{z \to z_0} f(z)g(z) = AB; \quad \lim\limits_{z \to z_0} \frac{f(z)}{g(z)} = \frac{A}{B}(B \ne 0)$$

例 3.1.6 证明 $f(z) = \dfrac{\mathrm{Re}(z)}{|z|}$ 当 $z \to 0$ 时极限不存在.

解此题的要点是用定义,分 $\Delta y = 0$,$\Delta x \to 0$;$\Delta x = 0$,$\Delta y \to 0$ 两种情况讨论.

用定理,$f(z) = \dfrac{\mathrm{Re}(z)}{|z|} = \dfrac{x}{\sqrt{x^2 + y^2}}$ 极限不存在.

2. 复变函数的连续性

如果 $\lim\limits_{z \to z_0} f(z) = f(z_0)$,那么说 $f(z)$ 在 z_0 处**连续**. 如果 $f(z)$ 在区域 D 内处处连续,我们说 $f(z)$ 在 D 内连续.

由复变函数的连续的定义,可以得到:

定理 3.1.5 函数 $f(z) = u(x, y) + iv(x, y)$ 在 $z_0 = x_0 + iy_0$ 处连续的充要条件是 $u(x, y)$,$v(x, y)$ 在 (x_0, y_0) 处连续.

该定理将复变函数的连续问题转化为二元函数的连续问题. 由定理 3.1.5,还可以得到:

定理 3.1.6 在 $z_0 = x_0 + iy_0$ 连续的两个函数的和、差、积、商(分母不为零)在 $z_0 = x_0 + iy_0$ 仍连续.

3. 函数在曲线上连续和有界

函数在曲线 C 上 $z_0 = x_0 + iy_0$ 处连续是指 $\lim\limits_{z \to z_0} f(z) = f(z_0)$,$z \in \mathbf{C}$;函数在曲线上有界是指存在一正数 M 在曲线上恒有 $|f(z)| < M$.

3.2 解析函数与柯西-黎曼条件

解析函数是复变函数论研究的主要对象,解析函数是通过可导、可微来定义的,柯西-黎曼条件是关于解析函数的充要条件.

3.2.1 复变函数的导数与微分

复变函数的导数定义,形式上和高等数学中实函数的导数定义一致.

定义 3.2.1 设函数 $w = f(z)$ 在点 z_0 的某邻域内有定义,考虑比值

$$\frac{\Delta w}{\Delta z} = \frac{f(z) - f(z_0)}{z - z_0} = \frac{f(z_0 + \Delta z) - f(z_0)}{\Delta z}$$

若当 $\Delta z \to 0$(或 $z \to z_0$)时,上面比值的极限存在,则称此极限为函数 $f(z)$ 在点 z_0 的**导数**,记为 $f'(z)$. 即

$$f'(z_0) = \lim_{\Delta z \to 0} \frac{f(z_0 + \Delta z) - f(z_0)}{\Delta z} \tag{3.2.1}$$

此时称 $f(z)$ 在点 z_0 可导.

要注意的是:上面极限存在要求与 $\Delta z \to 0$ 的方式无关,而 $\Delta z \to 0$ 意味着从四面八方趋于零,这与实函数情形 $\Delta x \to 0$ 时只有左右两个方向是不同的.

类似实函数的微分定义,称 $f'(z) \Delta z$ 为 $w = f(z)$ 在点 z 的**微分**,记为

$$\mathrm{d} w = f'(z) \Delta z$$

特别当 $f(z) = z$ 时,$\mathrm{d} z = \Delta z$,于是上式变为

$$\mathrm{d} w = f'(z) \mathrm{d} z$$

即

$$f'(z) = \frac{\mathrm{d} w}{\mathrm{d} z}$$

由此可见:可导与可微是一回事.

函数 $f(z)$ 在某点可导,必在该点连续,但连续不一定可导.

下面是一个处处连续但处处不可微的例子.

例 3.2.1 $f(z) = \bar{z}$ 在 z 平面上处处不可微.

证 易知该函数在 z 平面上处处连续,但

$$\frac{\Delta f}{\Delta z} = \frac{\overline{z + \Delta z} - \bar{z}}{\Delta z} = \frac{\overline{\Delta z}}{\Delta z}$$

当 $\Delta z \to 0$ 时,极限不存在. 因 Δz 取实数趋于 0 时,其极限为 1,Δz 取纯虚数而趋于零时,其极限为 -1. 故 $\bar{z}$ 处处不可微.

例 3.2.2 试证:函数 $f(z) = \mathrm{Re}(z)$ 在复平面上处处不可导.

分析 导数是一个特定类型的极限,要证明复变函数在某点的极限不存在,只需要找两条特殊的路径,使自变量沿这两条路径趋于该点时,函数值趋于不同的值.

证 对任意点 z,因

$$\frac{f(z + \Delta z) - f(z)}{\Delta z} = \frac{\mathrm{Re}(z + \Delta z) - \mathrm{Re}(z)}{\Delta z}$$

令 $\Delta z = \Delta x + \mathrm{i} \Delta y$,于是有

$$\frac{f(z + \Delta z) - f(z)}{\Delta z} = \frac{\Delta x}{\Delta x + \mathrm{i} \Delta y}$$

由于上式当 $z + \Delta z$ 沿平行于虚轴的方向趋于点 z(即 $\Delta x = 0$,$\Delta y \to 0$)时其极限为 0;当 $z + \Delta z$ 沿平行于实轴的方向趋于点 z(即 $\Delta y = 0$,$\Delta x \to 0$)时,其极限为 1,所以

$$\lim_{\Delta z \to 0} \frac{f(z + \Delta z) - f(z)}{\Delta z}$$

不存在,故 $f(z)$ 在点 z 处不可导. 由点 z 的任意性,函数 $f(z)=\mathrm{Re}(z)$ 于复平面上处处不可导. 证毕.

3.2.2 解析函数及其简单性质

定义 3.2.2 如果函数 $w=f(z)$ 在区域 D 内可微,则称 $f(z)$ 为区域 D 内的**解析函数**,或称 $f(z)$ 在区域 D 内**解析**. 区域 D 内的解析函数也称 D 内的**全纯函数**或**正则函数**.

函数在一点解析的定义是:设函数 $w=f(z)$ 定义在区域 D 内,z_0 为 D 内某一点,若存在一个邻域 $N(z_0,p)$,使得函数 $f(z)$ 在该邻域内处处可导,则称函数 $f(z)$ **在点 z_0 解析**. 此时称点 z_0 为函数 $f(z)$ 的**解析点**.

函数在区域内解析和在点解析的关系如下:

函数 $f(z)$ 在点 z 解析 $\Leftrightarrow f(z)$ 在该点的某一邻域内解析;

函数 $f(z)$ 在闭域 $\overline{D}$ 上解析 $\Leftrightarrow f(z)$ 在包含 $\overline{D}$ 的某区域内解析.

函数 $f(z)$ 在区域 D 内解析 $\Leftrightarrow$ 函数在区域 D 内可微 $\Leftrightarrow f(z)$ 在区域 D 内点点解析.

$f(z)$ 在点 z 解析 $\Rightarrow f(z)$ 在点 z 可微,但反之未必.

定义 3.2.3 若函数 $f(z)$ 在点 z_0 不解析,但在 z_0 的任一邻域内总有 $f(z)$ 的解析点,则称 z_0 为函数 $f(z)$ 的**奇点**.

表面上看"解析"等同于"可微",但要注意,解析函数是与区域密切联系的,在不是区域的点集 E 上的可微函数不能称为解析. 在某点 z_0 可微亦不能称在该点解析. 称 $f(z)$ 在某点解析,其意义是指 $f(z)$ 在该点的某一邻域内解析;称 $f(z)$ 在闭域 $\overline{D}$ 上解析,是指 $f(z)$ 在包含 D 的某区域内解析.

容易看出,函数 $f(z)$ 在区域 D 内解析与函数 $f(z)$ 在区域 D 内处处解析的说法是等价的.

高等数学中有关求导法则可推广为到复变函数上来. 即:两个解析函数 $f_1(z)$,$f_2(z)$ 的和、差、积、商(分母不为 0)亦解析,且有类似实函数的求导公式,及复合函数求导法则.

复变函数导数的定义在形式上跟实变函数的导数定义一样,因而实变函数论中的关于导数的规则和公式可用于复变函数. 例如:

(1)四则运算:如果 $f_1(z)$,$f_2(z)$ 在区域 D 内解析,则

$$[f_1(z)\pm f_2(z)]'=f_1'(z)\pm f_2'(z)$$

$$[f_1(z)\pm f_2(z)]'=f_1'(z)f_2(z)\pm f_1(z)f_2'(z)$$

$$\left[\frac{f_1(z)}{f_2(z)}\right]'=\frac{f_1'(z)f_2(z)-f_1(z)f_2'(z)}{[f_2(z)]^2}\quad(f_2(z)\neq 0)$$

(2)复合函数的导数

设函数 $\zeta=f(z)$ 在区域 D 内解析,函数 $\omega=g(\zeta)$ 在区域 G 内解析. 若对于 D 内每一点 z,函数 $f(z)$ 的值 ζ 均属于 G,则 $\omega=g[f(z)]$ 在 D 内解析,并且

$$\frac{\mathrm{d}g[f(z)]}{\mathrm{d}z}=\frac{\mathrm{d}g[\zeta]}{\mathrm{d}\zeta}\frac{\mathrm{d}f(z)}{\mathrm{d}z}$$

(3)实变复值函数的导数

设函数 $z(t)=x(t)+\mathrm{i}y(t)(t\in[\alpha,\beta])$,导数 $z'(t)=x'(t)+\mathrm{i}y'(t)(t\in[\alpha,\beta])$,则多项式函数

$$p(z)=a_0z^n+a_1z^{n-1}+\cdots+a_n\quad(a_0\neq 0)$$

在 z 平面上处处解析,且

$$p'(z)=a_0nz^{n-1}+a_1(n-1)z^{n-2}+\cdots+a_{n-1}$$

有理函数 $\dfrac{P(z)}{Q(z)}$ 在使分母不为 0 的每点是解析的.

3.2.3 柯西 – 黎曼条件

柯西 – 黎曼条件(简称 C – R 条件)描述了函数解析的充要条件.

考察函数 $f(z) = \bar{z} = x - iy$,实部 x,虚部 $-y$,对 x 与 y 的偏导数都存在,函数 $f(z)$ 仍不可导.

因此,设 $w = f(z) = u(x,y) + iv(x,y)$ 是定义在区域 D 上的函数. 一般来说,即使函数 $u(x,y)$,$v(x,y)$ 对 x 与 y 的偏导数都存在,函数 $f(z)$ 仍不可导. 因此,要使 $f(z)$ 可导,$u(x,y)$,$v(x,y)$ 应当不是互相独立的,而必须适合一定的条件.

定理 3.2.1(可微的必要条件) 设 $w = f(z) = u(x,y) + iv(x,y)$ 是定义在区域 D 上的函数;且在 D 内一点 $z = x + iy$ 可微,则必有:偏导数 u_x,u_y,v_x,v_y 在点 (x,y) 存在,且满足柯西 – 黎曼条件,即

$$\frac{\partial u}{\partial x} = \frac{\partial v}{\partial y}, \quad \frac{\partial u}{\partial y} = -\frac{\partial v}{\partial y}$$

证 设 $\Delta z = \Delta x + i\Delta y$,$f(z + \Delta z) - f(z) = \Delta u + i\Delta v$,其中

$$\Delta u = u(x + \Delta x, y + \Delta y) - u(x,y),$$
$$\Delta v = v(x + \Delta x, y + \Delta y) - v(x,y)$$

则

$$f'(z) = \lim_{\Delta x \to 0} \frac{f(z + \Delta z) - f(z)}{\Delta z} = \lim_{\substack{\Delta x \to 0 \\ \Delta y \to 0}} \frac{\Delta u + i\Delta v}{\Delta x + i\Delta y} \tag{3.2.2}$$

设 $\Delta y = 0, \Delta x \to 0$,上面极限变为

$$\lim_{\Delta x \to 0} \frac{\Delta u}{\Delta x} + i, \quad \lim_{\Delta x \to 0} \frac{\Delta v}{\Delta x} = f'(z)$$

于是 u_x,v_x 必然存在,且有

$$u_x + iv_x = f'(z) \tag{3.2.3}$$

再令 $\Delta x = 0, \Delta y \to 0$,式(3.2.2)变为

$$-i\lim_{\Delta y \to 0} \frac{\Delta u}{\Delta y} + \lim_{\Delta y \to 0} \frac{\Delta v}{\Delta y} = f'(z)$$

于是 u_y,v_y 必然存在,且有

$$-iu_y + v_y = f'(z) \tag{3.2.4}$$

比较式(3.2.3)和式(3.2.4)得

$$\frac{\partial u}{\partial x} = \frac{\partial v}{\partial y}, \quad \frac{\partial u}{\partial y} = -\frac{\partial v}{\partial y}$$

下例说明定理中的条件不是充分的.

例 3.2.3 函数 $f(z) = \sqrt{|xy|}$ 在 $z = 0$ 满足定理 3.2.1 的条件,但在 $z = 0$ 不可微.

证 因 $u(x,y) = \sqrt{|xy|}$,$v(x,y) = 0$. 故

$$u_x(0,0) = \lim_{\Delta x \to 0} \frac{u(\Delta x, 0) - u(0,0)}{\Delta x} = 0 = v_y(0,0)$$

$$u_y(0,0) = \frac{u(0,\Delta y) - u(0,0)}{\Delta y} = 0 = -v_x(0,0)$$

但

$$\frac{f(\Delta z) - f(0)}{\Delta z} = \frac{\sqrt{|\Delta x \Delta y|}}{\Delta x + i\Delta y}$$

在 $\Delta z \to 0$ 时无极限,这时让 $\Delta z = \Delta x + i\Delta y$ 沿射线 $\Delta y = k\Delta x\,(\Delta x > 0)$ 随 $\Delta x \to 0$ 而趋于零,即知上式趋于一个与 k 有关的值 $\dfrac{\sqrt{|k|}}{1 + ki}$.

若把定理 3.2.1 的条件适当加强,就得到

定理 3.2.2(可微的充要条件) 若函数 $f(z) = u(x,y) + iv(x,y)$ 定义在区域 D 内,则函数 $f(z)$ 在区域 D 内一点 $z = x + iy$ 可微函数的充分必要条件是:

(1) $u(x,y)$ 与 $v(x,y)$ 在 D 内可微;

(2) $u_x = v_y, u_y = -v_x$ 在 D 内成立.

此时,有

$$f'(z) = u_x + iv_x = v_y - iu_y = u_x - iu_y = v_y + iv_x \qquad (3.2.5)$$

证 充分性. 由条件(1),有

$$\Delta u = u_x \Delta x + u_y \Delta y + \eta_1$$
$$\Delta v = v_x \Delta x + v_y \Delta y + \eta_2$$

其中,η_1,η_2 均是 $\sqrt{\Delta x^2 + \Delta y^2} = |\Delta z|$ 的高阶无穷小.

再由条件(2),可设 $\alpha = u_x = v_y,\beta = v_x = -u_y$,于是有

$$\Delta f = \Delta u + i\Delta v$$
$$= \alpha\Delta x - \beta\Delta y + \eta_1 + i(\beta\Delta x + \alpha\Delta y + \eta_2)$$
$$= (\alpha + i\beta)(\Delta x + i\Delta y) + \eta_1 + \eta_2$$

令 $\eta = \dfrac{\eta_1 + i\eta_2}{\Delta x + i\Delta y}$,则当 $\Delta z \to 0$ 时,$\eta \to 0$,从而极限

$$\lim_{\Delta z \to 0} \frac{\Delta f}{\Delta z} = \lim_{\Delta x \to 0}\alpha + i\beta + \eta = \alpha + i\beta$$

存在,因此

$$f'(z) = u_x + iv_x = v_y - iu_y = u_x - iu_y = v_y + iv_x$$

必要性. 若 $f(z)$ 在点 $z = x + iy$ 可微,则

$$\Delta f(z) = f'(z)\Delta z + \eta\Delta z \qquad (3.2.6)$$

其中,$\eta \to 0$(当 $\Delta z \to 0$ 时). 若令

$$f'(z) = \alpha + i\beta, \quad \Delta z = \Delta x + i\Delta y, \quad \Delta f(z) = \Delta u + i\Delta v$$

则式(3.2.6)可写成

$$\Delta u + i\Delta v = \alpha\Delta x - \beta\Delta y + \eta_1 + i(\beta\Delta x + \alpha\Delta y + \eta_2) \qquad (3.2.7)$$

这里 $\eta_1 = \mathrm{Re}(\eta\Delta z),\eta_2 = \mathrm{Im}(\eta\Delta z)$ 是 $|\Delta z| = \sqrt{\Delta x^2 + \Delta y^2}$ 的高阶无穷小. 比较式(3.2.7)两端的实部和虚部,得

$$\Delta u = \alpha\Delta x - \beta\Delta y + \eta_1$$
$$\Delta v = \beta\Delta x + \alpha\Delta y + \eta_2$$

因此,$u(x,y),v(x,y)$ 在点 (x,y) 可微,且

$$u_x = \alpha = v_y, \quad u_y = -\beta = -v_x$$

推论(可微的充分条件) 若函数 $f(z) = u(x,y) + iv(x,y)$ 定义在区域 D 内,则函数 $f(z)$ 在区域 D 内一点 $z = x + iy$ 可微的充分条件是:

(1) u_x,u_y,v_x,v_y 在点 (x,y) 处连续.

(2) $u_x = v_y,u_y = -v_x$ 在 D 内成立.

用解析函数可微、可导的性质,可以证明:

定理 3.2.3　函数 $f(z)$ 在区域 D 内为解析函数的充分必要条件是:

(1) $u(x,y)$ 与 $v(x,y)$ 在 D 内可微;

(2) $u_x = v_y, u_y = -v_x$ 在 D 内成立.

定理 3.2.4　函数 $f(z)$ 在区域 D 内为解析函数的充分必要条件是:

(1) u_x, u_y, v_x, v_y 在 D 内连续;

(2) $u_x = v_y, u_y = -v_x$ 在 D 内成立.

从以上几个定理可看出:判断复变函数在某点是否可微,主要看在该点是否满足 C－R 条件.

例 3.2.4　讨论 $f(z) = |z|^2$ 的解析性.

解　因 $u(x,y) = x^2 + y^2, v(x,y) = 0$,故

$$u_x = 2x, \quad u_y = 2y, \quad v_x = v_y = 0$$

要使 C.－R. 条件成立,必有 $2x = 0, 2y = 0$,故 $f(z)$ 只在 $z = 0$ 可微,从而,处处不解析.

例 3.2.5　讨论 $f(z) = x^2 - \mathrm{i}y$ 的可微性和解析性.

解　因 $u(x,y) = x^2, v(x,y) = -y$,故

$$u_x = 2x, \quad u_y = 0, \quad v_x = 0, \quad v_y = -1$$

要使 C.－R. 条件成立,必有 $2x = -1$,故 $f(z)$ 只在直线 $x = -1$ 上可微,从而,处处不解析.

例 3.2.6　讨论 $f(z) = e^x(\cos y + \mathrm{i}\sin y)$ 的可微性和解析性,并求 $f'(z)$.

解　因 $u(x,y) = e^x\cos y, v(x,y) = e^x\sin y$,而

$$u_x = e^x\cos y, \quad u_y = -e^x\sin y$$

$$v_x = e^x\sin y, \quad v_y = e^x\cos y$$

在复平面上处处连续且满足 C.－R. 条件,从而 $f(z)$ 在 z 平面上处处可微,也处处解析.且

$$f'(z) = u_x + \mathrm{i}v_x = e^x\cos y + \mathrm{i}e^x\sin y = f(z)$$

例 3.2.7　试证函数 $f(z) = z + 1$ 在复平面解析.

证　令 $f(z) = u + \mathrm{i}v, z = x + \mathrm{i}y$,则

$$f(z) = z + 1 = x + \mathrm{i}y + 1 = x + 1 + \mathrm{i}y = u + \mathrm{i}v$$

于是　$u = x + 1$　$v = y$,从而有

$$u_x = 1, \quad u_y = 0$$

$$v_x = 0, \quad v_y = 1$$

显然, u_x, u_y, v_x, v_y 在复平面上处处连续,且满足 C－R 条件,故函数 $f(z)$ 在复平面解析.证毕.

3.3　复　积　分

复变函数积分是研究解析函数的一个重要工具.解析函数的许多重要性质,诸如"解析函数的导函数连续"及"解析函数的任意阶导数都存在"这些表面上看来只与微分学有关的命题,却是通过解析函数的复积分表示证明的,这是复变函数论在方法上的一个特点.同时,复变函数积分理论既是解析函数的应用推广,也是留数计算和傅里叶变换的理论基础.

3.3.1　复变函数积分的概念

1. 积分的定义

复变函数积分主要考察沿复平面上曲线的积分.今后除特别声明,当谈到曲线时一律是指光

滑或逐段光滑的曲线,其中逐段光滑的简单闭曲线简称为围线或周线或闭路. 对于光滑或逐段光滑的开曲线,只要指明了其起点和终点,从起点到终点,也就算规定了该曲线的正方向 C;对于光滑或逐段光滑的闭曲线 C,沿着曲线的某方向前进,如果 C 的内部区域在左方,则规定该方向为 C 的正方向(就记为 C),反之,称为 C 的负方向(记为 C^-)(或等价地说,对于光滑或逐段光滑的闭曲线,规定逆时针方向为闭曲线的正方向,顺时针为方向为闭曲线的负方向);若光滑或逐段光滑的曲线 C 的参数方程为

$$z = z(t) = x(t) + \mathrm{i}y(t) \quad (\alpha \leqslant t \leqslant \beta)$$

其中,t 为实参数,则规定 t 增加的方向为正方向,即由 $a = z(\alpha)$ 到 $b = z(\beta)$ 的方向为正方向.

定义 3.3.1(复变函数的积分) 设有向曲线 C

$$z = z(t), \quad \alpha \leqslant t \leqslant \beta$$

以 $a = z(\alpha)$ 为起点,$b = z(\beta)$ 为终点,$f(z)$ 沿 C 有定义. 在 C 上沿着 C 从 a 到 b 的方向(此为实参数 t 增大的方向,作为 C 的正方向)任取 $n-1$ 个分点

$$a = z_0, z_1, \cdots, z_{n-1}, z_n = b$$

把曲线 C 分成 n 个小弧段. 在每个小弧段 $\widehat{z_{k-1}z_k}$ 上任取一点 ζ_k,作和

$$S_n = \sum_{k=1}^{n} f(\zeta_k) \Delta z_k$$

其中,$\Delta z_k = z_k - z_{k-1}$,记 $\lambda = \max\{|\Delta z_1|, \cdots, |\Delta z_n|\}$,若 $\lambda \to 0$(分点无限增多,且这些弧段长度的最大值趋于零)时,上述和式的极限存在,极限值为 J(即不论怎样沿 C 正向分割 C,也不论在每个小弧段的 $\widehat{z_{k-1}z_k}$ 的什么位置上取 ζ_k,当 $\lambda \to 0$ 时 S_n 都趋于同一个数 J),则称 $f(z)$ 沿 C **可积**,称 J 为 $f(z)$ 沿 C(从 a 到 b)的**积分**,并记为 $J = \int_C f(z)\mathrm{d}z$,即为

$$\int_C f(z)\mathrm{d}z = \lim_{\lambda \to 0} \sum_{k=1}^{n} f(\zeta_k) \Delta z_k \tag{3.3.1}$$

其中,C 称为**积分路径**,$\int_C f(z)\mathrm{d}z$ 表示沿 C 的正方向的积分,$\int_{C^-} f(z)\mathrm{d}z$ 表示沿 C 的负方向的积分. 如果 C 为有向闭曲线,且正向为逆时针方向,那么沿此闭曲线的积分称为**围道积分**,可记作 $\oint_C f(z)\mathrm{d}z$.

2. 复积分的性质

根据复积分的定义,能直接推导出复积分具有下列性质,它们与高等数学中定积分的性质相类似:

(1)对积分路径的可加性. 若 $f(z)$ 沿 C 可积,且 C 由 C_1 和 C_2 连接而成,则

$$\int_C f(z)\mathrm{d}z = \int_{C_1} f(z)\mathrm{d}z + \int_{C_2} f(z)\mathrm{d}z$$

(2)倍数. 复常数因子 a 可以提到积分号外,即

$$\int_C af(z)\mathrm{d}z = a\int_C f(z)\mathrm{d}z$$

(3)线性性. 函数和(差)的积分等于各函数积分的和(差),即

$$\int_C [f(z) \pm g(z)]\mathrm{d}z = \int_C f(z)\mathrm{d}z \pm \int_C g(z)\mathrm{d}z$$

(4)方向性. 若积分曲线的方向改变,则积分值改变符号,即

$$\int_{C^-} f(z)\mathrm{d}z = -\int_C f(z)\mathrm{d}z$$

其中,C^-为C的负向曲线.

(5)积分不等式. 积分的模不大于被积表达式模的积分,即

$$\left| \int_C f(z)\mathrm{d}z \right| \leqslant \int_C | f(z) | \, | \, \mathrm{d}z | = \int_C | f(z) | \, \mathrm{d}s$$

这里 $\mathrm{d}s = |\mathrm{d}z| = \sqrt{(\mathrm{d}x)^2 + (\mathrm{d}y)^2}$ 表示弧长的微分.

(6)积分估值定理. 若沿曲线 C,$f(z)$ 连续,且 $f(z)$ 在 C 上满足 $|f(z)| \leqslant M$ $(M > 0)$,则

$$\left| \int_C f(z)\mathrm{d}z \right| \leqslant ML$$

其中,L 为曲线 C 的长度.

3. 复积分存在的条件及计算方法

显然,$f(z)$ 沿曲线 C 可积的必要条件为 $f(z)$ 沿 C 有界.

下面的定理提供了计算复积分的基本方法,即复函数沿曲线 C 的积分等于其实部、虚部所确定两个实函数第二型曲线积分之和:

定理 3.3.1 若函数 $f(z) = u(x,y) + iv(x,y)$ 沿曲线 C 连续,则 $f(z)$ 沿曲线 C 可积,且

$$\int_C f(z)\mathrm{d}z = \int_C [u\mathrm{d}x - v\mathrm{d}y] + i\int_C [v\mathrm{d}x + u\mathrm{d}y] \tag{3.3.2}$$

证 因为 $f(z) = u(x,y) + iv(x,y)$,$\mathrm{d}z = \mathrm{d}x + i\mathrm{d}y$,$f(z) = u(x,y) + iv(x,y)$

$$\begin{aligned}
S_n &= \sum_{k=1}^{n} f(\zeta_k)\Delta z_k = \sum_{k=1}^{n} [u(x_k,y_k) + iv(x_k,y_k)]\Delta z_k \\
&= \sum_{k=1}^{n} [u(x_k,y_k) + iv(x_k,y_k)][(x_{k+1} + iy_{k+1}) - (x_k + iy_k)] \\
&= \sum_{k=1}^{n} [u(x_k,y_k) + iv(x_k,y_k)](\Delta x_k - i\Delta y_k) \\
&= \sum_{k=1}^{n} \{u(x_k,y_k)\Delta x_k - v(x_k,y_k)\Delta y_k + i[v(x_k,y_k)\Delta x_k + u(x_k,y_k)\Delta y_k]\} \\
&= \int_C [u\mathrm{d}x - v\mathrm{d}y + i(v\mathrm{d}x + u\mathrm{d}y)]
\end{aligned}$$

所以
$$\int_C f(z)\mathrm{d}z = \int_C [u\mathrm{d}x - v\mathrm{d}y] + i\int_C [v\mathrm{d}x + u\mathrm{d}y]$$

证毕.

为了记忆方便,上式右端形式上可看成函数 $f(z) = u + iv$ 与微分 $\mathrm{d}z = \mathrm{d}x + i\mathrm{d}y$ 相乘后得到的

$$\int_C f(z)\mathrm{d}z = \int_C (u + iv)(\mathrm{d}x + i\mathrm{d}y)$$

由高等数学知,计算实函数第二型线积分的基本方法是化为对曲线参数的普通定积分计算,应用到这里,就使得复积分最终也可以归结为计算对路径参数的普通定积分.

设有向光滑曲线 C 的实参数复方程为

$$z = z(t) = x(t) + iy(t), \quad \alpha \leqslant t \leqslant \beta$$

曲线 C 光滑意味着 $z'(t) = x'(t) + iy'(t)$ 在 $[\alpha,\beta]$ 上连续,且 $z'(t) \neq 0$. 当 $f(z)$ 沿 C 连续时,由定理 3.3.1 有

$$\begin{aligned}
\int_C f(z)\mathrm{d}z &= \int_\alpha^\beta [u(x(t),y(t))x'(t) - v(x(t),y(t))y'(t)]\mathrm{d}t + \\
&\quad i\int_\alpha^\beta [v(x(t),y(t))x'(t) + u(x(t),y(t))y'(t)]\mathrm{d}t \\
&= \int_\alpha^\beta [u(x(t),y(t)) + iv(x(t),y(t))][x'(t) + iy'(t)]\mathrm{d}t
\end{aligned}$$

$$= \int_{\alpha}^{\beta} f(z(t)) z'(t) \, \mathrm{d}t$$

即

$$\int_C f(z) \, \mathrm{d}z = \int_{\alpha}^{\beta} f(z(t)) z'(t) \, \mathrm{d}t \tag{3.3.3}$$

式(3.3.3)称为计算复积分的参数方程法或计算复积分的变量代换公式.

例 3.3.1 计算 $\int_C z \, \mathrm{d}z$,其中 C 为从原点到点 $3+4\mathrm{i}$ 的直线段.

解 直线的方程可写成

$$x = 3t, \quad y = 4t, \quad 0 \leqslant t \leqslant 1$$

或

$$z(t) = 3t + \mathrm{i}4t, \quad 0 \leqslant t \leqslant 1$$

于是

$$\int_C z \, \mathrm{d}z = \int_0^1 (3+4\mathrm{i})^2 t \, \mathrm{d}t = (3+4\mathrm{i})^2 \int_0^1 t \, \mathrm{d}t = \frac{1}{2}(3+4\mathrm{i})^2$$

又因

$$\int_C z \, \mathrm{d}z = \int_C (x+\mathrm{i}y)(\mathrm{d}x + \mathrm{i}\mathrm{d}y) = \int_C x \, \mathrm{d}x - y \, \mathrm{d}y + \mathrm{i} \int_C y \, \mathrm{d}x + x \, \mathrm{d}y$$

由高等数学理论,其复积分的实部、虚部满足实积分与路径无关的条件(即 $\nabla \times \boldsymbol{F} = 0$,对于二维的,即 $\frac{\partial \boldsymbol{F}_y}{\partial x} - \frac{\partial \boldsymbol{F}_x}{\partial y} = 0$),所以 $\int_C z \, \mathrm{d}z$ 的值不论 C 是怎样的曲线都等于 $\frac{1}{2}(3+4\mathrm{i})^2$,这说明有些函数的积分值与积分路径无关.

3.3.2 柯西积分定理

1. 柯西积分定理

由上一小节可知,复函数沿曲线的积分可归结为实函数的第二型曲线积分. 一般说来,实函数的第二型曲线积分不仅依赖于积分起点和终点,还与积分路径有关. 因此,一般说来,复积分不仅依赖于积分起点和终点,也与积分路径有关. 与在高等数学里研究实函数的第二型曲线积分一样,我们这里也来考虑什么条件下复积分的值与积分路径无关. 下面的柯西积分定理回答了这个问题.

定理 3.3.2(柯西积分定理) 设 C 是一条围线,D 为 C 的内部区域,函数 $f(z)$ 在闭区域 $\overline{D} = D \cup C$ 上解析,则

$$\int_C f(z) \, \mathrm{d}z = 0$$

下面的定理 3.3.3 与上述柯西积分定理等价. 其证明都应用了柯西 – 黎曼条件.

定理 3.3.3(等价的柯西积分定理) 若函数 $f(z)$ 在单连通区域 D 内解析,则对 D 内的任意一条围线(即逐段光滑的简单闭曲线)C,有

$$\int_C f(z) \, \mathrm{d}z = 0$$

推论 3.3.1 设 $f(z)$ 在单连通区域 D 内解析,C 为 D 内任一闭曲线(不必是简单闭曲线),则

$$\int_C f(z) \, \mathrm{d}z = 0$$

定理 3.3.4 若 $f(z)$ 在单连通区域 D 内解析,则 $f(z)$ 在 D 内的积分与路径无关.

2. 原函数(不定积分:复积分的牛顿—莱布尼茨公式)

定理 3.3.5 设 $f(z)$ 在单连通区域 D 内连续,且对全含于 D 内的任一围线 C,有 $\int_C f(z)\mathrm{d}z = 0$,则由变上限积分所确定的函数

$$F(z) = \int_{z_0}^{z} f(\zeta)\mathrm{d}\zeta$$

在 D 内解析,且 $F'(z) = f(z)$. 其中 z_0 是 D 内任一定点,z 是 D 内任一变点.

推论 3.3.2 若 $f(z)$ 在单连通区域 D 内解析,则由变上限积分所确定的函数

$$F(z) = \int_{z_0}^{z} f(\zeta)\mathrm{d}\zeta$$

在 D 内解析,且 $F'(z) = f(z)$.

定义 3.3.2 若在区域 D 内有 $F'(z) = f(z)$,则称 $F(z)$ 为 $f(z)$ 在区域 D 内的一个**原函数**,而 $F(z) + C$(C 为任意常数)称为 $f(z)$ 的**不定积分**.

定理 3.3.6 若 $f(z)$ 在单连通区域 D 内解析(或在定理 3.3.4 的条件下),$\Phi(z)$ 为 $f(z)$ 在 D 内的任一原函数,则有牛顿—莱布尼茨公式成立:

$$\int_{z_0}^{z} f(\zeta)\mathrm{d}\zeta = \Phi(\zeta)\Big|_{z_0}^{z} = \Phi(z) - \Phi(z_0).$$

推论 3.3.3 $f(z)$ 的任何两个原函数相差一个常数.

证 若 $G(z), H(z)$ 均为 $f(z)$ 的原函数,则

$$[G - H]' = G' - H' = f(z) - f(z) = 0$$

所以

$$G(z) - H(z) = c(常数)$$

3. 复合闭路定理

下面对柯西积分定理从两个方面推广:一方面是被积函数的解析范围;另一方面是解析区域的连通性. 这两个方面的推广分别表现在下面两个定理中.

定理 3.3.7 设 C 是一条围线,D 为 C 的内部,$f(z)$ 在 D 内解析,在闭区域 $\overline{D} = D \cup C$ 上连续,则

$$\int_C f(z)\mathrm{d}z = 0$$

定义 3.3.3 设有 $n+1$ 条围线 $C_0, C_1, \cdots, C_n$,其中 $C_1, \cdots, C_n$ 中每一条都在其余各条的外部,而它们又全都在 C_0 的内部. 在 C_0 内部同时又在 $C_1, \cdots, C_n$ 外部的点集构成有界的多连通区域 D,D 以 $C_0, C_1, \cdots, C_n$ 为边界. 在这种情况下,称区域 D 的边界是一条**复围线**或**复合闭路**,记为 $C = C_0 + C_1^- + \cdots + C_n^-$. 当观察者在 C 上行进时,区域 D 中的点总在观察者左边的方向称为复围线 C 的正方向.

定理 3.3.8(多连通区域的柯西积分定理) 设 D 是由复围线 $C = C_0 + C_1^- + \cdots + C_n^-$ 所围成的有界多连通区域,$f(z)$ 在 D 内解析,在 $\overline{D} = D \cup C$ 上连续,则

$$\int_C f(z)\mathrm{d}z = 0$$

即

$$\int_{C_0} f(z)\mathrm{d}z + \int_{C_1^-} f(z)\mathrm{d}z + \cdots + \int_{C_n^-} f(z)\mathrm{d}z = 0$$

或

$$\int_{C_0} f(z)\mathrm{d}z = \int_{C_1} f(z)\mathrm{d}z + \cdots + \int_{C_n} f(z)\mathrm{d}z$$

定理 3.3.9（闭路变形原理） 在区域 D 内的一个解析函数 $f(z)$ 沿闭曲线的积分,不因闭曲线在 D 内作连续变形而改变积分的值,只要在变形的过程中曲线不经过函数 $f(z)$ 不解析的点.

例 3.3.2 计算积分 $\oint_L \dfrac{2z-1}{z^2-z}\mathrm{d}z$ 的值,其中 L 为包含点 0 和 1 在内的任何简单闭曲线.

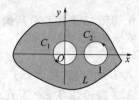

图 3.3.1

解 根据函数 $\dfrac{2z-1}{z^2-z}$ 在复平面内除 $z=0,z=1$ 两个奇点外是处处解析的. 由于 L 包含这两个奇点,在 L 内作两个互不包含且不相交的正向圆周 C_1,C_2,如图 3.3.1 所示,C_1 只包含奇点 $z=0$,C_2 只包含奇点 $z=1$,那么根据多连通区域的柯西积分定理得到

$$\oint_L \frac{2z-1}{z^2-z}\mathrm{d}z = \oint_{C_1} \frac{2z-1}{z^2-z}\mathrm{d}z + \oint_{C_2} \frac{2z-1}{z^2-z}\mathrm{d}z = \oint_{C_1} \frac{1}{z-1}\mathrm{d}z + \oint_{C_1} \frac{1}{z}\mathrm{d}z + \oint_{C_2} \frac{1}{z-1}\mathrm{d}z + \oint_{C_2} \frac{1}{z}\mathrm{d}z$$
$$= 0 + 2\pi\mathrm{i} + 2\pi\mathrm{i} + 0 = 4\pi\mathrm{i}$$

3.3.3 柯西积分公式

1. 有界区域的柯西积分公式

定理 3.3.10（柯西积分公式） 设区域 D 的边界是围线（或复围线）C,$f(z)$ 在 D 内解析,在 $\overline{D} = D + C$ 上连续,则

（1）对 D 内任意一点 z,有

$$f(z_0) = \frac{1}{2\pi\mathrm{i}}\int_C \frac{f(z)}{z-z_0}\mathrm{d}z \tag{3.3.4}$$

（2）$f(z)$ 在 D 内有各阶导数,且

$$f^{(n)}(z_0) = \frac{n!}{2\pi\mathrm{i}}\int_C \frac{f(z)}{(z-z_0)^{n+1}}\mathrm{d}z \quad (n=1,2,\cdots) \tag{3.3.5}$$

式(3.3.1)称为柯西积分公式,简称柯西公式. 注意其与柯西积分定理（或称柯西定理）在称谓上的区别.

定理 3.3.10 中的围线 C 可以是复围线,这时 C 所围的区域 D 是多连通区域,这时式(3.3.4)及式(3.3.5)中的积分也就是复围线上的积分.

柯西积分公式意味着:一个区域内解析并连续到边界的函数,它在边界上的值决定了它在区域内任一点的值. 因此,人们又称柯西积分公式为解析函数的积分表示式. 从柯西积分公式可以看出,解析函数的函数值之间有着密切联系. 这是解析函数不同于一般函数的一个显著特征. 积分是涉及函数整体性质的一个概念,函数在一点的值应只涉及孤立点这一局部,而柯西积分公式却把整体与局部联系起来了.

推论 3.3.4 若满足定理 3.3.10 条件的两个解析函数在区域的边界上处处相等,则它们在整个区域上也相等.

例 3.3.3 求下列积分的值

$$\oint_C \frac{\mathrm{e}^{\mathrm{i}z}}{z+\mathrm{i}}\mathrm{d}z, \quad C: |z+\mathrm{i}| = 1$$

解 注意到 $f(z) = \mathrm{e}^{\mathrm{i}z}$ 在复平面内解析,而 $-\mathrm{i}$ 在积分环路 C 内,由柯西积分公式得

$$\oint_C \frac{\mathrm{e}^{\mathrm{i}z}}{z+\mathrm{i}}\mathrm{d}z = 2\pi\mathrm{i}\mathrm{e}^{\mathrm{i}z}|_{z=-\mathrm{i}} = 2\pi\mathrm{i}\mathrm{e}$$

2. 无界区域中的柯西积分公式

上面对柯西积分公式讨论了单连通区域和复连通区域,但所涉及的积分区域都是有限的区

通信工程应用数学

域,若遇到函数在无界区域求积分的问题又如何求解? 可以证明如下的无界区域柯西积分公式仍然成立.

(1)无界区域柯西积分公式.

定理 3.3.11(无界区域中的柯西积分公式(当满足$|z| \to \infty$,$f(z) \to 0$时)) 若$f(z)$在某一闭曲线C的外部解析,并且当$|z| \to \infty$,$f(z) \to 0$时,则对于C外部区域中的点z_0(见图 3.3.2),有

$$f(z_0) = \frac{1}{2\pi i} \int_C \frac{f(z)}{z - z_0} dz$$

这就是无界区域的柯西积分公式.

例 3.3.4 计算积分

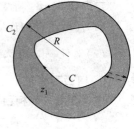

图 3.3.2

$$\oint_L \frac{1}{(z^2 - a^2)(z - 3a)} dz, \quad L: |z| = 2a \quad (a > 0)$$

解 被积函数$f(z) = \dfrac{\frac{1}{z^2 - a^2}}{z - 3a}$在$L$外部仅有一个奇点$z = 3a$,且当$|z| \to \infty$时,$f(z) = \dfrac{1}{z^2 - a^2} \to 0$,满足无界区域的柯西积分公式条件. 故有

$$I = \oint_L \frac{1}{(z^2 - a^2)(z - 3a)} dz = -\oint_{-L} \frac{1}{(z^2 - a^2)(z - 3a)} dz$$

$$= -\oint_{-L} \frac{\frac{1}{(z^2 - a^2)}}{z - 3a} dz = -2\pi i \frac{1}{(z^2 - a^2)} \bigg|_{z = 3a} = -\frac{\pi i}{4a^2}$$

(2)无界区域的柯西积分公式应用推广.

定理 3.3.12(无界区域中的柯西积分公式(当满足$|z| \to \infty$,$f(z)$不趋于零时)) 假设$f(z)$在某一闭曲线L的外部解析,则对于C外部区域中的点z_0,有

$$f(z_0) = \frac{1}{2\pi i} \int_C \frac{f(z)}{z - z_0} dz + f(\infty)$$

3. 推论

(1)解析函数的无限次可微性.

作为柯西积分公式的推广,我们可以证明一个解析函数的导函数仍为解析函数,从而可以证明解析函数具有任意阶导数. 请特别注意:这一点和实函数完全不一样,一个实函数$f(x)$有一阶导数,不一定有二阶或更高阶导数存在.

定理 3.3.13 若函数$f(z)$在区域D内解析,则$f(z)$在D内有任意阶导数.

(2)解析函数的第二个等价定理.

定理 3.3.14 函数$f(z) = u(x,y) + iv(x,y)$在区域D内解析$\Leftrightarrow$

u_x, u_y, v_x, v_y在D内连续;

$u(x,y), v(x,y)$在D内满足 C – R 条件.

(3)莫雷拉定理.

定理 3.3.15(莫雷拉(Morera)定理) 若函数$f(z)$在单连通区域D内连续,且对D内的任一围线C,有

$$\int_C f(z) dz = 0$$

则$f(z)$在D内解析.

莫雷拉定理对单连通区域内的复变函数而言,是柯西积分定理的逆定理.

4. 解析函数的第三个等价定理

定理 3.3.16 函数 $f(z)$ 在区域 D 内解析 $\Leftrightarrow$

(1) $f(z)$ 在 D 内连续;

(2) 对任一围线 C,只要 C 及其内部全含于 D 内,就有 $\oint_C f(z)\mathrm{d}z = 0$.

5. 柯西不等式

定理 3.3.17(柯西不等式) 若函数 $f(z)$ 在圆 $K: |z-a| < R$ 内解析,且 $|f(z)| \leqslant M$,则

$$|f^{(n)}(a)| \leqslant \frac{n!\,M}{R^n} \quad (n = 1, 2, \cdots)$$

6. 刘维尔定理

定理 3.3.18(刘维尔(Liouville)定理) 若 $f(z)$ 是有界的整函数(所谓有界,即 $|f(z)| \leqslant M$;所谓整函数,即在整个复平面上解析的函数),则 $f(z)$ 必为常数.

7. 解析函数的平均值公式

定理 3.3.19 若函数 $f(z)$ 在圆 $|z-z_0| < R$ 内解析,在闭圆 $|z-z_0| \leqslant R$ 上连续,则

$$f(z_0) = \frac{1}{2\pi}\int_0^{2\pi} f(z_0 + R\mathrm{e}^{\mathrm{i}\varphi})\mathrm{d}\varphi$$

即 $f(z)$ 在圆心 z_0 的值等于它在圆周上的值的算术平均数.

8. 最大模原理

定理 3.3.20(最大模原理) 若函数 $f(z)$ 在区域 D 内解析,且不为常数,则它的模 $|f(z)|$ 在 D 内取不到最大值.

9. 代数基本定理

定理 3.3.21(代数基本定理) 任何一个复系数多项式

$$f(z) = a_0 z^n + a_1 z^{n-1} + \cdots + a_{n-1} z + a_n \quad (n \geqslant 1, a_0 \neq 0)$$

必有零点,亦即在复数域中必有根使得方程 $f(z) = 0$ 成立.

3.4 复 级 数

复级数是研究解析函数的一个重要工具,先介绍复级数的基本概念及其性质,然后从柯西积分公式这一解析函数的积分表示式出发,给出解析函数的级数表示—泰勒级数及洛朗级数. 然后,进一步研究解析函数的性质.

3.4.1 复数项级数

1. 复数序列

给定一列无穷多个有序的复数

$$z_1 = a_1 + \mathrm{i}b_1, \quad z_2 = a_2 + \mathrm{i}b_2, \quad \cdots, \quad z_n = a_n + \mathrm{i}b_n, \quad \cdots$$

称为复数序列,记为 $\{z_n\}$. 也称复序列.

定义 3.4.1 给定一个复数序列 $\{z_n\}$,设 z_0 为一复常数. 若对于任意给定的正数 $\varepsilon > 0$,都存在一个充分大的正整数 N,使得当 $n > N$ 时,有

$$|z_n - z_0| < \varepsilon$$

则说当 n 趋向于 $+\infty$ 时，$\{z_n\}$ 以 z_0 为极限，或者说复数序列 $\{z_n\}$ 收敛于极限 z_0，记为 $\lim\limits_{n\to\infty} z_n = z_0$.

定理 3.4.1　给定一个复数序列 $\{z_n\}$，其中 $z_n = a_n + ib_n$，$n = 1,2,\cdots$，$z_0 = a + ib$，则 $\lim\limits_{n\to\infty} z_n = z_0$ 的充要条件是 $\lim\limits_{n\to\infty} a_n = a$ 和 $\lim\limits_{n\to\infty} b_n = b$.

定理 3.4.2　若 $\lim\limits_{n\to\infty} z_n' = z'$，$\lim\limits_{n\to\infty} z_n'' = z''$，则：

（1）$\lim\limits_{n\to\infty} (z_n' \pm z_n'') = z' \pm z''$；

（2）$\lim\limits_{n\to\infty} (z_n' z_n'') = z'z''$；

（3）$\lim\limits_{n\to\infty} (z_n'/z_n'') = z'/z''$，$z_n'' \neq 0 \,(n = 1,2,\cdots)$，$z'' \neq 0$.

2. 复数项级数

定义 3.4.2　设有复数序列 $\{z_n\}$，表达式

$$\sum_{n=1}^{\infty} z_n = z_1 + z_2 + \cdots + z_n + \cdots \tag{3.4.1}$$

称为**复数项级数**.

定义 3.4.3　若复数项级数（3.4.1）的部分和（也称前 n 项和）序列

$$\{s_n = z_1 + z_2 + \cdots + z_n\}, \quad n = 1,2,\cdots$$

以有限复数 $s = a + ib$ 为极限，即若

$$\lim_{n\to\infty} s_n = s$$

则称复数项级数（3.4.1）是**收敛**的，并称 s 为级数（3.4.1）的**和**，记为

$$\sum_{n=1}^{\infty} z_n = s$$

若部分和

$$\{s_n = z_1 + z_2 + \cdots + z_n\}, \quad n = 1,2,\cdots$$

无有限极限，则称级数（3.4.1）**发散**.

定理 3.4.3　设 $z_n = a_n + ib_n$，$n = 1,2,\cdots$，$z = a + ib$，则

$$\sum_{n=1}^{\infty} z_n \text{ 收敛于 } z \Leftrightarrow \sum_{n=1}^{\infty} a_n \text{ 收敛于 } a, \sum_{n=1}^{\infty} b_n \text{ 收敛于 } b$$

由此可见，级数收敛的充分必要条件是级数的实部级数 $\sum\limits_{n=1}^{\infty} a_n$ 和虚部级数 $\sum\limits_{n=1}^{\infty} b_n$ 都收敛.

定理 3.4.4　$\sum\limits_{n=1}^{\infty} z_n$ 收敛 $\Rightarrow \lim\limits_{n\to\infty} z_n = 0$.

收敛的复数级数有如下性质：

（1）$\sum\limits_{n=1}^{\infty} z_n$ 收敛 $\Rightarrow \exists M > 0$，使 $|z_n| \leqslant M \quad (n = 1,2,\cdots)$；

（2）若 $\sum\limits_{n=1}^{\infty} z_n = s$，$\sum\limits_{n=1}^{\infty} z_n' = s'$，则

$$\sum_{n=1}^{\infty} (z_n \pm z_n') = \sum_{n=1}^{\infty} z_n \pm \sum_{n=1}^{\infty} z_n' = s \pm s'$$

$$\sum_{n=1}^{\infty} c z_n = c \sum_{n=1}^{\infty} z_n = cs \quad (c \text{ 为复常数})$$

（3）若在复级数（3.4.1）中增、删有限个项，则所得级数与原级数同为收敛或同为发散.

定义 3.4.4 若级数 $\sum\limits_{n=1}^{\infty}|z_n|$ 收敛,则称级数 $\sum\limits_{n=1}^{\infty}z_n$ **绝对收敛**;非绝对收敛的收敛级数称为**条件收敛级数**.

对于绝对收敛,与定理 3.4.1 类似,我们有:

定理 3.4.5 设 $z_n=a_n+\mathrm{i}b_n$,$n=1,2,\cdots$,级数 $\sum\limits_{n=1}^{\infty}z_n$ 绝对收敛的充分必要条件是实数项级数 $\sum\limits_{n=1}^{\infty}a_n$ 与 $\sum\limits_{n=1}^{\infty}b_n$ 都绝对收敛.

定理 3.4.6 若级数 $\sum\limits_{n=1}^{\infty}|z_n|$ 收敛,则级数 $\sum\limits_{n=1}^{\infty}z_n$ 必收敛(即若级数绝对收敛,则级数收敛); 但反之不一定成立.

可见,绝对收敛⇒收敛,反之不一定.

定理 3.4.7

(1)绝对收敛级数的各项可以重排顺序而不致改变其绝对收敛性与和.

(2)两个绝对收敛的级数 $\sum\limits_{n=1}^{\infty}\alpha_n=S$,$\sum\limits_{n=1}^{\infty}\beta_n=L$,其柯西乘积

$$\left(\sum_{n=1}^{\infty}\alpha_n\right)\left(\sum_{n=1}^{\infty}\beta_n\right)=\sum_{n=1}^{\infty}(\alpha_1\beta_n+\alpha_2\beta_{n-1}+\cdots+\alpha_n\beta_1)=\sum_{n=1}^{\infty}\sum_{k=1}^{n}\alpha_k\beta_{(n+1)-k}$$

也绝对收敛,且其和为 $S\cdot L$.

上述柯西乘积等式最右边的式子即是按下述对角线方法作出:

	β_1	β_2	β_3	$\cdots$
α_1	$\alpha_1\beta_1$	$\alpha_1\beta_2$	$\alpha_1\beta_3$	$\cdots$
α_2	$\alpha_2\beta_1$	$\alpha_2\beta_2$	$\alpha_2\beta_3$	$\cdots$
α_3	$\alpha_3\beta_1$	$\alpha_3\beta_2$	$\alpha_3\beta_3$	$\cdots$
$\vdots$	$\vdots$	$\vdots$	$\vdots$	$\vdots$

对于复数项级数,存在类似于实数项级数收敛的充分必要条件:

定理 3.4.8(柯西收敛准则) 级数(3.4.1)收敛的充分必要条件是:对于任意给定的 $\varepsilon>0$, 存在自然数 N,使得当 $n>N$ 时,有

$$\left|\sum_{k=n+1}^{n+p}z_k\right|<\varepsilon$$

其中,p 为任意正整数.

3. 复变函数项级数

定义 3.4.5 设复函数序列 $\{f_n(z),n=1,2,\cdots\}$ 的各项均在点集 $E\subset C$ 上有定义.若存在一个在 E 有定义的函数 $f(z)$,对 E 中每一点 z,复函数项级数

$$\sum_{n=1}^{\infty}f_n(z)=f_1(z)+f_2(z)+\cdots+f_n(z)+\cdots \tag{3.4.2}$$

均收敛于 $f(z)$,则称级数(3.4.2)在 E 上**收敛**,其和函数为 $f(z)$,记为

$$\sum_{n=1}^{\infty}f_n(z)=f(z)$$

此定义用精确的语言叙述就是:任给 $\varepsilon>0$,以及给定的 $z\in E$,存在正整数 $N=N(\varepsilon,z)$,使当

$n > N(\varepsilon, z)$ 时,有

$$|f(z) - S_n(z)| < \varepsilon$$

其中, $S_n(z) = \sum_{k=1}^{n} f_k(z)$.

上述的正整数 $N = N(\varepsilon, z)$,一般地说,不仅依赖于 ε ,而且依赖于 $z \in E$. 重要的一种情形是 N 不依赖于 $z \in E$,即 $N = N(\varepsilon)$,这就是一致收敛的概念:

定义 3. 4. 6 对于级数(3. 4. 2),若在点集 E 上有函数 $f(z)$,使对任意给定的 $\varepsilon > 0$,存在正整数 $N = N(\varepsilon)$,当 $n > N$ 时,对所有的 $z \in E$,均有

$$|f(z) - S_n(z)| < \varepsilon$$

则称级数(3. 4. 2)在 E 上**一致收敛**于 $f(z)$.

定理 3. 4. 9(柯西一致收敛准则) 复函数项级数(3. 4. 2)在点集 E 上一致收敛于某函数的充要条件是:任给 $\varepsilon > 0$,存在正整数 $N = N(\varepsilon)$,使当 $n > N$ 时,对一切 $z \in E$,均有

$$\left| \sum_{k=n+1}^{n+p} f_k(z) \right| < \varepsilon \quad (p \text{ 为任意正整数})$$

由此准则,可得出一致收敛的一个充分条件:

定理 3. 4. 10(Weierstrass M—判别法)(优级数准则) 若复函数序列 $\{f_n(z)\}$ 在点集 E 上有定义,且存在正数列 $\{M_n\}$,使对一切 $z \in E$,有

$$|f_n(z)| \leqslant M_n \quad (n = 1, 2, \cdots)$$

而正项级数 $\sum_{n=1}^{\infty} M_n$ 收敛,则复函数项级数 $\sum_{n=1}^{\infty} f_n(z)$ 在集 E 上绝对收敛且一致收敛.

这样的正项级数 $\sum_{n=1}^{\infty} M_n$ 称为复函数项级数 $\sum_{n=1}^{\infty} f_n(z)$ 的**优级数**.

例 3. 4. 1 级数 $\sum_{n=0}^{\infty} z^n = 1 + z + z^2 + z^3 + \cdots + z^n + \cdots$ 在闭圆 $|z| \leqslant r(r < 1)$ 上一致收敛.

证 事实上,所述级数有收敛的优级数 $\sum_{n=0}^{\infty} r^n$.

定义 3. 4. 7 设 $f_n(z)(n = 1, 2, \cdots)$ 在区域 D 内有定义,若 $\sum_{n=1}^{\infty} f_n(z)$ 在含于 D 内的任意一个有界闭区域 $\bar{d}$ 上都一致收敛,则称级数 $\sum_{n=1}^{\infty} f_n(z)$ 在 D 内闭**一致收敛**.

显然,有如下关系:若 $\sum_{n=1}^{\infty} f_n(z)$ 在区域 D 内闭一致收敛,则 $\sum_{n=1}^{\infty} f_n(z)$ 在 D 每一点都是收敛的,但不一定在 D 一致收敛;若 $\sum_{n=1}^{\infty} f_n(z)$ 在 D 一致收敛,则 $\sum_{n=1}^{\infty} f_n(z)$ 在 D 内闭一致收敛. 简要地说就是:

$$\text{一致收敛} \Rightarrow \text{内闭一致收敛} \Rightarrow \text{每一点收敛}$$

下面是关于函数项级数基本性质的三个定理.

定理 3. 4. 11 若级数 $\sum_{n=1}^{\infty} f_n(z)$ 的各项 $f_n(z)(n = 1, 2, \cdots)$ 在区域 D 内连续,且 $\sum_{n=1}^{\infty} f_n(z)$ 一致收敛于 $f(z)$,则其和函数 $f(z)$ 也在 D 内处处连续.

定理 3. 4. 12 设级数 $\sum_{n=1}^{\infty} f_n(z)$ 的各项 $f_n(z)(n = 1, 2, \cdots)$ 在曲线 C 上连续,且 $\sum_{n=1}^{\infty} f_n(z)$ 在 C 上一致收敛于 $f(z)$,则沿 C 可以逐项积分

$$\int_C f(z) \mathrm{d}z = \sum_{n=1}^{\infty} \int_C f_n(z) \mathrm{d}z$$

定理 3.4.13(Weierstrass 定理)　设级数 $\sum_{n=1}^{\infty} f_n(z)$ 的各项 $f_n(z)(n=1,2,\cdots)$ 在区域 D 内解析,且 $\sum_{n=1}^{\infty} f_n(z)$ 在 D 内闭一致收敛于 $f(z)$,则

(1)$f(z)$ 在 D 内解析;

(2)在 D 内可逐项求任意阶导数:$f^{(p)}(z) = \sum_{n=1}^{\infty} f_n^{(p)}(z)$ 　$(z \in D, p = 1,2,\cdots)$;

(3)$\sum_{n=1}^{\infty} f_n^{(p)}(z)$ 在 D 内闭一致收敛于 $f^{(p)}(z)$.

3.4.2　幂级数

1. 幂级数的概念

定义 3.4.8　当 $f_n(z) = c_n(z-a)^n$ 或 $f_n(z) = c_n z^n$ 时,就得到复函数项级数的特殊情况:

$$\sum_{n=0}^{\infty} c_n(z-a)^n = c_0 + c_1(z-a) + c_2(z-a)^2 + \cdots + c_n(z-a)^n + \cdots \tag{3.4.3}$$

$$\sum_{n=0}^{\infty} c_n z^n = c_0 + c_1 z + c_2 z^2 + \cdots + c_n z^n + \cdots \tag{3.4.4}$$

这种级数称为**幂级数**,其中 c_n 及 a 都是复常数.

如果在式(3.4.3)中令 $a=0$,就得到式(3.4.4). 一般地,如果在式(3.4.3)中作变换 $z-a=\zeta$(变换后把 ζ 仍改写为 z)就可变成那么式(3.4.4);反之还是用这个变换也能把式(3.4.4)变回到式(3.4.3)的形式. 因此,为了方便,今后就以式(3.4.3)形式的复函数项级数来进行讨论而不失一般性.

幂级数是最简单的解析函数项函数. 为了搞清楚它的收敛情况,先建立下述的阿贝尔定理.

定理 3.4.14(阿贝尔(Abel)定理)

(1)若幂级数 $\sum_{n=0}^{\infty} c_n z^n$ 在点 $z_0(\neq 0)$ 处收敛,则它在圆 $|z| < |z_0|$ 内收敛且绝对收敛,在所有半径小于 $|z_0|$ 的闭同心圆盘 $|z| \leqslant \rho|z_0|(0 < \rho < 1)$ 上一致收敛(也即则在圆 $|z| < |z_0|$ 内收敛且绝对收敛,且内闭一致收敛);

(2)若级数 $\sum_{n=0}^{\infty} c_n z^n$ 在点 $z_0(\neq 0)$ 处发散,则它在满足 $|z| > |z_0|$ 的点 z 处发散.

推论 3.4.1　若幂级数 $\sum_{n=0}^{\infty} c_n z^n$ 在点 $z_0 \neq 0$ 处收敛,则正项级数 $\sum_{n=0}^{\infty} |c_n| r^n$ 在 $0 \leqslant r < |z_0|$ 收敛;若幂级数 $\sum_{n=0}^{\infty} c_n z^n$ 在点 $z_0 \neq 0$ 处发散,则它在闭圆 $|z| \leqslant |z_0|$ 的外部(即在满足 $|z| > |z_0|$ 的 z 处)发散,特别地,这时正项级数 $\sum_{n=0}^{\infty} |c_n| r^n$ 在闭圆 $|z| \leqslant |z_0|$ 的外部发散.

2. 幂级数的收敛圆与收敛半径

基于上述阿贝尔定理及其推论,我们也能对复幂级数引出像实幂级数那样的收敛半径的概念及相关定理. 为此,考虑与幂级数 $\sum_{n=0}^{\infty} c_n z^n$ 相对应的实的幂级数

$$\sum_{n=0}^{\infty} |c_n| r^n \quad (r \geqslant 0) \tag{3.4.5}$$

由高等数学知,对此实的幂级数,存在一非负实数 R,是该实数的幂级数(3.4.5)的收敛半径,并且具体地有

(1)若 $R=0$,则幂级数(3.4.5)仅在 $r=0$ 处收敛;

(2)若 $R=+\infty$,则幂级数(3.4.5)对任意正数 r 都收敛;

(3)若 $0<R<+\infty$,则幂级数(3.4.5)在 $r<R$ 时绝对收敛,在 $r>R$ 时发散,在 $r=R$ 时可能收敛或发散.

借助实幂级数(3.4.5)的这些特性,同时再根据上述阿贝尔定理及其推论,就容易得出下面的推论:

推论 3.4.2 对于复幂级数 $\sum\limits_{n=0}^{\infty} c_n z^n$,设与之相应实幂级数 $\sum\limits_{n=0}^{\infty} |c_n| r^n (r \geq 0)$ 的收敛半径是 R,那么按照不同情况,分别有:

(1)如果 $R=0$,那么级数 $\sum\limits_{n=0}^{\infty} c_n z^n$ 在复平面上除去原点外每一点发散;

(2)如果 $R=+\infty$,那么级数 $\sum\limits_{n=0}^{\infty} c_n z^n$ 在复平面上每一点绝对收敛;

(3)如果 $0<R<+\infty$,那么当 $|z|<R$ 时,级数 $\sum\limits_{n=0}^{\infty} c_n z^n$ 绝对收敛;当 $|z|>R$ 时,级数 $\sum\limits_{n=0}^{\infty} c_n z^n$ 发散.

该定理中的圆 $K:|z|<R$ 称为复幂级数 $\sum\limits_{n=0}^{\infty} c_n z^n$ 的**收敛圆**,与之相应的实幂级数 $\sum\limits_{n=0}^{\infty} |c_n| r^n (r \geq 0)$ 的收敛半径 R 也就称为复幂级数 $\sum\limits_{n=0}^{\infty} c_n z^n$ 的**收敛半径**.

求复幂级数 $\sum\limits_{n=0}^{\infty} c_n z^n$ 的收敛半径问题归结为求与之相应的实幂级数 $\sum\limits_{n=0}^{\infty} |c_n| r^n (r \geq 0)$ 的收敛半径问题. 在高等数学中已讲过,在常见情况下,实幂级数 $\sum\limits_{n=0}^{\infty} |c_n| r^n (r \geq 0)$ 的收敛半径可用达朗贝尔法则或柯西法则求出;在一般情况下,则可用柯西—阿达玛公式求出,由此可立即推出:

定理 3.4.15 若幂级数 $\sum\limits_{n=0}^{\infty} c_n z^n$ 的系数满足下列条件之一:

(1) $\lim\limits_{n \to +\infty} \left| \dfrac{c_{n+1}}{c_n} \right| = \lambda$ (达朗贝尔);

(2) $\lim\limits_{n \to +\infty} \sqrt[n]{|c_n|} = \lambda$ (柯西);

(3) $\varlimsup\limits_{n \to +\infty} \sqrt[n]{|c_n|} = \lambda$ (柯西—阿达玛);

则幂级数 $\sum\limits_{n=0}^{\infty} c_n z^n$ 的收敛半径

$$R = \begin{cases} +\infty & \text{当 } \lambda = 0 \\ 1/\lambda & \text{当 } 0 < \lambda < +\infty \\ 0 & \text{当 } \lambda = +\infty \end{cases} \tag{3.4.6}$$

对于幂级数(3.4.3),该定理仍然成立,其收敛圆为 $|z-a|<R$.

其中,上极限的定义如下:

已给一个实数序列 $\{a_n\}$,数 $L \in (-\infty, +\infty)$.

若任给 $\varepsilon>0$,①至多有有限个 $a_n > L+\varepsilon$;②有无穷个 $a_n > L-\varepsilon$,那么说序列 $\{a_n\}$ 的上极限是

L,记作 $\overline{\lim\limits_{n \to +\infty}} a_n = L$;

若任给 $M > 0$,有无穷个 $a_n > M$,那么说序列 $\{a_n\}$ 的上极限是 $+\infty$,记作 $\overline{\lim\limits_{n \to +\infty}} a_n = +\infty$;

若任给 $M > 0$,至多有有限个 $a_n > -M$,那么说序列 $\{a_n\}$ 的上极限是 $-\infty$,记作 $\overline{\lim\limits_{n \to +\infty}} a_n = -\infty$.

3. 幂级数和的解析性

定理 3.4.16

(1)幂级数 $\sum\limits_{n=0}^{\infty} c_n (z-a)^n$ 的和函数 $f(z)$ 在其收敛圆 $K: |z-a| < R (0 < R < +\infty)$ 内解析;

(2)在收敛圆 K 内,幂级数 $f(z) = \sum\limits_{n=0}^{\infty} c_n (z-a)^n$ 可以逐项求任意阶导数

$$f^{(p)} = \sum_{n=p}^{\infty} n(n-1) \cdots (n-p+1) c_n (z-a)^{n-p}, \quad p = 0,1,2,\cdots$$

且其收敛半径不变;

(3)幂级数 $\sum\limits_{n=0}^{\infty} c_n (z-a)^n$ 的系数 c_n 可以用和函数 $f(z)$ 在收敛圆心 $z = a$ 处的相应阶导数表出

$$c_n = \frac{1}{n!} f^{(n)}(a), \quad n = 0,1,2,\cdots$$

(4)沿收敛圆 K 内的任一简单曲线 $\gamma \subset K$,可逐项积分

$$\int_{\gamma} f(z) \, \mathrm{d}z = \sum_{n=0}^{\infty} c_n \int_{\gamma} (z-a)^n \mathrm{d}z$$

且其收敛半径不变.

4. 幂级数的和函数在其收敛圆周上的状况

对于幂级数 $\sum\limits_{n=0}^{\infty} c_n (z-a)^n$ 在收敛圆周 $|z-a| = R$ 上的收敛性(假设 $0 < R < +\infty$)有一些特殊性. 在 $|z-a| = R$ 上,幂级数 $\sum\limits_{n=0}^{\infty} c_n (z-a)^n$ 既可以是点点收敛,也可以是点点发散,还可以在一部分点上收敛,在其余的点上发散. 例如:

(1)$\sum\limits_{n=1}^{\infty} \dfrac{z^n}{n^2}$ 的收敛半径 $R = 1$,在 $|z| = 1$ 上,$\sum\limits_{n=1}^{\infty} \dfrac{z^n}{n^2} = \sum\limits_{n=1}^{\infty} \dfrac{1}{n^2}$ 收敛,因此 $\sum\limits_{n=1}^{\infty} \dfrac{z^n}{n^2}$ 在 $|z| = 1$ 上处处绝对收敛;

(2)几何级数 $\sum\limits_{n=0}^{\infty} z^n$ 在 $|z| = 1$ 上点点发散,因为这时一般项 z^n 的模为 1 而不趋于零;

(3)幂级数 $\sum\limits_{n=1}^{\infty} \dfrac{z^n}{n}$ 的收敛半径 $R = 1$,在圆周 $|z| = 1$ 上只在点 $z = 1$ 处发散,在其余的点 $z = \mathrm{e}^{\mathrm{i}\theta}$ $(0 < \theta < 2\pi)$ 上,$\sum\limits_{n=1}^{\infty} \dfrac{z^n}{n} = \sum\limits_{n=1}^{\infty} \dfrac{\cos n\theta}{n} + \mathrm{i} \sum\limits_{n=1}^{\infty} \dfrac{\sin n\theta}{n}$,其实部和虚部两个实级数都收敛,因此级数 $\sum\limits_{n=1}^{\infty} \dfrac{z^n}{n}$ 在圆周 $|z| = 1$ 上除去点 $z = 1$ 外处处收敛.

但需特别指出:纵使幂级数在其收敛圆周上处处收敛,其和函数在收敛圆周上仍然至少有一个奇点. 例如:$\sum\limits_{n=1}^{\infty} \dfrac{z^n}{n^2}$ 虽然在 $|z| = 1$ 上处处绝对收敛,从而在闭圆 $|z| \leqslant 1$ 上一致收敛,$\dfrac{z^n}{n^2}$ 在复平面 C 上都是解析的,因此可以在 $|z| \leqslant 1$ 内应用 Weierstrass 定理. 设 $\sum\limits_{n=1}^{\infty} \dfrac{z^n}{n^2}$ 在 $|z| \leqslant 1$ 内的和函数为 $f(z)$,则有

$$f'(z) = 1 + \frac{z}{2} + \frac{z^2}{3} + \cdots + \frac{z^{n-1}}{n} + \cdots \qquad (3.4.7)$$

当 z 从单位圆内沿实轴趋于 1 时,$f'(z)$ 趋于 $+\infty$. 而我们知道,解析函数在其解析点处是无穷次可微的,所以 $z=1$ 是和函数 $f(z)$ 的一个奇点.

一般地,有如下定理:

定理 3.4.17 如果幂级数 $\sum\limits_{n=0}^{\infty} c_n(z-a)^n$ 的收敛半径 $R > 0$,且

$$f(z) = \sum_{n=0}^{\infty} c_n(z-a)^n \quad (z \in K: |z-a| < R)$$

则 $f(z)$ 在收敛圆周 $C: |z-a| = R$ 上至少有一奇点,即不可能有这样的函数 $F(z)$ 存在,它在 $|z-a| < R$ 内与 $f(z)$ 恒等,而在 C 上处处解析.

定理中所说收敛半径 $R > 0$,是为了排除 $R = 0$ 的情况.

3.4.3 泰勒级数

在前一小节已知,任意一个收敛半径为正数的幂级数,其和函数在收敛圆内是解析的. 下面的泰勒展开定理是其逆定理.

定理 3.4.18(泰勒(Taylor)展开定理) 设 $f(z)$ 在区域 D 内解析,$a \in D$,只要圆 $K: |z-a| < R$ 含于 D,则 $f(z)$ 在圆 K 内能展开成幂级数

$$f(z) = \sum_{n=0}^{\infty} c_n(z-a)^n \qquad (3.4.8)$$

其中,系数

$$c_n = \frac{1}{2\pi i} \int_{\Gamma_\rho} \frac{f(\zeta)}{(\zeta-a)^{n+1}} d\zeta = \frac{f^{(n)}(a)}{n!}, \quad n = 0,1,2,\cdots \qquad (3.4.9)$$

其中,$\Gamma_\rho: |\zeta-a| = \rho, 0 < \rho < R$,而且展开式是唯一的.

显然,幂级数(3.4.8)的收敛半径应大于或等于 R(注意,定理 3.4.18 中的 R 并不指收敛半径),否则,幂级数(3.4.8)式将不能在圆 K 内成立. 至于幂级数(3.4.8)的收敛半径能取多大,当用式(3.4.9)确定系数 c_n 后,可由求收敛半径的式(3.4.6)确定. 另外,前面曾指出:对收敛半径为正数的幂级数,它在收敛圆内的和函数在收敛圆周上至少有一奇点. 由此可得到确定幂级数收敛半径的另一个新方法:

推论 3.4.3 设 $f(z)$ 在点 a 解析,点 b 是 $f(z)$ 的奇点中距 a 最近的一个奇点,则 $f(z)$ 在点 a 的某邻域内就可展为幂级数 $f(z) = \sum\limits_{n=0}^{\infty} c_n(z-a)^n$,且点 a 与点 b 间的距离 $|a-b|$ 就是幂级数 $\sum\limits_{n=0}^{\infty} c_n(z-a)^n$ 的收敛半径.

这个推论,一方面建立了幂级数的收敛半径与此幂级数所代表的函数的性质之间的密切关系,同时,还表明幂级数的理论只有在复数域内才弄得完全明白. 例如,在实数域内便不了解:为什么只当 $|x| < 1$ 时有展式

$$\frac{1}{1+x^2} = 1 - x^2 + x^4 - x^6 + \cdots$$

而函数 $\dfrac{1}{1+x^2}$ 对于独立变数 x 的所有的值都是确定的. 这个现象从复变数的观点来看,就可以完全解释清楚. 实际上,复函数 $\dfrac{1}{1+z^2}$ 在 z 平面上有两个奇点,即 $z = \pm i$. 故我们所考虑的级数的收

敛半径等于 1.

定义 3.4.9 式(3.4.8)称为函数 $f(z)$ 在点 a 的**泰勒展式**,式(3.4.9)称为展式的**泰勒系数**,而由式(3.4.9)确定系数的幂级数称为**泰勒级数**.

推论 3.4.4 任何收敛半径为正数的幂级数都是它的和函数在收敛圆内的泰勒展式.

综合定理 3.4.16(1)和泰勒展开定理 3.4.18,就得出刻画解析函数的第四个等价定理:

定理 3.4.19 函数 $f(z)$ 在点 a 解析 $\Leftrightarrow f(z)$ 在点 a 的某一邻域内可展成 $z-a$ 的幂级数;函数 $f(z)$ 在区域 D 内解析 $\Leftrightarrow f(z)$ 在 D 内任一点 a 的邻域内可展成 $z-a$ 的幂级数.

在高等数学中,将函数在某点的邻域内展成泰勒级数时,首先要求函数在该点的邻域内无穷次可微,而且即使满足无穷次可微条件,其泰勒级数也不一定收敛,纵令收敛,也不一定就收敛于该点的函数值. 但在复变函数中,从上面的讨论我们看到,只需在某点解析,函数就可以在该点的邻域内展开成泰勒级数,并保证所得级数在该邻域内收敛于被展开的函数.

至此,得到函数 $f(z)$ 在一点 z_0 解析的四种等价的概念,它们是:

(1) $f(z)$ 在点 z_0 的邻域处处可导;

(2) $f(z) = u + iv$ 的实、虚部 u, v 在点 z_0 的邻域有连续偏导数且满足 $C-R$ 条件;

(3) $f(z)$ 在点 z_0 的邻域内连续且沿此邻域内任一围线的积分等于零;

(4) $f(z)$ 在点 z_0 的邻域内可展成幂级数.

3.4.4 洛朗级数

1. 洛朗级数的定义

形如

$$\sum_{n=-\infty}^{\infty} c_n(z-a)^n = \sum_{n=-\infty}^{-1} c_n(z-a)^n + \sum_{n=0}^{\infty} c_n(z-a)^n$$

$$= \sum_{n=1}^{+\infty} c_{-n}(z-a)^{-n} + \sum_{n=0}^{\infty} c_n(z-a)^n \qquad (3.4.10)$$

的级数称为**洛朗(Laurent)级数**,其中 a 及 $c_n(n=0,\pm 1,\cdots)$ 都是复常数.

当 $c_{-n} = 0(n=1,2,\cdots)$ 时,洛朗级数就是幂级数. 由于这种级数没有首项,所以对它的敛散性我们无法像前面讨论的幂级数那样用前 n 项和的极限来定义. 容易看出洛朗级数是双边幂级数,即它是由正幂项(包含常数项)级数

$$\sum_{n=0}^{\infty} c_n(z-a)^n \qquad (3.4.11)$$

和负幂项级数

$$\sum_{n=1}^{\infty} c_{-n}(z-a)^{-n} \qquad (3.4.12)$$

两部分组成. 若这两个级数都在点 $z=z_0$ 收敛,则称洛朗级数(3.4.10)在点 $z=z_0$ 收敛.

级数(3.4.11)就是上节所述的幂级数,设其收敛半径为 R,则级数(3.4.11)在圆 $|z-a| < R$ 内绝对收敛及内闭一致收敛,和函数在圆 $|z-a| < R$ 内解析.

对级数(3.4.12),若设 $\zeta = \dfrac{1}{z-a}$,则级数(3.4.12)成为 ζ 的幂级数

$$\sum_{n=1}^{\infty} c_{-n}\zeta^n \qquad (3.4.13)$$

设级数(3.4.12)的收敛半径为 λ. 若 $\lambda > 0$,则级数(3.4.12)在 $|\zeta| < \lambda$ 内绝对收敛及内闭一致收敛. 因此,级数(3.4.12)在 $r = \dfrac{1}{\lambda} < |z-a| < +\infty$ 内绝对收敛及内闭一致收敛,和函数在 $r <$

$|z-a| < +\infty$ 内解析.

显然,当且仅当 $r < R$ 时,级数(3.4.11)与级数(3.4.12)才有公共的收敛区域:圆环 $r < |z-a| < R$.

所以,依据上述分析,对于洛朗级数(3.4.10),更仔细地说,只有以下两种情况:

(1) $r \geqslant R$. $r > R$ 时洛朗级数(3.4.10)处处发散,$r = R$ 时洛朗级数(3.4.10)除圆周 $|z-a| = R$ 上的点外是发散的,而在圆周 $|z-a| = R$ 上则有三种可能性:处处收敛;处处发散;一部分收敛而另一部分发散.

(2) $r < R$. 这时洛朗级数(3.4.10)在圆环 $H:r < |z-a| < R$ 内绝对收敛及内闭一致收敛(特别,当 $r = 0, R = +\infty$ 时,洛朗级数(3.4.10)在复平面 C 上除点 a 外处处收敛),在 H 外发散. 在这种情况下,洛朗级数(3.4.10)的收敛范围是一个圆环,称为洛朗级数的**收敛圆环**(当 $R = +\infty$ 时,理解为广义圆环 $r < |z-a| < +\infty$). 根据 Weierstrass 定理 3.4.13,洛朗级数(3.4.10)的和函数在其收敛圆环 H 内是解析的,且可在 H 内逐项求任意阶导数.

我们称级数(3.4.11)为洛朗级数(3.4.10)的和函数在点 a 的**解析部分**或正则部分,称级数(3.4.12)为洛朗级数(3.4.10)的和函数在点 a 的**主要部分**或奇异部分.

若洛朗级数(3.4.10)的和函数为 $f(z)$,它在点 a 的解析部分和主要部分的和函数分别为 $\varphi(z), \psi(z)$,即

$$\varphi(z) = \sum_{n=0}^{\infty} c_n (z-a)^n \quad (|z-a| < R)$$

$$\psi(z) = \sum_{n=1}^{\infty} c_{-n} (z-a)^{-n} \quad (r < |z-a| < +\infty)$$

则 $\varphi(z)$ 在 $|z-a| < R$ 内解析,$\psi(z)$ 在圆环 $r < |z-a| < +\infty$ 内解析,洛朗级数(3.4.10)的和函数

$$f(z) = \varphi(z) + \psi(z)$$

且 $f(z)$ 在圆环 $r < |z-a| < R$ 内解析.

综上所述,我们有以下定理:

定理 3.4.20 设洛朗级数(3.4.10)的收敛圆环为 $H:r < |z-a| < R$,则洛朗级数(3.4.10)在 H 内绝对收敛及内闭一致收敛,和函数 $f(z)$ 在 H 内解析,且

$$f(z) = \sum_{n=-\infty}^{\infty} c_n (z-a)^n$$

在 H 内可逐项求任意阶导数,还可以逐项积分.

2. 洛朗展开定理

下面的洛朗展开定理是定理 3.4.20 的逆定理:

定理 3.4.21(洛朗展开定理) 在圆环 $H:r < |z-a| < R (r \geqslant 0, R \leqslant +\infty)$ 内解析的函数 $f(z)$ 必可展成洛朗级数

$$f(z) = \sum_{n=-\infty}^{\infty} c_n (z-a)^n \tag{3.4.14}$$

其中

$$c_n = \frac{1}{2\pi i} \int_{|\zeta-a|=\rho} \frac{f(\zeta)}{(\zeta-a)^{n+1}} d\zeta \quad (r < \rho < R) \tag{3.4.15}$$

并且展式(3.4.14)是唯一的(即 $f(z)$ 和圆环 H 唯一地决定了系数 c_n).

定义 3.4.10 式(3.4.14)称为函数 $f(z)$ 在圆环 H 内的**洛朗展式**,式(3.4.15)称为展式的**洛朗系数**.

在定理 3.4.21 中,当已给函数 $f(z)$ 在点 a 解析时,收敛圆环 H 就退化成收敛圆 $K:|z-a| < R$,这时洛朗展开定理就是泰勒展开定理,洛朗系数(3.4.15)就是泰勒系数(3.4.3). 也只有这时,洛

朗系数除了有积分形式外,还有微分形式 $c_n = \dfrac{f^{(n)}(a)}{n!}$. 也只有这时,洛朗级数才退化为泰勒级数. 因此,泰勒级数是洛朗级数的特殊情形,即 $c_{-n} = 0 (n \geqslant 1)$ 的情形.

与幂级数一样,根据洛朗展式的唯一性,任何一个洛朗级数 $\displaystyle\sum_{n=-\infty}^{\infty} c_n (z-a)^n$ 总是它的和函数 $f(z)$ 在它的收敛圆环 $r < |z-a| < R$ 内的洛朗展式.

3. 洛朗展开式的求法

洛朗定理给出了将一个在圆环域内解析的函数展开成洛朗级数的一般方法,即按洛朗系数 (3.4.15)式求出 c_n 代入洛朗级数(3.4.14)即可,这种方法称为直接展开法. 但是,当函数复杂时,求 c_n 往往是很麻烦的. 因此,常常采用所谓的间接展开法,即通过各种代数运算或分析运算及变量代换等,应用已知的一些初等函数的泰勒展式把问题归结为泰勒级数问题来处理. 所以把函数展开成洛朗级数时,泰勒级数仍然是基础.

在用间接展开法进行洛朗展开时,常常要用到洛朗级数的加法和乘法:

洛朗级数的加法:设 $F(z)$ 在环域 $H : r < |z-a| < R$ 内解析,且 $F(z) = f(z) + g(z)$,$f(z)$ 及 $g(z)$ 在环域 H 内的洛朗展式分别为

$$f(z) = \sum_{n=-\infty}^{\infty} a_n (z-a)^n, \quad g(z) = \sum_{n=-\infty}^{\infty} b_n (z-a)^n$$

则在 H 内

$$F(z) = \sum_{n=-\infty}^{\infty} (a_n + b_n)(z-a)^n$$

洛朗级数的乘法:设 $F(z) = f(z)g(z)$ 在环域 $H : r < |z-a| < R$ 内解析,且 $f(z)$ 及 $g(z)$ 在环域 H 内的洛朗展式分别为

$$f(z) = \sum_{n=-\infty}^{\infty} a_n (z-a)^n, \quad g(z) = \sum_{n=-\infty}^{\infty} b_n (z-a)^n$$

则在 H 内

$$f(z) = \sum_{n=-\infty}^{\infty} c_n (z-a)^n$$

其中

$$c_n = \sum_{k=-\infty}^{\infty} a_k b_{n-k}, n = 0, \pm 1, \cdots$$

$$F(z) = \sum_{n=-\infty}^{\infty} \sum_{k=-\infty}^{\infty} a_k (z-a)^k \cdot b_{n-k} (z-a)^{n-k}$$

3.5　留数及其应用

解析函数在孤立奇点处的留数是复变函数中的重要概念之一,下面介绍留数的概念及其在积分计算中的应用,将复积分的计算变成孤立奇点处的洛朗级数的积分.

3.5.1　孤立奇点

1. 孤立奇点的概念

定义 3.5.1　若函数 $f(z)$ 在 z_0 点不解析,但在 z_0 点的某一去心邻域 $0 < |z - z_0| < \delta$ 内处处解

析,则称 z_0 为 $f(z)$ 的**孤立奇点**.

例 3.5.1 求下列函数的奇点,并指出各奇点是否为孤立奇点.

$(1)f(z) = \dfrac{1}{z}$;

$(2)f(z) = \dfrac{1}{z^2 + 1}$;

$(3)f(z) = e^{1/z}$.

解 其中(1)和(3)都以 $z = 0$ 为孤立奇点,(2) $z = i$ 和 $z = -i$ 为孤立奇点.

需要注意的是,不能认为函数的奇点都是孤立的. 例如:

$$f(z) = \frac{1}{\sin\dfrac{1}{z}}$$

$z = 0$ 是它的一个奇点,此外 $z = \dfrac{\pi}{n}$ $(n = 0, \pm 1, \pm 2, \cdots)$ 也是它的奇点,当 n 的绝对值逐渐增大时,可任意接近 $z = 0$. 换句话说,在 $z = 0$ 的不论怎样小的去心领域内总有 $f(z)$ 的奇点存在,所以 $z = 0$ 不是孤立奇点.

因此,孤立奇点一定是奇点,但奇点不一定是孤立奇点.

2. 孤立奇点的分类

在孤立奇点函数可以展开成洛朗级数. 孤立奇点的分类就是根据函数展开成洛朗级数的不同情况来分类的.

设 z_0 为 $f(z)$ 的孤立奇点, $f(z)$ 在 z_0 点的洛朗展式为 $\displaystyle\sum_{n=-\infty}^{\infty} C_n(z - z_0)^n$.

(1)若 $\forall n < 0$,有 $C_n = 0$ 恒成立,则称 z_0 为 $f(z)$ 的**可去奇点**,即洛朗级数中不含负幂项.

(2)若 $\exists m < 0$,有 $C_m \neq 0$,但对于 $\forall n < m$,有 $C_n = 0$ 恒成立,则称 z_0 为 $f(z)$ 的 m **阶极点**.

(3)若 $\forall m < 0$, $\exists n < m$,有 $C_n \neq 0$,则称 z_0 为 $f(z)$ 的**本性奇点**.

z_0 若是 $f(z)$ 的可去奇点, $C_0 + C_1(z - z_0) + \cdots + C_n(z - z_0)^n + \cdots (0 < |z - z_0| < \delta)$ 为 $f(z)$ 的洛朗展式,其和函数为在点 z_0 解析的函数. 无论函数 $f(z)$ 在点 z_0 是否有定义,补充定义 $f(z_0) = c_0$,则函数在点 z_0 解析.

3. 孤立奇点的类型的判断

(1)可去奇点的判定方法.

定理 3.5.1 设 $f(z)$ 在 z_0 点的某一邻域 $0 < |z - z_0| < \delta$ 内解析,则 z_0 为 $f(z)$ 的可去奇点的充分必要条件是 $\lim\limits_{z \to z_0} f(z) = C_0$ $(C_0 \neq \infty)$.

分析 根据 $f(z)$ 的洛朗展式,令 $f(z_0) = C_0$.

例如, $z = 0$ 是 $\dfrac{\sin z}{z}$ 的可去奇点,因为这个函数在 $z = 0$ 的去心领域内的洛朗级数

$$\frac{\sin z}{z} = \frac{1}{z}\left(z - \frac{1}{3!}z^3 + \frac{1}{5!}z^5 - \cdots\right) = 1 - \frac{1}{3!}z^2 + \frac{1}{5!}z^4 - \cdots$$

中不含负幂项. 如果约定 $\dfrac{\sin z}{z}$ 在 $z = 0$ 的值为 1(即 C_0),则 $\dfrac{\sin z}{z}$ 在 $z = 0$ 就成为解析的了.

定理 3.5.1′ 设 z_0 是 $f(z)$ 的孤立奇点,则 z_0 为 $f(z)$ 的可去奇点的充分必要条件是 $f(z)$ 在 $0 < |z - z_0| < \delta$ 内有界.

(2)极点的判定方法.

z_0 是 $f(z)$ 的 m 阶极点的充要条件是

$$f(z) = \frac{1}{(z-z_0)^m} \varphi(z)$$

其中，$\varphi(z)$ 在邻域 $|z-z_0| < \delta$ 内解析，且 $\varphi(z_0) \neq 0$.

定理 3.5.2 设 $f(z)$ 在 z_0 点的某一邻域 $0 < |z-z_0| < \delta$ 内解析，则 z_0 为 $f(z)$ 的极点的充要条件是 $\lim\limits_{z \to z_0} f(z) = \infty$；$z_0$ 是 $f(z)$ 的 m 阶极点的充要条件是 $\lim\limits_{z \to z_0} (z-z_0)^m f(z) = C_{-m}$；其中，$C_{-m}$ 为一确定的非零复常数，m 为正整数.

例 3.5.2 判断下列函数的奇点的类型：

$$f(z) = \frac{1}{(z-1)^3(z^2+1)}$$

解 $f(z)$ 是有理式，$z = 1$ 是它的三级极点，$z = i$ 和 $z = -i$ 是它的一级极点.

（3）本性奇点的判定方法.

定理 3.5.3 设 $f(z)$ 在 z_0 点的某一邻域 $0 < |z-z_0| < \delta$ 内解析，则 z_0 为 $f(z)$ 的本性奇点的充要条件是极限 $\lim\limits_{z \to z_0} f(z) = C_0$ $(C_0 \neq \infty)$ 与 $\lim\limits_{z \to z_0} f(z) = \infty$ 均不成立.

例 3.5.3 判断下列函数的奇点的类型：

$$f(z) = e^{1/z}$$

解 函数 $f(z)$ 以 $z = 0$ 为它的本性奇点. 因为在级数

$$e^{\frac{1}{z}} = 1 + z^{-1} + \frac{1}{2!} z^{-2} + \frac{1}{3!} z^{-3} + \cdots + \frac{1}{n!} z^{-n} + \cdots$$

中含有无穷多个 z 的负幂项.

在本性奇点的邻域内，$f(z)$ 有以下性质：如果 z_0 为函数 $f(z)$ 的本性奇点，则对任意给定的复数 A，总可以找到一个趋向于 z_0 的数列，当 z 沿这个数列趋向于 z_0 时，$f(z)$ 的值趋向于 A. 例如，给定复数 $A = i$，可把它写成

$$i = e^{(\pi/2 + 2n\pi)i}$$

则由 $e^{1/z} = i$，可设

$$z_n = \frac{1}{\left(\dfrac{\pi}{2} + 2n\pi\right)i}$$

显然，当 $z_n \to 0$ 时，$e^{1/z_n} = i$. 所以，当 z 沿 $\{z_n\}$ 趋向于零时，$f(z)$ 的值趋向于 i.

4. 函数的零点与极点的关系

定义 3.5.2 若有正整数 m，使得 $f(z) = (z-z_0)^m \varphi(z)$，其中 $\varphi(z)$ 在 z_0 点解析且 $\varphi(z_0) \neq 0$，则称 z_0 为 $f(z)$ 的 m **阶零点**.

定理 3.5.4 若 $f(z)$ 在 z_0 点解析，则 z_0 为 $f(z)$ 的 m 阶零点的充要条件是：

$$f(z_0) = 0, \quad f'(z_0) = 0, \quad f''(z_0) = 0, \quad \cdots, \quad f^{(m-1)}(z_0) = 0$$
$$f^{(m)}(z_0) \neq 0$$

定理的证明可由定义来推导，详细证明从略.

例 3.5.4 判断函数 $f(z) = z^3 - 1$ 的零点及其阶数.

解 $z = 1$ 是 $f(z) = z^3 - 1$ 的零点，由于 $f'(1) = 3 \neq 0$，从而知 $z = 1$ 是 $f(z)$ 的一级零点.

定理 3.5.5 若 z_0 为 $f(z)$ 的 m 阶极点，则 z_0 为 $\dfrac{1}{f(z)}$ 的 m 阶零点. 反之亦然.

证 如果 z_0 是 $f(z)$ 的 m 级极点，则有

$$f(z) = \frac{1}{(z-z_0)^m} g(z)$$

其中，$g(z)$ 在 z_0 解析，且是 $f(z)$ 的 m 级极点，则有 $g(z_0) \neq 0$. 所以当 $z \neq z_0$ 时，有

$$\frac{1}{f(z)} = (z-z_0)^m \frac{1}{g(z)} = (z-z_0)^m h(z)$$

函数 $h(z)$ 也在 z_0 解析，且 $h(z_0) \neq 0$，又由于

$$\lim_{z \to z_0} \frac{1}{f(z)} = 0$$

因此只要令 $\frac{1}{f(z_0)} = 0$，则可得 z_0 是 $\frac{1}{f(z)}$ 的 m 级零点.

反过来，如果 z_0 是 $\frac{1}{f(z)}$ 的 m 级零点，那么

$$\frac{1}{f(z)} = (z-z_0)^m \varphi(z)$$

其中，$\varphi(z)$ 在 z_0 解析，且 $\varphi(z_0) \neq 0$，因此，当 $z \neq z_0$ 时，有

$$f(z) = \frac{1}{(z-z_0)^m} w(z)$$

而 $w(z) = 1/\varphi(z)$ 在 z_0 解析，且 $w(z_0) \neq 0$，所以 z_0 是 $f(z)$ 的 m 级极点.

这个定理为判断函数的极点提供了一个较为简单的方法.

例 3.5.5 判断函数 $f(z) = \dfrac{1}{\sin z}$ 的极点及其阶数.

解 函数 $1/\sin z$ 的奇点显然是使 $\sin z = 0$ 的点. 这些奇点是 $z = k\pi$，$(k = 0, \pm 1, \pm 2, \cdots)$
因为从 $\sin z = 0$ 得 $e^{iz} = e^{-iz}$ 或 $e^{2iz} = 1$，从而有 $2iz = 2k\pi i$，所有 $z = k\pi$，显然它们是孤立奇点. 由于

$$\sin' z |_{z=k\pi} = \cos z |_{z=k\pi} = (-1)^k \neq 0$$

所以，$z = k\pi$ 都是 $\sin z$ 的一级零点，也就是 $f(z) = \dfrac{1}{\sin z}$ 的一级极点.

5. 函数在无穷远点的性态

定义 3.5.3 若存在 $R > 0$，有函数 $f(z)$ 在无穷远点的邻域 $R < |z| < +\infty$ 内解析，则称无穷远点为 $f(z)$ 的**孤立奇点**.

设 $f(z)$ 在无穷远点的邻域 $R < |z| < +\infty$ 内的洛朗展式为 $\displaystyle\sum_{n=-\infty}^{+\infty} C_n z^n$ 那么规定：

(1) 若 $\forall n > 0$ 有 $C_n = 0$ 恒成立，则称 $z = \infty$ 为 $f(z)$ 的可去奇点.

(2) 若 $\exists m > 0$ 有 $C_m \neq 0$，但对于 $\forall n > m$，有 $C_n = 0$ 恒成立，则称 $z = \infty$ 为 $f(z)$ 的 m 阶极点.

(3) 若 $\forall m > 0$，$\exists n > m$，有 $C_n \neq 0$，则称 $z = \infty$ 为 $f(z)$ 的本性奇点.

定理 3.5.6 设 $f(z)$ 在区域 $R < |z| < +\infty$ 内解析，则 $z = \infty$ 为 $f(z)$ 的可去奇点、极点和本性奇点的充要条件分别是：极限 $\lim\limits_{z \to \infty} f(z)$ 存在、为无穷及既不存在，也不是无穷.

例 3.5.6 判断下列函数的奇点 $z = \infty$ 的类型：

$$f(z) = \frac{z^7}{(z-1)(1-z^2)^2}$$

解 当 $z = \infty$ 时，令 $z = \dfrac{1}{w}$，则

$$f\left(\frac{1}{w}\right) = \frac{1}{w^2(1-w)^3(1+w^2)}$$

由于 $w=0$ 是二级极点，所以 $z=\infty$ 是二级极点.

3.5.2 留数

1. 留数的概念及留数定理

定义 3.5.4 设 z_0 为解析函数 $f(z)$ 的孤立奇点，其洛朗展式为 $\sum\limits_{n=-\infty}^{\infty} C_n(z-z_0)^n$，称系数 C_{-1} 为 $f(z)$ 在 z_0 处的**留数**，记作 $\mathrm{Res}[f(z),z_0]$.

也就是说，$f(z)$ 在 z_0 的留数就是 $f(z)$ 在以 z_0 为中心的圆环域内的洛朗级数中负幂项 $C_{-1}(z-z_0)^{-1}$ 的系数.

例 3.5.7 求 $ze^{1/z}$ 在孤立奇点 0 处的留数.

解 $e^{1/z} = 1 + z^{-1} + \dfrac{1}{2!}z^{-2} + \dfrac{1}{3!}z^{-3} + \cdots + \dfrac{1}{n!}z^{-n} + \cdots$

$ze^{1/z} = z + 1 + \dfrac{1}{2!}z^{-1} + \dfrac{1}{3!}z^{-2} + \cdots + \dfrac{1}{n!}z^{1-n} + \cdots$

$C_{-1} = \dfrac{1}{2!}$

$\mathrm{Res}[ze^{1/z},0] = \dfrac{1}{2}$

定理 3.5.7（留数定理） 设 $f(z)$ 在区域 D 内除有限多个孤立奇点 $z_1,z_2,\cdots,z_n$ 外处处解析，C 是 D 内包围各奇点的任意一条正向简单闭曲线，那么

$$\oint_C f(z)\mathrm{d}z = 2\pi\mathrm{i}\sum_{k=1}^{n}\mathrm{Res}[f(z),z_k]$$

证 把在 C 内的孤立奇点 $z_k(k=1,2,\cdots,n)$ 用互不包含的正向简单闭曲线 C_k 围绕起来，则根据复合闭路定理有

$$\oint_C f(z)\mathrm{d}z = \oint_{C_1} f(z)\mathrm{d}z + \oint_{C_2} f(z)\mathrm{d}z + \cdots + \oint_{C_n} f(z)\mathrm{d}z$$

对简单闭曲线 C_k，函数 $f(z)$ 在 z_0 的邻域内解析

$$\oint_{C_k} f(z)\mathrm{d}z = \oint_{C_k}\sum_{i=-\infty}^{\infty} c_i(z-z_k)^i\mathrm{d}z$$

根据柯西－古萨基本定理（即定理 3.3.2）

$$\oint_{C_k} f(z)\mathrm{d}z = \oint_{C_k}\sum_{i=-\infty}^{\infty} c_i(z-z_0)^i\mathrm{d}z = \oint_{C_k} c_{-1}(z-z_0)^{-1}\mathrm{d}z = 2\pi\mathrm{i}c_{-1}$$

所以

$$\oint_C f(z)\mathrm{d}z = 2\pi\mathrm{i}\sum_{k=1}^{n}\mathrm{Res}[f(z),z_k]$$

例 3.5.8 计算积分：

$$\oint_{|z|=1} ze^{1/z}\mathrm{d}z$$

其中， $ze^{1/z} = z + 1 + \dfrac{1}{2!}z^{-1} + \dfrac{1}{3!}z^{-2} + \cdots + \dfrac{1}{n!}z^{1-n} + \cdots$

解

$$\mathrm{Res}[ze^{1/z},0] = \dfrac{1}{2}$$

$$\oint_{|z|=1} z e^{1/z} dz = 2\pi i \cdot \frac{1}{2} = \pi i$$

2. 函数在极点的留数

若 z_0 是 $f(z)$ 的极点,求留数有以下三条法则:

法则 I 如果 z_0 为 $f(z)$ 的简单极点,则

$$\text{Res}[f(z), z_0] = \lim_{z \to z_0} (z - z_0) f(z).$$

练习 求 $f(z) = \dfrac{1}{z(z-2)(z+5)}$ 在各孤立奇点处的留数.

法则 II 设 $f(z) = \dfrac{P(z)}{Q(z)}$,其中 $P(z), Q(z)$ 在 z_0 点解析,如果 $P(z_0) \neq 0$ 为 $z_0 Q(z)$ 的一阶零点,则 z_0 为 $f(z)$ 的一阶极点,且

$$\text{Res}[f(z), z_0] = \frac{P(z_0)}{Q'(z_0)}$$

练习 求 $f(z) = \dfrac{z}{\cos z}$ 在 $z = \dfrac{\pi}{2}$ 的留数.

法则 III 如果 z_0 为 $f(z)$ 的 m 阶极点,则

$$\text{Res}[f(z), z_0] = \frac{1}{(m-1)!} \lim_{z \to z_0} \frac{d^{m-1}}{dz^{m-1}} [(z - z_0)^m f(z)]$$

证 由于

$$f(z) = \sum_{n=-m}^{\infty} C_n (z - z_0)^n$$

两端乘上 $(z - z_0)^m$ 得

$$(z - z_0)^m f(z) = \sum_{n=0}^{\infty} C_n (z - z_0)^n$$

两边求 $m-1$ 阶导数,得

$$\frac{d^{m-1}}{dz^{m-1}} [(z - z_0)^m f(z)] = (m-1)! \, c_{-1} + m! \, c_0 (z - z_0) + \cdots$$

两端取极限,右端的极限是 $(m-1)! \, c{-1}$,两端除以 $(m-1)!$ 就是 $\text{Res}[f(z), z_0]$,因此即得规则 III,当 $m = 1$ 时就是规则 I.

3. 无穷远点的留数

定义 3.5.5 设函数 $f(z)$ 在区域 $R < |z| < +\infty$ 内解析,即 ∞ 为函数 $f(z)$ 的孤立奇点,则称

$$\frac{1}{2\pi i} \oint_{C^-} f(z) dz \quad (C^- : |z| = \rho > R)$$

为 $f(z)$ 在 ∞ 的留数,记作 $\text{Res}[f(z), \infty]$.

定理 3.5.8 如果函数 $f(z)$ 在 z 平面只有有限多个孤立奇点(包括无穷远点),设为 $z_1, z_2, \cdots,$ z_n, ∞,则 $f(z)$ 在所有孤立奇点处的留数和为零. 该定理也称推广的留数定理.

法则 IV(无穷远点的留数) 若 ∞ 为函数 $f(z)$ 的孤立奇点,则

$$\text{Res}[f(z), \infty] = -\text{Res}\left[f\left(\frac{1}{z}\right) \cdot \frac{1}{z^2}, 0 \right]$$

练习 求 $f(z) = \dfrac{z^{10}}{(z^4 + 2)^2 (z - 2)^3}$ 在它各有限奇点的留数之和.

3.5.3 留数在定积分计算中的应用

根据留数定理,用留数来计算定积分是计算定积分的一个有效措施,特别是当被积的原函数

不易求得时更显得有用．即使寻常的方法可用,如果用留数,也往往感到很方便．当然这个方法的使用还受到很大的限制．首先,被积函数必须要与某个解析函数密切相关．这一点,一般来讲关系不大,因为被积函数常常是初等函数,而初等函数是可以推广到复数域中去的．其次,定积分的积分域是区间,而用留数来计算要牵涉到把问题化为沿闭曲线的积分．这是比较困难的一点．下面来阐述怎样利用复数求某几种特殊形式的定积分的值．

1. 形如 $\int_0^{2\pi} R(\cos\theta,\sin\theta)\,\mathrm{d}\theta$ 的积分

用留数来计算定积分,首要任务就是把定积分化为一个复变函数沿某条周线的积分．实现途径通过被积函数的转化及其积分区域的转化来实现．

令

$$z = \mathrm{e}^{\mathrm{i}\theta} \to \mathrm{d}z = \mathrm{i}\mathrm{e}^{\mathrm{i}\theta}\mathrm{d}\theta \to \mathrm{d}\theta = \frac{\mathrm{d}z}{\mathrm{i}z}$$

$$\sin\theta = \frac{1}{2\mathrm{i}}(\mathrm{e}^{\mathrm{i}\theta} - \mathrm{e}^{-\mathrm{i}\theta}) = \frac{z^2-1}{2\mathrm{i}z}$$

$$\cos\theta = \frac{1}{2}(\mathrm{e}^{\mathrm{i}\theta} + \mathrm{e}^{-\mathrm{i}\theta}) = \frac{z^2+1}{2z}$$

当 θ 从 0 到 2π 时, z 沿单位圆 $|z|=1$ 的正向绕行一周．

例 3.5.9 计算 $I = \int_0^{2\pi} \dfrac{\cos 2\theta}{1-2p\cos\theta+p^2}\mathrm{d}\theta (0<p<1)$ 的值．

解 由于 $0<p<1$,被积函数的分母在 $0\leqslant\theta\leqslant 2\pi$ 内不为零,因而积分是有意义的．由于

$$\cos 2\theta = \frac{1}{2}(\mathrm{e}^{2\mathrm{i}\theta} + \mathrm{e}^{-2\mathrm{i}\theta}) = \frac{1}{2}(z^2+z^{-2})$$

$$\cos\theta = \frac{1}{2}(\mathrm{e}^{\mathrm{i}\theta} + \mathrm{e}^{-\mathrm{i}\theta}) = \frac{z^2+1}{2z}$$

$$I = \oint_{|z|=1} \frac{1}{2}(z^2+z^{-2}) \frac{1}{1-2p\frac{z^2+1}{2z}+p^2} \frac{\mathrm{d}z}{\mathrm{i}z}$$

$$I = \oint_{|z|=1} \frac{1+z^4}{2\mathrm{i}z^2(1-pz)(z-p)}\mathrm{d}z$$

在被积函数的三个极点 $z=0,p,1/p$ 中只有前两个在圆周 $|z|=1$ 内其中, $z=0$ 为二级极点, $z=p$ 为一级极点．所以在圆周 $|z|=1$ 上被积函数无奇点．则

$$\mathrm{Res}[f(z),0] = \lim_{z\to 0}\frac{\mathrm{d}}{\mathrm{d}z}\left[z^2\frac{1+z^4}{2\mathrm{i}z^2(1-pz)(z-p)}\right]$$

$$\mathrm{Res}[f(z),0] = \frac{1+p^2}{2\mathrm{i}p^2}$$

$$\mathrm{Res}[f(z),p] = \lim_{z\to p}\frac{\mathrm{d}}{\mathrm{d}z}\left[(z-p)\frac{1+z^4}{2\mathrm{i}z^2(1-pz)(z-p)}\right]$$

$$\mathrm{Res}[f(z),p] = \frac{1+p^4}{2\mathrm{i}p^2(1-p^2)}$$

$$I = 2\pi\mathrm{i}\left[\frac{1+p^2}{2\mathrm{i}p^2} + \frac{1+p^4}{2\mathrm{i}p^2(1-p^2)}\right] = \frac{2\pi p^2}{(1-p^2)}$$

2. 形如 $\int_{-\infty}^{+\infty} R(x)\,\mathrm{d}x$ 的积分

设 $R(x)$ 为复函数 $R(z)$ 的实值形式,其中 $R(z)$ 满足条件:

$(1) R(z) = \dfrac{P(z)}{Q(z)} = \dfrac{z^n + a_1 z^{n-1} + a_2 z^{n-2} + \cdots + a_n}{z^m + b_1 z^{m-1} + b_2 z^{m-2} + \cdots + b_m}$　$(m - n \geqslant 2)$；

$(2) Q(z)$ 在实轴上无零点；

$(3) R(z)$ 在上半平面内只有有限多个孤立奇点 $z_1, z_2, \cdots, z_n$，则有

$$\int_{-\infty}^{+\infty} R(x)\,\mathrm{d}x = 2\pi\mathrm{i} \sum_{k=1}^{n} \mathrm{Res}\big[R(z), z_k\big]$$

例 3.5.10　计算积分 $\displaystyle\int_{-\infty}^{+\infty} \dfrac{\mathrm{d}x}{(x^2 + 6x + 10)^3}$.

解　原式 $= 2\pi\mathrm{i}\,\mathrm{Res}\left[\dfrac{1}{(z^2 + 6z + 10)^3}, \mathrm{i} - 3\right]$

$$= \pi\mathrm{i}\left[\dfrac{1}{(z + 3 + \mathrm{i})^3}\right]''\bigg|_{z = \mathrm{i}-3} = \pi\mathrm{i}\,\dfrac{12}{2^5\mathrm{i}^5} = \dfrac{3}{8}\pi.$$

3. 形如 $\displaystyle\int_{-\infty}^{+\infty} R(x)\mathrm{e}^{\mathrm{i}ax}\mathrm{d}x$　$(a > 0)$ 的积分

定理 3.5.9（若当引理）　设函数 $g(z)$ 在闭区域 $\theta_1 \leqslant \arg z \leqslant \theta_2$，$R_0 \leqslant |z| < +\infty$ $(R_0 \geqslant 0, 0 \leqslant \theta_1 \leqslant \theta_2 \leqslant \pi)$ 上连续，并设 C_R 是该闭区域上一段以原点为中心，以 $R(R > R_0)$ 为半径的圆弧. 若在该闭区域上有 $\lim\limits_{z \to \infty} g(z) = 0$，则对任何 $a > 0$，有 $\lim\limits_{R \to +\infty} \int_{C_R} g(z)\mathrm{e}^{\mathrm{i}az}\mathrm{d}z = 0$.

由若当引理可知

$$\int_{-\infty}^{+\infty} R(x)\mathrm{e}^{\mathrm{i}ax}\mathrm{d}x = 2\pi\mathrm{i}\sum_{k=1}^{n}\mathrm{Res}\big[R(z)\mathrm{e}^{\mathrm{i}az}, z_k\big]$$

其中，$z_1, z_2, \cdots, z_n$ 为真分式 $R(z)$ 在上半平面内的所有孤立奇点.

例 3.5.11　计算积分 $I = \displaystyle\int_0^{+\infty} \dfrac{\sin x}{x}\mathrm{d}x$.

解　因为 $\dfrac{\sin x}{x}$ 是偶函数，所以

$$I = \int_0^{+\infty} \dfrac{\sin x}{x}\mathrm{d}x = \dfrac{1}{2}\int_{-\infty}^{+\infty} \dfrac{\sin x}{x}\mathrm{d}x$$

因此可以选择函数 $f(z) = \dfrac{\mathrm{e}^{\mathrm{i}z}}{z}$ 沿某一条闭曲线的积分来计算上式各端的积分. 但函数只有一个 $z = 0$ 的一级极点，且在实轴上. 为了使积分路线不通过奇点，可以取路线如图 3.5.1 所示，由柯西 - 古萨基本定理，有

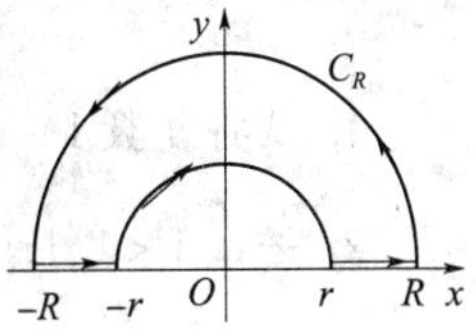

$$\int_{C_R} f(z)\mathrm{d}z + \int_{-R}^{-r} f(x)\mathrm{d}x + \int_{C_r} f(z)\mathrm{d}z + \int_r^R f(x)\mathrm{d}x = 0$$

令　　　$x = -t$，　$\displaystyle\int_{-R}^{-r} \dfrac{\mathrm{e}^{\mathrm{i}x}}{x}\mathrm{d}x = \int_R^r \dfrac{\mathrm{e}^{-\mathrm{i}t}}{t}\mathrm{d}t = -\int_r^R \dfrac{\mathrm{e}^{\mathrm{i}x}}{x}\mathrm{d}x$

所以

$$\int_{C_R} \dfrac{\mathrm{e}^{\mathrm{i}z}}{z}\mathrm{d}z + \int_{-R}^{-r} \dfrac{\mathrm{e}^{\mathrm{i}x}}{x}\mathrm{d}x + \int_{C_r} \dfrac{\mathrm{e}^{\mathrm{i}z}}{z}\mathrm{d}z + \int_r^R \dfrac{\mathrm{e}^{\mathrm{i}x}}{x}\mathrm{d}x = 0$$

$$\int_{C_R} \dfrac{\mathrm{e}^{\mathrm{i}z}}{z}\mathrm{d}z + \int_{C_r} \dfrac{\mathrm{e}^{\mathrm{i}z}}{z}\mathrm{d}z + \int_r^R \dfrac{\mathrm{e}^{\mathrm{i}x} - \mathrm{e}^{-\mathrm{i}x}}{x}\mathrm{d}x = 0$$

$$2\mathrm{i}\int_{r-}^{R} \dfrac{\sin x}{x}\mathrm{d}x = -\int_{C_R} \dfrac{\mathrm{e}^{\mathrm{i}z}}{z}\mathrm{d}z - \int_{C_r} \dfrac{\mathrm{e}^{\mathrm{i}z}}{z}\mathrm{d}z$$

因此，要算出所求积分的值，只需求出极限

图　3.5.1

$$\lim_{R\to\infty}\int_{C_R}\frac{\mathrm{e}^{\mathrm{i}z}}{z}\mathrm{d}z,\ \lim_{r\to 0}\int_{C_r}\frac{\mathrm{e}^{\mathrm{i}z}}{z}\mathrm{d}z$$

由于

$$\left|\int_{C_R}\frac{\mathrm{e}^{\mathrm{i}z}}{z}\mathrm{d}z\right|\leqslant\int_{C_R}\frac{|\mathrm{e}^{\mathrm{i}z}|}{|z|}\mathrm{d}s=\int_0^\pi\mathrm{e}^{-R\sin\theta}\mathrm{d}\theta=2\int_0^{\pi/2}\mathrm{e}^{-R\sin\theta}\mathrm{d}\theta$$

$$2\int_0^{\pi/2}\mathrm{e}^{-R\sin\theta}\mathrm{d}\theta\leqslant 2\int_0^{\pi/2}\mathrm{e}^{-R(2\theta/\pi)}\mathrm{d}\theta=\frac{\pi}{R}(1-\mathrm{e}^{-R})$$

$$\lim_{R\to\infty}\int_{C_R}\frac{\mathrm{e}^{\mathrm{i}z}}{z}\mathrm{d}z=0$$

$$\frac{\mathrm{e}^{\mathrm{i}z}}{z}=\frac{1}{z}+\mathrm{i}-\frac{z}{2!}+\cdots+\frac{\mathrm{i}^n}{n!}z^{n-1}+\cdots=\frac{1}{z}+\varphi(z)$$

$$\int_{C_r}\frac{\mathrm{e}^{\mathrm{i}z}}{z}\mathrm{d}z=\int_{C_r}\frac{1}{z}\mathrm{d}z+\int_{C_r}\varphi(z)\mathrm{d}z$$

$$\int_{C_r}\frac{1}{z}\mathrm{d}z=\int_\pi^0\frac{\mathrm{i}r\mathrm{e}^{\mathrm{i}\theta}}{r\mathrm{e}^{\mathrm{i}\theta}}\mathrm{d}\theta=-\mathrm{i}\pi$$

在 r 充分小时,有

$$\left|\int_{C_r}\varphi(z)\mathrm{d}z\right|\leqslant\int_{C_r}|\varphi(z)|\mathrm{d}s\leqslant 2\int_{C_r}\mathrm{d}s=2\pi r\to 0\quad(r\to 0)$$

$$\lim_{r\to 0}\int_{C_r}\frac{\mathrm{e}^{\mathrm{i}z}}{z}\mathrm{d}z=-\pi\mathrm{i}$$

所以

$$2\mathrm{i}\int_r^R\frac{\sin x}{x}\mathrm{d}x=\pi\mathrm{i}$$

$$\int_r^R\frac{\sin x}{x}\mathrm{d}x=\frac{\pi}{2}$$

习　题

1. 试将复数 $1-\cos\theta+\mathrm{i}\sin\theta(0\leqslant\theta\leqslant\pi)$ 化为三角形式与指数形式.

2. 若 $|z_1|<1,|z_2|<1$,试证:$\left|\dfrac{z_1-z_2}{1-\overline{z_1}z_2}\right|<1$.

3. 证明:两个复数乘积的模等于它们的模的乘积;两个复数乘积的辐角等于它们的辐角的和.

4. 已知正三角形的两个顶点为 $z_1=1,z_2=2+\mathrm{i}$,求它的另一个顶点.

5. 求下列各式的值:

(1) 3^i;　(2) $(1+\mathrm{i})^\mathrm{i}$;　(3) $\ln(1+\mathrm{i})^\mathrm{i}$.

6. 研究幂函数 $w=z^a$ 的解析性质,并求其导数.

7. 若 $f(z)=(x^2-y^2+ax+by)+\mathrm{i}(cxy+3x+2y)$ 处处解析,计算 a,b,c 的值.

8. 沿下列路线计算积分 $\int_0^{3+\mathrm{i}}z^2\mathrm{d}z$.

(1) 自原点至 $3+\mathrm{i}$ 的直线段;

(2) 自原点沿虚轴至 i,再由 i 沿水平方向向右至 $3+\mathrm{i}$ 的折线段.

通信工程应用数学

9. 计算积分

(1) $\displaystyle\int_{-\pi i}^{3\pi i} e^{2z} dz$; (2) $\displaystyle\int_{-\pi i}^{\pi i} \sin^2 z dz$; (3) $\displaystyle\int_{0}^{1} z\sin z dz$.

10. 求 $\displaystyle\sum_{n=0}^{\infty} \frac{3}{(1+i)^n}$ 的和.

11. 判断下列级数的敛散性:

(1) $\displaystyle\sum_{n=1}^{\infty} \frac{(-1)^n n^3}{(1+i)^n}$; (2) $\displaystyle\sum_{n=1}^{\infty} \left(i^n - \frac{1}{n^2} \right)$.

12. 求下列函数项级数的收敛范围

(1) $\displaystyle\sum_{n=1}^{\infty} \frac{z^n}{n!}$; (2) $\displaystyle\sum_{n=1}^{\infty} \frac{(z-i)^n}{2^n}$.

13. 判断下列函数的奇点 $z = \infty$ 的类型:

(1) $f(z) = \dfrac{z}{1+z^2}$;

(2) $f(z) = 1 + 2z + 3z^2 + 4z^3$;

(3) $f(z) = e^z$;

(4) $f(z) = \dfrac{1}{\sin z}$;

(5) $f(z) = \dfrac{\sin z}{z^3}$.

14. 判断函数 $f(z) = z + e^{\frac{1}{z}}$ 的孤立奇点的类型.

15. 求 $\dfrac{\sin z}{z}$ 在孤立奇点 0 处的留数.

16. 求 $z^2 \cos \dfrac{1}{z}$ 在孤立奇点 0 处的留数.

17. 求 $f(z) = \dfrac{e^{-z}}{z^2}$ 在孤立奇点 0 处的留数.

18. 计算积分 $\displaystyle\oint_C \frac{dz}{(z+i)^{10}(z-1)(z-3)}$,其中 C 为正向圆周 $|z| = 2$.

19. 计算积分 $\displaystyle\oint_{|z|=2} \frac{5z-2}{z(z-1)^2} dz$.

20. 计算积分 $\displaystyle\oint_{|z|=2} \frac{\sin^2 z}{z^2(z-1)} dz$.

21. 计算积分 $\displaystyle\int_{-\infty}^{+\infty} \frac{x^2 - x + 2}{x^4 + 10x^2 + 9} dx$.

22. 计算积分 $I_1 = \displaystyle\int_{-\infty}^{+\infty} \frac{\cos x}{x^2 + a^2} dx$.

23. 计算积分 $I_2 = \displaystyle\int_{-\infty}^{+\infty} \frac{\sin x}{x^2 + a^2} dx$.

第4章 数学变换

通信的实质是信号通过某种媒质进行传递,信号可以表示成某种函数的形式.这个函数可以是时间域、频率域或其他域上的,但最基础的域是时间域.不同域上的函数表达式不一样,体现的特性也不同,经过某些数学变换可以将函数的表示形式从时间域变换到频率域或其他域,以便进行进一步分析和处理.

本章学习通信领域最常用的四种变换及其逆变换:傅里叶变换、拉普拉斯变换、z 变换和小波变换,这些都属于积分变换,常应用于信号滤波、图形处理等方面.

4.1 傅里叶变换

傅里叶(Fourier,1768—1830),法国人.1807 年,傅里叶完成了关于热传导理论方面的研究,并提出"任何"周期函数都可以用正弦余弦级数来表示.1829 年,狄里赫利给出了若干精确条件,为傅里叶级数和傅里叶变换建立了理论基础.

由于正弦波和余弦波在科学和许多工程领域中起着重要作用,因而傅里叶级数和傅里叶变换在许多领域得到广泛应用.傅立叶级数涉及的是周期函数,然而工程技术人员习惯地认为非周期函数可以看成周期 T 趋于无限大的周期函数,这样可以将傅里叶变换看作傅里叶级数的扩展.

4.1.1 傅里叶级数

1. 三角函数形式的傅里叶级数

以下说明周期函数可以用三角函数的线性组合来表示.设 $\tilde{f}(t)$ 是周期为 T,角频率 $\omega_0 = 2\pi/T$ 的周期函数,且满足狄里赫利条件:

(1)连续或只有有限个第一类间断点;

(2)只有有限个极值点;

(3) $\tilde{f}(t)$ 在一个周期内绝对可积.

则将 $\tilde{f}(t)$ 可以展开为傅里叶级数,有

$$
\begin{aligned}
\tilde{f}(t) &= a_0 + a_1\cos(\omega_0 t) + a_2\cos(2\omega_0 t) + \cdots + \\
&\quad a_n\cos(n\omega_0 t) + b_1\sin(\omega_0 t) + b_2\sin(2\omega_0 t) + \cdots + b_n\sin(n\omega_0 t) \quad (4.1.1) \\
&= a_0 + \sum_{n=1}^{+\infty}\left[a_n\cos(n\omega_0 t) + b_n\sin(n\omega_0 t)\right]
\end{aligned}
$$

式(4.1.1)中: $\omega_0 = 2\pi/T$; $a_n = \dfrac{2}{T}\displaystyle\int_T \tilde{f}(t)\cos n\omega_0 t \mathrm{d}t$ 称为**余弦分量系数**; $b_n = \dfrac{2}{T}\displaystyle\int_T \tilde{f}(t)\sin n\omega_0 t \mathrm{d}t$

称为**正弦分量系数**;$a_0 = \dfrac{1}{T} \displaystyle\int_T \tilde{f}(t)\mathrm{d}t$ 称为**直流分量**.

以上的积分区间常取 $(0 \sim T)$,$(t_0 \sim t_0 + T)$ 或 $\left(-\dfrac{T}{2} \sim \dfrac{T}{2} \right)$.

式(4.1.1)的证明的基本过程是:将 a_n,b_n,a_0 代入式(4.1.1),计算级数的极限,收敛于 $\tilde{f}(t)$.

式(4.1.1)表明,任何满足狄里赫利条件的周期函数可分解为常量和许多正弦、余弦分量,其中,第一项 a_0 为常数项,它是周期函数中所包含的直流分量,式中正弦、余弦分量频率必定是基频 ω_0($\omega_0 = 2\pi/T$)的整数倍. 一般把频率为 ω_0 的分量称为基波,频率为 $2\omega_0$,$3\omega_0$ 等分量分别称为二次、三次谐波等.

$$a_n\cos(n\omega_0 t) + b_n\sin(n\omega_0 t) = \sqrt{a_n^2 + b_n^2}\cos(n\omega_0 t + \varphi_n)$$

因为

$$\sin \varphi_n = \frac{-b_n}{\sqrt{a_n^2 + b_n^2}}, \quad \cos \varphi_n = \frac{a_n}{\sqrt{a_n^2 + b_n^2}}$$

可以将式(4.1.1)中的同频率项加以合并,可以写成另一种形式:

$$\tilde{f}(t) = c_0 + \sum_{n=1}^{+\infty} c_n\cos(n\omega_0 t + \varphi_n) \quad \text{或} \quad \tilde{f}(t) = d_0 + \sum_{n=1}^{+\infty} d_n\sin(n\omega_0 t + \theta_n) \quad (4.1.2)$$

从式(4.1.1)和式(4.1.2)可以看出,各分量的幅度 a_n,b_n,c_n 及相位 φ_n 都是 $n\omega_0$ 的函数. 如果把 c_n 对 $n\omega_0$ 的关系绘成曲线,便可以清楚而直观地看出各频率分量的相对大小,这种图称为函数的**幅度频谱**或简称**幅度谱**,如图4.1.1(a)所示.

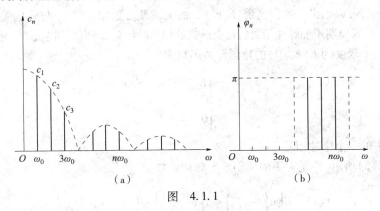

图 4.1.1

图中每条线代表某一频率分量的幅度,称为**谱线**. 连接各谱线顶点的曲线称为**包络线**,它反映各分量的幅度变换情况. 类似地,还可以画出各分量的相位 φ_n 对 $n\omega_0$ 的线图,这种图称为**相位频谱**或简称**相位谱**,如图4.1.1(b)所示.

例 4.1.1 设 $\tilde{f}(t)$ 是以 $T = 2\pi$ 为周期的函数,在 $[0, 2\pi]$ 上 $\tilde{f}(t) = t$,求 $\tilde{f}(t)$ 的傅里叶级数和振幅谱.

解 $\omega_0 = 2\pi/T = 1$

$$a_0 = \frac{1}{T}\int_T \tilde{f}(t)\mathrm{d}t = \frac{1}{2\pi}\int_0^{2\pi} t\mathrm{d}t = \frac{1}{2\pi} \cdot \frac{1}{2}t^2 \bigg|_0^{2\pi} = \pi$$

$$a_n = \frac{2}{T}\int_T \tilde{f}(t)\cos n\omega_0 t\mathrm{d}t = \frac{1}{\pi}\int_0^{2\pi} t\cos nt \cdot \mathrm{d}t = 0, \quad n = 1,2,3,\cdots$$

$$b_n = \frac{2}{T}\int_T \tilde{f}(t)\sin n\omega_0 t\mathrm{d}t = \frac{1}{\pi}\int_0^{2\pi} t\sin nt \cdot \mathrm{d}t = -\frac{2}{n}, \quad n = 1,2,3,\cdots$$

所以
$$\tilde{f}(t) = \pi + \sum_{n=1}^{+\infty}\left(0 - \frac{2}{n}\sin n\omega_0 t\right) = \pi - \sum_{n=1}^{+\infty}\frac{2}{n}\sin nt$$

$$c_n = \sqrt{a_n^2 + b_n^2} = 2/n, \quad n = 1,2,3,\cdots$$

$$c_0 = a_0 = \pi$$

周期函数的幅度谱只会出现在离散频率点上,这种谱称为**离散谱**,它是周期函数频谱的主要特点.

2. 指数形式的傅里叶级数

周期函数可以表示为复指数函数的线性组合. 这是因为

复数 z 的三角形式:$z = r(\cos\theta + \mathrm{i}\sin\theta)$;

复数 z 的指数形式:$z = re^{\mathrm{i}\theta}$.

可以使用欧拉公式 $\cos\theta = \dfrac{e^{\mathrm{i}\theta} + e^{-\mathrm{i}\theta}}{2}, \sin\theta = \dfrac{e^{\mathrm{i}\theta} - e^{-\mathrm{i}\theta}}{2\mathrm{i}}$ 将正弦函数和余弦函数用复数的指数形式来表示. 这时,可以得到指数形式的傅里叶级数,即

$$\tilde{f}(t) = \sum_{n=-\infty}^{+\infty} F_n e^{\mathrm{i}n\omega_0 t} \tag{4.1.3}$$

其中,$F_n = \dfrac{1}{T}\displaystyle\int_T \tilde{f}(t) e^{-\mathrm{i}n\omega_0 t}\mathrm{d}t.$

同样可以画出指数形式表示的频谱. 因为 F_n 一般是复函数,所以称这种频谱为**复数频谱**. 利用 $F_n = |F_n|e^{\mathrm{i}\varphi_n}$,可以画出复数幅度谱 $|F_n|$ 与 ω 的关系及复数相位谱 φ_n 与 ω 的关系.

例4.1.2 计算周期矩形脉冲函数的指数形式的傅里叶级数,画出周期矩形脉冲函数的频谱.

解 宽度为 τ 幅度为 $E(E>0)$ 的矩形脉冲函数为

$$p_z(t) = \begin{cases} E & \text{当}|t| < \dfrac{\tau}{2} \\[2mm] 0 & \text{当}|t| > \dfrac{\tau}{2} \end{cases}$$

对应信号处理中的一个脉冲信号.

如图 4.1.2(a)所示,周期为 T 的周期矩形脉冲函数

$$\tilde{f}(t) = E\left[u\left(t + \frac{\tau}{2}\right) - u\left(t - \frac{\tau}{2}\right)\right] \quad \left(-\frac{T}{2} \leqslant t \leqslant \frac{T}{2}\right)$$

其中,E、τ 分别是矩形脉冲函数的幅度、宽度,$u(t) = \begin{cases} 1 & \text{当}\, t > 0 \\ 0 & \text{当}\, t < 0 \end{cases}$ 称为**单位阶跃函数**,在跳变点 $t = 0$ 处,函数值未定义,或在 $t = 0$ 处规定函数值 $\mu(0) = \dfrac{1}{2}$. 用单位阶跃函数可以将矩形脉冲函数这样的分段函数用一个表达式表示.

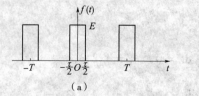

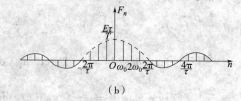

(a)   (b)

图 4.1.2

周期矩形脉冲函数傅里叶级数

$$F_n = \frac{1}{T}\int_{-\frac{\tau}{2}}^{\frac{\tau}{2}} E\mathrm{e}^{-\mathrm{i}n\omega_0 t}\mathrm{d}t = \frac{1}{T}\int_{-\frac{\tau}{2}}^{\frac{\tau}{2}} E\mathrm{e}^{-\mathrm{i}n\omega_0 t}\mathrm{d}t = \frac{E\tau}{T}\sin\left(\frac{n\omega_0\tau}{2}\right)$$

应该指出,在复数频谱中,负频率的出现完全是数学运算的结果,没有任何物理意义.只有把负频率项与相应的正频率项合并起来,才是实际的频谱函数.

4.1.2　傅里叶变换的概念

非周期函数可以看成是周期 T 趋于无限大的周期函数.当周期函数的 T 增大时,谱线间隔变小,若周期 T 趋于无限大,则谱线的间隔趋于无限小,这样离散频谱就变成连续频谱了.同时,谱线的长度 $F(n\omega_0)$ 趋于0,这就是说按前面所表示的频谱将化为乌有,失去应有的意义.但从物理概念上考虑,非周期信号的频谱仍应存在.基于上述原因,非周期函数不能采用傅里叶级数展开的方法,而必须引入一个新的变换,这就是非周期连续时间函数 $x(t)$ 的傅里叶变换.

设一周期函数 $\widetilde{f}(t)$,其傅里叶级数

$$\widetilde{f}(t) = \sum_{n=-\infty}^{+\infty} F_n\mathrm{e}^{\mathrm{j}n\omega_0 t}$$

工程应用中,习惯将 i 写成 j.傅里叶系数

$$F_n = F(n\omega_0) = \frac{1}{T}\int_T \widetilde{f}(t)\mathrm{e}^{-\mathrm{j}n\omega_0 t}\mathrm{d}t$$

两边乘以 T,得到

$$F(n\omega_0)\cdot T = 2\pi\frac{F(n\omega_0)}{\omega_0} = \int_{-\frac{T}{2}}^{\frac{T}{2}} \widetilde{f}(t)\mathrm{e}^{-\mathrm{j}n\omega_0 t}\mathrm{d}t$$

对于非周期函数,重复周期 $T\to\infty$,重复频率 $\omega_0\to0$,离散频率 $n\omega_0$ 变成连续频率 ω.在这种极限情况下,$F(n\omega_0)\to0$,但量 $2\pi\dfrac{F(n\omega_0)}{\omega_0}$ 可望不趋于0,而趋近于有限值,且变成一个连续函数,通常记为 $F(\omega)$ 或 $F(\mathrm{j}\omega)$,即

$$F(\omega) = \lim_{T\to\infty}2\pi\frac{F(n\omega_0)}{\omega_0} = \lim_{T\to\infty}\int_{-\frac{T}{2}}^{\frac{T}{2}}\widetilde{f}(t)\mathrm{e}^{-\mathrm{j}n\omega_0 t}\mathrm{d}t = \int_{-\infty}^{\infty}\widetilde{f}(t)\mathrm{e}^{-\mathrm{j}\omega t}\mathrm{d}t$$

其中,$\dfrac{F(n\omega_0)}{\omega_0}$ 反映单位频带内的频谱值,故 $F(\omega)$ 称为**频谱密度函数**,简称**频谱函数**.

综上所述,我们利用周期函数的傅里叶级数通过求极限的方法得到非周期函数频谱函数表示式,即傅里叶变换式.

傅里叶变换的正变换简称**傅里叶正变换**,或**傅里叶变换**,记为

$$F[f(t)] = \int_{-\infty}^{+\infty} f(t)\mathrm{e}^{-\mathrm{j}\omega t}\mathrm{d}t = F(\omega) \tag{4.1.4}$$

其中,$\mathrm{e}^{-\mathrm{j}\omega t}$ 称为**积分因子**.

傅里叶变换的反变换简称**傅里叶反变换**,记为

$$F^{-1}[F(\omega)] = \frac{1}{2\pi}\int_{-\infty}^{+\infty} F(\omega)\mathrm{e}^{\mathrm{j}\omega t}\mathrm{d}\omega = f(t) \tag{4.1.5}$$

其中,$\mathrm{e}^{\mathrm{j}\omega t}$ 称为**积分因子**.

$F(\omega)$ 一般情况下为复函数,可以写成

$$F(\omega) = |F(\omega)|\mathrm{e}^{\mathrm{j}\varphi(\omega)} = \mathrm{Re}(\omega) + \mathrm{jIm}(\omega) \tag{4.1.6}$$

式(4.1.6)中,$|F(\omega)|$ 和 $\varphi(\omega)$ 分别为 $F(\omega)$ 的模和相位.$|F(\omega)|$ 代表各频率分量的相对幅值,而

$\varphi(\omega)$表示各频率分量之间的相位关系. $|F(\omega)|$与ω的关系称为非周期函数的幅度频谱, $\varphi(\omega)$与ω的关系称为相位频谱. 非周期函数的幅度谱是频率ω的连续函数, 其形状与相应的周期函数频谱的包络线相同.

例 4.1.3 设$f(t) = \begin{cases} 1 & \text{当}|t| \leqslant 1 \\ 0 & \text{其他} \end{cases}$, 求$f(t)$的傅里叶变换.

解 $f(t)$满足傅里叶积分定理的条件, 其傅里叶变换为

$$F(\omega) = F[f(t)] = \int_{-\infty}^{+\infty} f(t)\mathrm{e}^{-\mathrm{j}\omega t}\mathrm{d}t = \int_{-1}^{1} \mathrm{e}^{-\mathrm{j}\omega t}\mathrm{d}t = \frac{2}{\omega}\sin\omega$$

4.1.3 傅里叶变换的性质

在讨论傅里叶变换性质前, 我们先引入冲激函数和卷积的概念.

1. 卷积积分

两个函数普通乘积的积分变换(例如傅里叶变换)与这两个函数积分变换的卷积建立了关系, 使我们只要会求两个函数的变换, 利用卷积就可以求这两个函数乘积的变换.

函数$f_1(t)$与函数$f_2(t)$的卷积积分定义成

$$f_1(t) * f_2(t) = \int_{-\infty}^{+\infty} f_1(\tau)f_2(t-\tau)\mathrm{d}\tau$$

计算步骤是先把函数$f_2(t)$相对于原点反折, 然后向右移动距离t, 然后两个函数相乘再积分, 就得到了在t处的输出. 对每个t值重复上述过程, 就得到了输出曲线.

举个简单的例子, 大家就可以看到为什么叫"卷积"了. 例如, 在$(0,100)$间积分, 用简单的辛普生积分公式, 积分区间分成100等分, 那么看到的是$f_1(0)$和$f_2(100)$相乘, $f_1(1)$和$f_2(99)$相乘, $f_1(2)$和$f_2(98)$相乘, 等等, 就像是在坐标轴上回卷一样. 所以人们就叫它"回卷积分", 或者"卷积"了.

卷积有平滑效应和展宽效应, 卷积在数据处理中用来平滑.

2. 冲激函数$\delta(t)$

"冲激函数"是狄里赫利为了解决一些瞬间作用的物理现象而提出的一种运算. 其定义为

$$\delta(t) = \begin{cases} +\infty & \text{当}\ t = 0 \\ 0 & \text{当}\ t \neq 0 \end{cases} \text{且}\int_{-\infty}^{+\infty} \delta(t)\mathrm{d}t = 1$$

冲量这一物理现象很能说明"冲激函数". 在t时间内对一物体作用F的力, 我们可以让作用时间t很小, 作用力F很大, 但让Ft的乘积不变, 即冲量不变. 于是在用t做横坐标、F做纵坐标的坐标系中, 就如同一个面积不变的矩形, 底边被挤的窄窄的, 高度被挤的高高的, 在数学中它可以被挤到无限高, 但即使它无限瘦、无限高, 但

图 4.1.3

它仍然保持面积不变(它没有被挤没), 为了证实它的存在, 可以对它进行积分, 积分就是求面积, 其结果为1. 冲激函数可以看成以下矩形脉冲函数在0点的极限, 如图4.1.3所示.

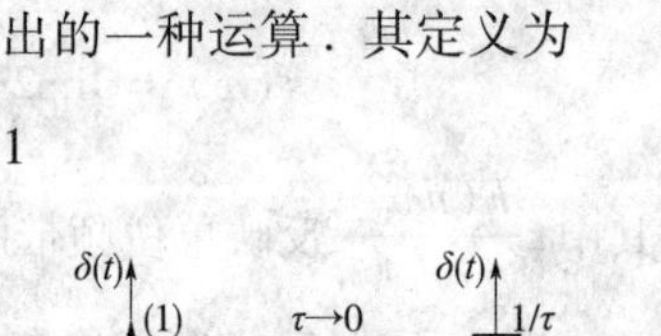

$$p_\tau(t) = \begin{cases} \dfrac{1}{2\tau} & \text{当}|t| < \tau \\ 0 & \text{当}|t| > \tau \end{cases}$$

应用冲激函数可以方便地描述一些乘积或变换的表达式, 例如:

抽样性: $f(t) \times \delta(t-t_0) = f(t_0) \times \delta(t-t_0)$;

搬移性: $f(t) * \delta(t-t_0) = f(t-t_0)$.

3. 傅里叶变换性质

由傅里叶变换的公式,我们可以推导出傅里叶变换的如下性质:

(1)线性. 傅里叶变换是一种线性运算,它满足叠加定理. 所以相加函数的频谱等于各个单独函数的频谱之和.

(2)对偶性. 若 $F[x(t)] = X(\omega)$,则 $F[X(t)] = 2\pi x(-\omega)$.

例如,已知 $F[\delta(t)] = 1$,则 $F[1] = 2\pi\delta(\omega)$.

(3)对称性. 若 $x(t)$ 是实函数,则傅里叶变换的幅度谱和相位谱分别是偶函数和奇函数;若 $x(t)$ 是实偶函数,则 $X(\omega)$ 必为 ω 的实偶函数.

(4)尺度变换特性. 若 $F[x(t)] = X(\omega)$,则 $F[x(at)] = \dfrac{1}{|a|}X\left(\dfrac{\omega}{a}\right)$.

上式说明,函数在时域中压缩($a > 1$)等效于在频域中扩展;反之函数在时域中扩展($a < 1$)等效于在频域中压缩,所以在通信系统中,通信速度和占用频带宽度是一对矛盾.

(5)时移特性. 若 $F[x(t)] = X(\omega)$,则 $F[x(t - t_0)] = X(\omega)\mathrm{e}^{-\mathrm{j}\omega t_0}$.

时移特性表明,函数在时域的时移只会使频谱的相位特性产生附加的线性相移,而不会影响函数的幅度频谱.

(6)频移特性. 若 $F[x(t)] = X(\omega)$,则 $F[x(t)\mathrm{e}^{\mathrm{j}\omega_0 t}] = X(\omega - \omega_0)$.

频移特性表明,函数乘以 $\mathrm{e}^{\mathrm{j}\omega_0 t}$ 等效于 $x(t)$ 的频谱 $X(\omega)$ 沿频率轴右移 ω_0.

上述频谱沿频率轴右移或左移称为**频谱搬移技术**. 频谱搬移技术在通信系统中得到广泛的应用,例如,同步解调、调幅、变频等过程都是在频谱搬移的基础上完成的. 频谱搬移的实现原理是将信号 $x(t)$ 乘以所谓载频信号 $\cos \omega_0 t$ 或 $\sin \omega_0 t$,利用频移特性可求出其频谱为

$$F[x(t)\cos \omega_0 t] = F\left[x(t) \cdot \frac{1}{2}(\mathrm{e}^{\mathrm{j}\omega_0 t} + \mathrm{e}^{-\mathrm{j}\omega_0 t})\right] = \frac{1}{2}[X(\omega - \omega_0) + X(\omega - \omega_0)]$$

同理可得

$$F[x(t)\sin \omega_0 t] = F\left[x(t) \cdot \frac{1}{2\mathrm{j}}(\mathrm{e}^{\mathrm{j}\omega_0 t} - \mathrm{e}^{-\mathrm{j}\omega_0 t})\right] = \frac{1}{2\mathrm{j}}[X(\omega - \omega_0)] + X(\omega + \omega_0)$$

(7)时域卷积定理. 若 $F[x_1(t)] = X_1(\omega)$,$F[x_2(t)] = X_2(\omega)$,则 $F[x_1(t) * x_2(t)] = X_1(\omega)X_2(\omega)$.

时域卷积定理表明,在时域中两函数的卷积等效为在频域中的频谱相乘.

(8)频域卷积定理. 若 $F[x_1(t)] = X_1(\omega)$,$F[x_2(t)] = X_2(\omega)$,则 $F[x_1(t)x_2(t)] = \dfrac{1}{2\pi}[X_1(\omega) * X_2(\omega)]$.

频域卷积定理也称调制特性,在通信领域有重要的应用.

傅里叶变换的性质可以总结如表 4.1.1 所示.

表 4.1.1

性　　质	时　　域	频　　域
线性	$af_1(t) + bf_2(t)$	$aF_1(\omega) + bF_2(\omega)$
时移	$f(t - t_0)$	$F(\omega)\mathrm{e}^{-\mathrm{j}\omega t_0}$
频移	$f(t)\mathrm{e}^{\mathrm{j}\omega_0 t}$	$F(\omega - \omega_0)$
卷积	$f_1(t) * f_2(t)$	$F_1(\omega) \cdot F_2(\omega)$
	$f_1(t) \cdot f_2(t)$	$\dfrac{1}{2\pi}[F_1(\omega) * F_2(\omega)]$

性　质	时　域	频　域
对偶	$F(t)$	$2\pi f(-\omega)$
	例如,$\delta(t)\leftrightarrow 1$,$1\leftrightarrow 2\pi\delta(\omega)$	
对称性	实函数的傅里叶变换,其实部偶对称,虚部奇对称;其振幅偶对称,相位奇对称	

4. 周期函数的傅里叶变换

周期函数可以用傅里叶级数来表示,非周期函数可以用傅里叶变换来表示.这虽然解决了周期函数与非周期函数如何在频域分解的问题,但不同的表示方法总会给我们造成某些不便.如果能够将它们统一起来,无疑会带来许多便利.

考虑到 $F(e^{j\omega_0 t})=2\pi\delta(\omega-\omega_0)$,而函数 $\tilde{f}(t)$ 可表示成复指数函数 $e^{j\omega_0 t}$ 的线性组合,即

$$\tilde{f}(t)=\sum_{n=-\infty}^{+\infty}F_n e^{jn\omega_0 t}$$

则

$$F(\omega)=2\pi\sum_{n=-\infty}^{+\infty}F_n\delta(\omega-n\omega_0)$$

上式表明,周期函数可以用傅里叶变换来表示,它由频域中一组等间隔的冲激函数线性组合而成,每个冲激的强度等于相应的傅里叶级数系数 F_n 的 2π 倍.

5. 傅里叶变换与内积

傅里叶变换的公式为

$$F(\omega)=\int_{-\infty}^{+\infty}f(t)e^{-j\omega t}dt$$

可以把傅里叶变换写成另外一种形式

$$F(\omega)=\frac{1}{2\pi}\prec f(t),e^{j\omega t}\succ$$

可以看出,傅里叶变换的本质是内积,三角函数是完备的正交函数集,不同频率的三角函数之间的内积为0,只有频率相等的三角函数做内积时,才不为0.

$$\prec e^{j\omega_1 t},e^{j\omega_2 t}\succ=\int e^{j(\omega_1-\omega_2)t}dt=2\pi\delta(\omega_1-\omega_2)$$

从应用方面来说,傅里叶变换的本质是用正弦函数(或余弦函数)来表示其他函数.从计算方面来说,傅里叶变换的本质是内积,所以 $f(t)$ 和 $e^{j\omega t}$ 求内积的时候,只有 $f(t)$ 中频率为 ω 的分量才会有内积的结果,其余分量的内积为0.可以理解为 $f(t)$ 在 $e^{j\omega t}$ 上的投影,积分值是时间从负无穷到正无穷的积分,就是把函数每个时间在 ω 的分量叠加起来,可以理解为 $f(t)$ 在 $e^{j\omega t}$ 上的投影的叠加,叠加的结果就是频率为 ω 的分量,也就形成了频谱.

傅里叶逆变换的公式为

$$f(t)=\frac{1}{2\pi}\int_{-\infty}^{+\infty}F(\omega)e^{j\omega t}d\omega$$

傅里叶逆变换就是傅里叶变换的逆过程,在 $F(\omega)$ 和 $e^{-j\omega t}$ 求内积的时候,$F(\omega)$ 只有 t 时刻的分量内积才会有结果,其余时间分量内积结果为0,同样积分值是频率从负无穷到正无穷的积分,就是把函数在每个频率在 t 时刻上的分量叠加起来,叠加的结果就是 $f(t)$ 在 t 时刻的值,这就回到了我们观察函数最初的时域.

对一个信号做傅里叶变换,然后直接做逆变换,这样做是没有意义的.但是,傅里叶逆变换后频率的定位很好,可以清晰地得到信号所包含的频率成分,也就是频谱.将不要的频率分量给滤除掉,然后再做逆变换,就得到了想要的信号.比如,信号中掺杂着噪声信号,可以通过滤波器将噪声信号的频率给去除,再做傅里叶逆变换,就得到了没有噪声的信号.然而,因为频谱是时间从负无穷到正无穷的叠加,所以,知道某一频率,不能判断该频率的时间定位,不能判断某一时间段的频率成分.

4.1.4 离散傅里叶变换

1. 序列的傅里叶变换(离散时间傅里叶变换)

随着模拟信号 $h(t)$ 变为数字信号,或者对信号进行观测,得到一个离散序列 $x(n)$,其自变量仅取整数,非整数时无定义.离散时间傅里叶变换的目标就是直接对离散序列 $x(n)$ 进行类似于傅里叶变换的变换.

由于

$$x(n) = x(n) * \delta(n) = \sum_{k=-\infty}^{+\infty} x(k)\delta(n-k)$$

又因为

$$\int_{-\pi}^{\pi} e^{jwn} dw = 2\pi\delta(n)$$

$$\delta(n) = \frac{1}{2\pi} \int_{-\pi}^{\pi} e^{jwn} dw$$

$$x(n) = \sum_{k=-\infty}^{\infty} x(k) \cdot \frac{1}{2\pi} \int_{-\pi}^{\pi} e^{jw(n-k)} dw = \frac{1}{2\pi} \int_{-\pi}^{\pi} e^{jwn} \left[\sum_{k=-\infty}^{\infty} x(k) e^{-jwk} \right] dw$$

若令

$$X(e^{jw}) = \sum_{k=-\infty}^{\infty} x(k) e^{-jwk} \tag{4.1.7}$$

则

$$x(n) = \frac{1}{2\pi} \int_{-\pi}^{\pi} X(e^{jw}) e^{jwn} dw \tag{4.1.8}$$

以上式(4.1.7)和式(4.1.8)具有傅里叶变换和反变换的形式.称式(4.1.7)为序列 $x(n)$ 的傅里叶变换,式(4.1.8)为序列 $x(n)$ 的傅里叶反变换.又因为式(4.1.7)是一个无穷级数,因此,序列的傅里叶变换的存在的条件是对应的序列 $x(n)$ 是绝对可求和的.

2. DFT 及 IDFT 的定义

作为离散傅里叶变换,要与原傅里叶变换处理的连续函数相联系.

定义 4.1.1 设 $h(nT_s)$ 是连续函数 $h(t)$ 的 N 个抽样值 $n = 0, 1, \cdots, N-1$,这 N 个点的宽度为 NT_s 的 DFT 为

$$\text{DFT}_N[h(nT_s)] = \sum_{n=0}^{N-1} h(nT_s) e^{-j2\pi nk/N} \overset{\triangle}{=} H\left(\frac{k}{NT_s}\right) \quad (k = 0, 1, \cdots, N-1)$$

定义 4.1.2 设 $H\left(\dfrac{k}{NT_s}\right)$ 是连续频率函数 $H(f)$ 的 N 个抽样值 $k = 0, 1, \cdots, N-1$,这 N 个点的宽度为 N 的 IDFT 为

$$\text{DFT}_N^{-1}\left[H\left(\frac{k}{NT_s}\right)\right] = \frac{1}{N} \sum_{k=0}^{N-1} H\left(\frac{k}{NT_s}\right) e^{-j2\pi nk/N} \overset{\triangle}{=} h(nT_s) \quad (k = 0, 1, \cdots, N-1)$$

其中,$e^{-j2\pi nk/N}$ 称为 N 点 DFT 的**变换核函数**,$e^{j2\pi nk/N}$ 称为 N 点 IDFT 的**变换核函数**.它们互为共轭.

同样的信号,宽度不同的 DFT 会有不同的结果.DFT 正逆变换的对应关系是唯一的,或者说它们是互逆的.

记 $W_N = \mathrm{e}^{-\mathrm{j}2\pi/N}$,正逆变换的核函数分别可以表示为 W_N^{nk} 和 W_N^{-nk}.

DFT 可以表示为

$$H\left(\frac{k}{NT_s}\right) = \sum_{n=0}^{N-1} h(nT_s) W_N^{nk} \quad (k = 0,1,\cdots,N-1)$$

IDFT 可以表示为

$$h(nT_s) = \frac{1}{N} \sum_{k=0}^{N-1} H\left(\frac{k}{NT_s}\right) W_N^{-nk} \quad (n = 0,1,\cdots,N-1)$$

核函数的正交性可以表示为

$$\sum_{k=0}^{N-1} W_N^{kn} (W_N^{kr})^* = N\delta(n-r)$$

核函数的性质包括周期性和对称性:

$$W_N^N = \mathrm{e}^{-\mathrm{j}2\pi} = 1$$
$$W_N^{N/2} = \mathrm{e}^{-\mathrm{j}\pi} = -1$$
$$W_N^{N+r} = W_N^N W_N^r = W_N^r$$
$$W_N^{N/2+r} = -W_N^{N/2} W_N^r = -W_N^r$$
$$|W_N^m| = 1 \quad (\forall m \in \mathbf{Z})$$
$$W_{mN}^{mn} = \mathrm{e}^{-\mathrm{j}2\pi mn/mN} = \mathrm{e}^{-\mathrm{j}2\pi n/N} = W_N^n \quad (\forall m,n \in \mathbf{Z})$$

3. 离散谱的性质

定义 4.1.3   称 $H_k \overset{\Delta}{=} H\left(\frac{k}{NT_s}\right)(k \in \mathbf{Z})$ 为离散序列 $h(nTs)(0 \leqslant n < N)$ 的 **DFT 离散谱**,简称**离散谱**.

离散谱具有以下性质:

(1)周期性:序列的 N 点的 DFT 离散谱是周期为 N 的序列.

(2)共轭对称性:如果 $x(nT_s)(0 \leqslant n < N)$ 为实序列,则其 N 点的 DFT 关于原点和 $N/2$ 都具有共轭对称性. 即 $H_{-k} = H_k^*$;$H_{N-k} = H_k^*$;$H_{\frac{N}{2}\pm k} = H_{\frac{N}{2}\mp k}^*$.

(3)幅度对称性:如果 $x(nT_s)(0 \leqslant n < N)$ 为实序列,则其 N 点的 DFT 关于原点和 $N/2$ 都具有幅度对称性,即 $\|H_k\| = \|H_{-k}\|$;$\|H_{N-k}\| = \|H_k\|$;$\|H_{\frac{N}{2}\pm k}\| = \|H_{\frac{N}{2}\pm k}\|$.

为方便起见,简记 $h(nT_s)$ 为 $h(n)$,简记 $H\left(\frac{k}{NT_s}\right)$ 为 $H(k)$,DFT 对简记为

$$h(n)\overset{\mathrm{DFT}}{\Longleftrightarrow}H(k) \text{或} h(n)\Longleftrightarrow H(k)$$

$$H(k) \overset{\Delta}{=} \mathrm{DFT}[h(n)] = \sum_{n=0}^{N-1} h(n) W_N^{nk} \quad (k = 0,1,\cdots,N-1)$$

$$h(n) \overset{\Delta}{=} \mathrm{DFT}^{-1}[H(k)] = \frac{1}{N}\sum_{k=0}^{N-1} H(k) W_N^{-nk} \quad (n = 0,1,\cdots,N-1)$$

DFT 的定义是针对任意的离散序列 $x(nT_s)$ 中的有限个离散抽样($0 \leqslant n < N$)的,它并不要求该序列具有周期性.

由 DFT 求出的离散谱 $H(k) = H_k \overset{\Delta}{=} H\left(\frac{k}{NT_s}\right)(k \in \mathbf{Z})$ 是离散的周期函数,周期为 $Nf_0 = N/T_0 = \frac{N}{NT_s} = \frac{1}{T_s} = f_s$,离散间隔为 $\frac{1}{NT_s} = \frac{f_s}{N} = \frac{1}{T_0} = f_0$. 离散谱关于变元 k 的周期为 N.

如果称离散谱经过 IDFT 所得到的序列为重建信号,$x'(nT_s)(n \in \mathbf{Z})$,则重建信号是离散的周

期函数,周期为 $NT_s = T_0 = \dfrac{1}{f_0}$(对应离散谱的离散间隔的倒数)、离散间隔为 $T_s = NT_s/N = \dfrac{T_0}{N} = \dfrac{1}{Nf_0}$(对应离散谱周期的倒数).

经 IDFT 重建信号的基频就是频域的离散间隔,或时域周期的倒数,为 $f_0 = \dfrac{1}{T_0} = \dfrac{1}{NT_s}$.

实序列的离散谱关于原点和 $\dfrac{N}{2}$(如果 N 是偶数)是共轭对称和幅度对称的. 因此,真正有用的频谱信息可以从 $0 \sim \left(\dfrac{N}{2}-1\right)$ 范围获得,从低频到高频. 在时域和频域 $0 \sim N$ 范围内的 N 点分别是各自的主值区间或主值周期.

4. DFT 性质

(1)线性性:对任意常数 $a_m(1 \leqslant m \leqslant M)$,有 $\mathrm{DFT}\left[\sum\limits_{m=1}^{M} a_m x_m(n)\right] \Leftrightarrow \sum\limits_{m=1}^{M} a_m \mathrm{DFT}\left[x_m(n)\right]$.

(2)奇偶虚实性:DFT 有如下的奇偶虚实特性

奇⇔奇;偶⇔偶;实偶⇔实偶;实奇⇔虚奇;

实⇔(实偶) + j(实奇);实⇔(实偶)·EXP(实奇).

(3)DFT 的反褶、平移:先把有限长序列周期延拓,再作相应反褶或平移,最后取主值区间的序列作为最终结果.

反褶和共轭性如表 4.1.2 所示.

表 4.1.2

时 域	频 域	时 域	频 域
反褶	反褶	共轭 + 反褶	共轭
共轭	共轭 + 反褶		

(4)对偶性:$X(n) \Leftrightarrow Nx(-k)$.

把离散谱序列当成时域序列进行 DFT,结果是原时域序列反褶的 N 倍;

如果原序列具有偶对称性,则 DFT 结果是原时域序列的 N 倍.

(5)时移性:$x(n-m) \Leftrightarrow X(k)W_N^{km}$. 序列的时移不影响 DFT 离散谱的幅度.

(6)频移性:$x(n)W_N^{-nl} \Leftrightarrow X(k-l)$.

(7)时域离散圆卷积定理:$x(n) \otimes y(n) \Leftrightarrow X(k)Y(k)$.

(8)圆卷积:周期均为 N 的序列 $x(n)$ 与 $y(n)$ 之间的圆卷积为 $x(n) \otimes y(n) = \sum\limits_{i=0}^{N-1} x(i)y(n-i)$,其中,$x(n) \otimes y(n)$ 仍是 n 的序列,周期为 N.

非周期序列之间只可能存在线卷积,不存在圆卷积;周期序列之间存在圆卷积,但不存在线卷积.

频域离散圆卷积定理:$x(n)y(n) \Leftrightarrow \dfrac{1}{N} X(k) \otimes Y(k)$;

时域离散圆相关定理:$R_{xy}^{(P)}(n) \Leftrightarrow X(k)Y*(k)$;

周期为 N 的序列 $x(n)$ 和 $y(n)$ 的圆相关:$R^{(P)}(x(n),y(n)) \overset{\triangle}{=} R_{xy}^{(P)}(n) = \sum\limits_{i=0}^{N-1} x(i)y*(i-n)$,

这是 n 的序列,周期为 N. $h(n) = \dfrac{1}{N}\{\mathrm{DFT}_k[H^*(k)]\}^*$. 其中,$\mathrm{DFT}_k[\,\cdot\,]$ 表示按 k 进行 DFT 运算.

（9）帕斯瓦尔定理:$\displaystyle\sum_{n=0}^{N-1}\|x(n)\|^2 = \dfrac{1}{N}\sum_{k=0}^{N-1}\|X(k)\|^2$.

5. 快速傅里叶变换（FFT）

FFT 不是一种新的变换,而是 DFT 的快速算法. 直接 DFT 计算的复杂度为 $O(N^2)$. 计算 DFT 需要 N^2 次复数乘法;N^2 次复数加法.

FFT 算法流程如下:($N = 2^r$)

（1）初始化:$x_0(n) \leftarrow x(n)$,$0 \leqslant n \leqslant N-1$;

（2）第 $L(1 \leqslant L \leqslant r)$ 次迭代:

①下标控制变量初始化 $K_L = 0$;

②"结点对"的个数初始化 $\mathrm{num} = 0$;

③$\mathrm{WHILE}\left(\mathrm{num} < \dfrac{N}{2^L}\right)$ DO 按对偶结点对的计算公式进行置位运算,得到 $x_L(K_L)$ 和 $x_L(\overline{K}_L)$ 的值;

④$K_L \leftarrow K_L + 1$;$\mathrm{num} \leftarrow \mathrm{num} + 1$.

跳过已经计算过的结点(即上面 $\overline{K}_L$ 所对应的那些结点):$K_L += N/2^L$;

⑤如果 $K_L < N$,转到②继续计算下一组结点;否则结束本次迭代.

（3）当 r 次迭代全部完成后,对结果 $x_{r-1}(k)(0 \leqslant k \leqslant N-1)$ 按下标二进制位进行整序,从而得到结果 $X(k)(0 \leqslant k \leqslant N-1)$.

FFT 算法推导:

（1）第 L 次迭代中对偶结点值的计算公式为

$$\begin{cases} x_L(K_L) = x_{L-1}(K_L) + x_{L-1}(\overline{K}_L)W_N^{P_L} \\ x_L(\overline{K}_L) = x_{L-1}(K_L) - x_{L-1}(\overline{K}_L)W_N^{P_L} \\ \overline{K}_L - K_L = 2^{r-L} = \dfrac{N}{2^L} \\ P_L = BR_r \quad (K_L \gg r-L) \end{cases}$$

其中,K_L 是循环控制变量.

（2）对偶结点的关系如图 4.1.4 所示.

旋转因子:W_N^k 被称为旋转因子,可预先算好并保存.

整序:经过 r 次迭代后,得到结果 $x_r((k_0 k_1 \cdots k_{r-1})_b)$,实际结果应是 $X((k_{r-1} \cdots k_1 k_0)_b)$,所以流程的最后一步是按下标的正常二进制顺序对结果进行整序.

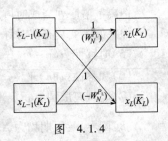

图 4.1.4

FFT 算法的特点:($N = 2^r$)

（1）共需 r 次迭代;

（2）第 $L(1 \leqslant L \leqslant r)$ 次迭代对偶结点的偶距为 $\overline{K}_L - K_L = 2^{r-L} = N/2^L$,因此一组结点覆盖的序号个数是 $2(\overline{K}_L - K_L) = \dfrac{N}{2^{L-1}}$.

（3）第 $L(1 \leqslant L \leqslant r)$ 次迭代结点的组数为 $N/[2(\overline{K}_L - K_L)] = 2^{L-1}$.

（4）$W_N^{P_L}$ 可以预先计算好,而且 P_L 的变化范围是 $0 \sim \dfrac{N}{2} - 1$.

FFT 算法复杂度分析：$N = 2^r$，W_N^k 预先算好．一个对偶结点对的计算需要 2 次复数加法和 1 次复数乘法，对任一次迭代，共有 $N/2$ 对结点，因此共需 N 次复数加法和 $N/2$ 次复数乘法，r 次迭代的总计算量为：复数加法次数 $rN = N\log_2 N$，复数乘法次数为 $rN/2 = \dfrac{1}{2}N\log_2 N$，算法复杂度为 $O(N\log_2 N)$．

IDFT 同样可用 FFT 实现，算法复杂度也是 $O(N\log_2 N)$．

4.1.5 短时傅里叶变换与 Gabor 变换

由于经典傅里叶变换只能反映信号的整体特性(时域,频域)．另外,要求信号满足平稳条件．由式 $F(\omega) = \displaystyle\int_{-\infty}^{+\infty} f(x)\mathrm{e}^{-\mathrm{i}\omega x}\mathrm{d}x$ 可知,要用傅里叶变换研究时域信号频谱特性,必须要获得时域中的全部信息．

另外,信号在某时刻的一个小的邻域内发生变化,那么信号的整个频谱都要受到影响,而频谱的变化从根本上来说无法标定发生变化的时间位置和发生变化的剧烈程度．也就是说,傅里叶变换对信号的齐性不敏感．不能给出在各个局部时间范围内部频谱上的谱信息描述．然而在实际应用中齐性正是我们所关心的信号局部范围内的特性．为此,D. Gabor1946 年在他的论文中提出了一种新的变换方法—人们称之为 Gabor 变换,Gabor 变换是具有高斯窗函数的短时傅里叶变换．

1. 短时傅里叶变换

为了弥补傅里叶变换的缺陷,给信号加上一个窗函数,对信号加窗后计算加窗后函数的傅里叶变换,加窗后得到时间附近的很小时间上的局部谱,窗函数可以根据时间的位置变化在整个时间轴上平移,利用窗函数可以得到任意位置附近的时间段频谱,实现了时间局域化．

短时傅里叶变换的公式为

$$\mathrm{STFT}_x(t,\omega) = \int x(\tau)g(\tau-t)\mathrm{e}^{-\mathrm{j}\omega\tau}\mathrm{d}\tau = \prec x(\tau),g(\tau-t)\mathrm{e}^{\mathrm{j}\omega\tau}\succ$$

在时域用窗函数去截信号,对截下来的局部信号作傅里叶变换,即在 t 时刻得该段信号得傅里叶变换,不断地移动 t,也即不断地移动窗函数的中心位置,即可得到不同时刻的傅里叶变换,这样就得到了时间—频率分析．

短时傅里叶变换的本质和傅里叶变换一样都是内积,只不过用 $g(\tau-t)\mathrm{e}^{\mathrm{j}\omega\tau}$ 代替了 $\mathrm{e}^{\mathrm{j}\omega\tau}$,实现了局部信号的频谱分析．

短时傅里叶变换的另一种形式：

$$\mathrm{STFT}_x(t,\omega) = \frac{1}{2\pi}\int_{-\infty}^{+\infty} X(v)G(v-\omega)\mathrm{e}^{\mathrm{j}(v-\omega)t}\mathrm{d}v = \frac{1}{2\pi}\prec X(v),G(v-\omega)\mathrm{e}^{-\mathrm{j}(v-\omega)t}\succ$$

该式表明在时域里 $x(\tau)$ 加窗函数 $g(t-\tau)$,得出在频域里对 $X(v)$ 加窗 $G(v-\omega)$．

短时傅里叶变换优点是：在傅里叶变换的基础上,增加了窗函数,实现了时间—频率分析．

但是,短时傅里叶变换使用一个固定的窗函数,窗函数一旦确定,其形状就不再发生改变,短时傅里叶变换的分辨率也就确定了．如果要改变分辨率,则需要重新选择窗函数．短时傅里叶变换用来分析分段平稳信号或者近似平稳信号犹可,但是对于非平稳信号,当信号变化剧烈时,要求窗函数有较高的时间分辨率;而波形变化比较平缓的时刻,主要是低频信号,则要求窗函数有较高的频率分辨率．短时傅里叶变换不能兼顾频率与时间分辨率的需求．测不准原理告诉我们,不可能在时间和频率两个空间同时以任意精度逼近被测信号,因此就必须在信号的分析上对时间或者频率的精度做取舍．短时傅里叶变换受到测不准原理的限制,所以短时傅里叶变换窗函数的时间与频率分辨率不能同时达到最优．在实际使用时,根据实际情况选用合适的窗函数．

2. Gabor 变换定义式

设函数 f 为具体的高斯函数,且 $f \in L^2(R)$,则 Gabor 变换定义为

$$G_f(a;b,\omega) = \int_{-\infty}^{\infty} f(t) g_a^*(t-b) e^{-i\omega t} dt$$

其中,$g_a(t) = \dfrac{1}{2\sqrt{\pi a}} \exp\left(-\dfrac{t^2}{4a}\right)$ 是高斯函数,称为**窗函数**. 其中,$a > 0, b > 0$. $g_a(t-b)$ 是一个时间局部化的"窗函数". 其中,参数 b 用于平行移动窗口,以便于覆盖整个时域.

对参数 b 积分,则有

$$\int_{-\infty}^{\infty} G_f(a,b,\omega) db = \hat{f}(\omega), \quad \omega \in \mathbf{R}$$

信号的重构表达式为

$$f(t) = \frac{1}{2\pi} \int_{-\infty}^{\infty} \int_{-\infty}^{\infty} G_f(a;b,\omega) g_a(t-b) e^{i\omega t} d\omega db$$

Gabor 取 $g(t)$ 为一个高斯函数有两个原因:一是高斯函数的傅里叶变换仍为高斯函数,这使得傅里叶逆变换也是用窗函数局部化,同时体现了频域的局部化;二是 Gabor 变换是最优的窗口傅里叶变换. 其意义在于 Gabor 变换出现之后,才有了真正意义上的时间 – 频率分析,即 Gabor 变换可以达到时频局部化的目的:它能够在整体上提供信号的全部信息而又能提供在任一局部时间内信号变化剧烈程度的信息. 简言之,可以同时提供时域和频域局部化的信息.

3. 窗口的宽高关系

经理论推导可以得出:高斯窗函数条件下的窗口宽度与高度,且积为一固定值.

$$\left[b - \sqrt{a}, b + \sqrt{a}\right] \times \left[\omega - \frac{1}{a\sqrt{a}}, \omega - \frac{1}{a\sqrt{a}}\right] = (2\Delta G_{b,w}^a)(2\Delta H_{b,w}^a) = (2\Delta g_a)(2\Delta g_{1/4,a}) = 2$$

矩形时间——频率窗:宽为 $2\sqrt{a}$,高 $1/\sqrt{a}$.

由此,可以看出 Gabor 变换的局限性:时间频率的宽度对所有频率是固定不变的. 实际要求是:窗口的大小应随频率而变化,频率高窗口应越小,这才符合实际问题中的高频信号的分辨率应比低频信号的分辨率要低.

4. 离散 Gabor 变换的一般求法

(1)选取核函数. 可根据实际需要选取适当的核函数. 如高斯窗函数

$$g(t) = \left(\frac{\sqrt{2}}{T}\right)^2 e^{-\pi(t/T)^2}$$

则其对偶函数 $\gamma(t)$ 为

$$\gamma(t) = \left(\frac{1}{\sqrt{2}T}\right)^{1/2} \left(\frac{K_0}{\pi}\right)^{-3/2} e^{\pi(t/T)^2} \sum_{n+1/2 > 1/T} (-1)^n e^{-\pi(n+1/2)^2}$$

(2)离散 Gabor 变换的表达式

$$G_{mn} = \int_{-\infty}^{+\infty} \phi(t) g^*(t-mT) e^{-jn\omega t} dt = \int_{-\infty}^{+\infty} \phi(t) g_{mn}^*(t) dt$$

$$\phi(t) = \sum_{m=-\infty}^{+\infty} \sum_{n=-\infty}^{+\infty} G_{mn} \gamma(t-mT) e^{jn\omega t} = \sum_{m=-\infty}^{\infty} \sum_{n=-\infty}^{\infty} G_{mn} \gamma_{mn}(t)$$

其中,$g_{mn}(t) = g(t-mT) e^{jn\omega t}$,$\gamma(t)$ 是 $g(t)$ 的对偶函数,二者之间有如下双正交关系:

$$\int_{-\infty}^{\infty} \gamma(t) g^*(t-mT) e^{-jn\omega t} dt = \delta_m \delta_n$$

5. Gabor 变换的解析理论

Gabor 变换的解析理论就是由 $g(t)$ 求对偶函数 $\gamma(t)$ 的方法.

定义 $g(t)$ 的 Zak 变换为

$$\text{Zak}[g(t)] = \hat{g}(t,\omega) = \sum_{k=-\infty}^{\infty} g(t-k) e^{-j2\pi k\omega}$$

可以证明对偶函数可由下式求出

$$\gamma(t) = \int_0^1 \frac{d\omega}{g^*(t,\omega)}$$

有了对偶函数可以使计算更为简洁方便.

6. 适用条件

临界采样 Gabor 展开要求条件: $T\Omega = 2\pi$;过采样展开要求条件: $T\Omega \leqslant 2\pi$;当 $T\Omega > 2\pi$ 时,欠采样 Gabor 展开,已证明会导致数值上的不稳定.

4.2 拉普拉斯变换

4.2.1 拉普拉斯变换的提出

1. 傅里叶变换在应用上的局限性

在 4.1 节中,已经介绍了一个时间函数 $f(t)$ 满足狄里赫利条件并且绝对可积时,即存在一对傅里叶变换.

但工程实际中常有一些信号并不满足绝对可积的条件,例如阶跃信号 $u(t)$、斜变信号 $tu(t)$、单边正弦信号 $\sin \omega t u(t)$ 等,从而对这些信号就难以从傅里叶变换式求得它们的傅里叶变换.

还有一些信号,例如单边增长的指数信号 $e^{at}u(t)\,(a>0)$ 等,则根本就不存在傅里叶变换.

另外,在求傅里叶反变换时,需要求 ω 从 $-\infty$ 到 $+\infty$ 区间的广义积分.求这个积分往往是十分困难的,甚至是不可能的,有时则需要引入一些特殊函数.

由于上述几个原因,从而使傅里叶变换在工程应用上受到了一定的限制.这时可以进行拉普拉斯变换.

实际上,信号 $f(t)$ 总是在某一确定的时刻接入系统的.若把信号 $f(t)$ 接入系统的时刻作为 $t=0$ 的时刻(称为**起始时刻**),那么,在 $t<0$ 的时间内即有 $f(t)=0$. 我们把具有起始时刻的信号称为**因果信号**.这样,式(4.1.4)即可改写为

$$F(j\omega) = \int_{0^-}^{\infty} f(t) e^{-j\omega t} dt \tag{4.2.1}$$

式(4.2.1)中的积分下限取为 0^-,是考虑到在 $t=0$ 的时刻 $f(t)$ 中有可能包含有冲激函数 $\delta(t)$. 但要注意,式(4.2.1)中积分的上下限仍然不变(因积分变量是 ω),不过此时要在反变换公式后面标以 $t>0$,意即只有在 $t>0$ 时 $f(t)$ 才有定义,即

$$f(t) = \frac{1}{2\pi} \int_{-\infty}^{\infty} F(j\omega) e^{j\omega t} d\omega, \quad t>0 \tag{4.2.2}$$

或用单位阶跃函数 $u(t)$ 加以限制而写成下式,即

$$f(t) = \frac{1}{2\pi} \left[\int_{-\infty}^{\infty} F(j\omega) e^{j\omega t} d\omega \right] u(t) \tag{4.2.3}$$

2. 从傅里叶变换到拉普拉斯变换

当函数 $f(t)$ 不满足绝对可积条件时,可采取给 $f(t)$ 乘以因子 $e^{\sigma t}$(σ 为任意实常数)的办法,这样即得到一个新的时间函数 $f(t)e^{\sigma t}$. 今若能根据函数 $f(t)$ 的具体性质,恰当地选取 σ 的值,从而

使当 $t \to \infty$ 时，函数 $f(t)e^{\sigma t} \to 0$，即满足条件

$$\lim_{t \to \infty} f(t)e^{-\sigma t} = 0$$

则函数 $f(t)e^{\sigma t}$ 即满足绝对可积条件了，因而它的傅里叶变换一定存在．可见因子 $e^{\sigma t}$ 起着使函数 $f(t)$ 收敛的作用，故称 $e^{\sigma t}$ 为**收敛因子**．

设函数 $f(t)e^{\sigma t}$ 满足狄里赫利条件且绝对可积（这可通过恰当地选取 σ 的值来达到），则根据式(4.2.2)有

$$F(j\omega) = \int_{0^-}^{\infty} f(t)e^{-\sigma t}e^{-j\omega t}\mathrm{d}t = \int_{0^-}^{\infty} f(t)e^{-(\sigma + j\omega)t}\mathrm{d}t \tag{4.2.4}$$

在式(4.2.4)中，$j\omega$ 是以 $\sigma + j\omega$ 的形式出现的．令 $s = \sigma + j\omega$，s 为一复数变量，称为**复频率**．σ 的单位为 $\dfrac{1}{s}$，ω 的单位为 rad/s．这样，式(4.2.4)即变为

$$F(j\omega) = \int_{0^-}^{\infty} f(t)e^{-st}\mathrm{d}t$$

由于上式中的积分变量为 t，故积分结果必为复变量 s 的函数，故应将 $F(j\omega)$ 改写为 $F(s)$，即

$$F(s) = \int_{0^-}^{\infty} f(t)e^{-st}\mathrm{d}t \tag{4.2.5}$$

复变量函数 $F(s)$ 称为时间函数 $f(t)$ 的**单边拉普拉斯变换**．$F(s)$ 称为 $f(t)$ 的**像函数**，$f(t)$ 称为 $F(s)$ 的**原函数**．一般记为

$$F(s) = L[f(t)]$$

符号 $L[\cdot]$ 为一算子，表示对括号内的时间函数 $f(t)$ 进行拉普拉斯变换．

利用式(4.2.4)可推导出求 $F(s)$ 反变换的公式，即

$$f(t)e^{-\sigma t} = \frac{1}{2\pi}\int_{-\infty}^{+\infty} F(s)e^{j\omega t}\mathrm{d}\omega$$

对上式等号两边同乘以 $e^{\sigma t}$，并考虑到 $e^{\sigma t}$ 不是 ω 的函数而可置于积分号内．于是得

$$f(t) = \frac{1}{2\pi}\int_{-\infty}^{+\infty} F(s)e^{\sigma t}e^{j\omega t}\mathrm{d}\omega = \frac{1}{2\pi}\int_{-\infty}^{+\infty} F(s)e^{(\sigma + j\omega)t}\mathrm{d}\omega = \frac{1}{2\pi}\int_{-\infty}^{+\infty} F(s)e^{st}\mathrm{d}\omega \tag{4.2.6}$$

由于式(4.2.6)中被积函数是 $F(s)$，而积分变量却是实变量 ω．所以欲进行积分，必须进行变量代换．因 $s = \sigma + j\omega$，故 $\mathrm{d}s = \mathrm{d}(\sigma + \omega) = j\mathrm{d}\omega$（因 σ 为任意实常数），因此

$$\mathrm{d}\omega = \frac{1}{j}\mathrm{d}s$$

且当 $\omega = -\infty$ 时，$s = \sigma - j\infty$；当 $\omega = \infty$ 时，$s = \sigma + j\infty$．将以上这些关系代入式(4.2.6)即得

$$f(t) = \frac{1}{2\pi j}\int_{\sigma - j\infty}^{\sigma + j\infty} F(s)e^{st}\mathrm{d}s, t > 0$$

或写成

$$f(t) = \left[\frac{1}{2\pi j}\int_{\sigma - j\infty}^{\sigma + j\infty} F(s)e^{st}\mathrm{d}s\right]U(t) \tag{4.2.7}$$

式(4.2.7)称为**拉普拉斯反变换**，可从已知的像函数 $F(s)$ 求与之对应的原函数 $f(t)$．一般记为 $f(t) = L^{-1}[F(s)]$．符号 $L^{-1}[\cdot]$ 也为一算子，表示对括号内的像函数 $F(s)$ 进行拉普拉斯反变换．

式(4.2.5)与式(4.2.7)构成了拉普拉斯变换对，一般记为

$$f(t) \Leftrightarrow F(s) \text{ 或 } F(s) \Leftrightarrow f(t)$$

若 $f(t)$ 不是因果信号，则拉普拉斯变换式(4.2.5)的积分下限应改写为 $(-\infty)$，即

$$F(s) = \int_{-\infty}^{+\infty} f(t)e^{st}\mathrm{d}t \tag{4.2.8}$$

式(4.2.8)称为**双边拉普拉斯变换**. 因为一般常用信号均为因果信号(即有始信号),故本书主要讨论和应用单边拉普拉斯变换. 以后提到拉普拉斯变换,均指单边拉普拉斯变换而言.

由以上所述可见,傅里叶变换是建立了信号的时域与频域之间的关系,即$f(t) \Leftrightarrow F(j\omega)$;而拉普拉斯变换则是建立了信号的时域与复频域之间的关系,即$f(t) \Leftrightarrow F(s)$.

3. 复频率平面

以复频率$s = \sigma + j\omega$的实部σ和虚部$j\omega$为相互垂直的坐标轴而构成的平面,称为**复频率平面**,简称**s平面**,如图4.2.1所示. 复频率平面(即s平面)上有三个区域:$j\omega$轴以左的区域为左半开平面;$j\omega$轴以右的区域为右半开平面;$j\omega$轴本身也是一个区域,它是左半开平面与右半开平面的分界轴. 将s平面划分为这样三个区域,对以后研究问题将有很大方便.

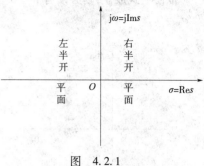

图 4.2.1

4. 拉普拉斯变换存在的条件与收敛域

上面已经指出,当函数$f(t)$乘以收敛因子$e^{-\sigma t}$后,所得新的时间函数$f(t)e^{-\sigma t}$便有可能满足绝对可积条件. 但是否一定满足,则还要视$f(t)$的性质与σ值的相对关系而定. 下面就来说明这个问题. 因

$$F(s) = \int_{0^-}^{\infty} f(t) e^{-st} dt = \int_{0^-}^{\infty} f(t) e^{-\sigma t} e^{-j\omega t} dt$$

欲使$F(s)$存在,则必须使$f(t)e^{\sigma t}$满足条件

$$\lim_{t \to \infty} f(t) e^{\sigma t} = 0, \sigma > \sigma_0 \tag{4.2.9}$$

式(4.2.9)中的σ_0值指出了函数$f(t)e^{\sigma t}$的收敛条件. σ_0的值由函数$f(t)$的性质确定. 根据σ_0的值,可将s平面(复频率平面)分为两个区域,如图4.2.2所示. 通过σ_0点的垂直于σ轴的直线是两个区域的分界线,称为**收敛轴**,σ_0称为**收敛坐标**. 收敛轴以右的区域(不包括收敛轴在内)即为**收敛域**,收敛轴以左的区域(包括收敛轴在内)则为**非收敛域**. 可见$f(t)$或$F(s)$的收敛域就是在s平面上能使式(4.2.9)满足的σ的取值范围,意即σ只有在收敛域内取值,$f(t)$的拉普拉斯变换$F(s)$才能存在,且一定存在.

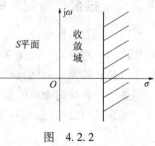

图 4.2.2

例4.2.1 求下列各单边函数拉普拉斯变换的收敛域(即求收敛坐标σ_0).

(1)$f(t) = \delta(t)$;   (2) $f(t) = u(t)$;

(3)$f(t) = e^{-2t}u(t)$;   (4)$f(t) = e^{2t}u(t)$;

(5)$f(t) = \cos \omega_0 t u(t)$.

解 (1)$\lim_{t \to \infty} \delta(t) e^{-\sigma t} = 0$;

欲使上式成立,则必须有$\sigma > -\infty$,故其收敛域为全s平面. 此处$\sigma_0 = -\infty$.

(2)$\lim_{t \to \infty} u(t) e^{-\sigma t} = 0$;

欲使上式成立,则必须有$\sigma > 0$. 故其收敛域为s平面的右半开平面,如图4.2.3(a)所示. 此处$\sigma_0 = 0$.

(3)$\lim_{t \to \infty} e^{-2t} e^{-\sigma t} = 0 \lim_{t \to \infty} e^{-(2+\sigma)t} = 0$;

欲使上式成立,则必须有$2 + \sigma > 0$,即$\sigma > -2$. 故其收敛域如图4.2.3(b)所示. 此处$\sigma_0 = -2$.

$(4) \lim\limits_{t \to \infty} e^{2t} e^{-\sigma t} = \lim\limits_{t \to \infty} e^{-(\sigma - 2)t} = 0$;

欲使上式成立,则必须有 $\sigma_0 = 2$,即 $\sigma - 2 > 0$. 故其收敛域如图 4.2.3(c)所示. 此处 $\sigma > 2$.

$(5) \lim\limits_{t \to \infty} \cos \omega_0 t \cdot e^{-\sigma t} = 0$;

欲使上式成立,则必须有 $\sigma > 0$. 故其收敛域为 s 平面的右半开平面,如图 4.2.3(a)所示. 此处 $\sigma_0 = 0$.

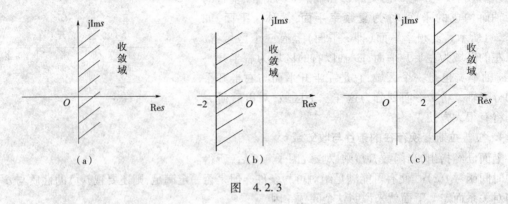

图 4.2.3

对于工程实际中的信号,只要把 σ 的值选取的足够大,式(4.2.9)总是可以满足的,所以它们的拉普拉斯变换都是存在的. 又由于本书仅讨论和应用单边拉普拉斯变换,其收敛域必定存在,故在后面的讨论中,一般将不再说明函数是否收敛,也不再注明其收敛域.

4.2.2 拉普拉斯变换的基本性质

由于拉普拉斯变换是傅里叶变换在复频域(即 s 域)中的推广,因而也具有与傅里叶变换的性质相应的一些性质. 这些性质揭示了信号的时域特性与复频域特性之间的关系,利用这些性质可使求取拉普拉斯正、反变换来得简便.

关于拉普拉斯变换的基本性质在表 4.2.1 中列出. 对于这些性质,读者可以通过拉普拉斯变换的定义进行证明,也可参考有关的工程数学书籍.

表 4.2.1

序号	性质名称	$f(t)u(t)$	$F(s)$
1	唯一性	$f(t)$	$F(s)$
2	齐次性	$Af(t)$	$AF(s)$
3	叠加性	$f_1(t) + f_2(t)$	$F_1(s) + F_2(s)$
4	线 性	$A_1 f_1(t) + A_2 f_2(t)$	$A_1 F_1(s) + A_2 F_2(s)$
5	尺度性	$f(at), a > 0$	$\dfrac{1}{a} F\left(\dfrac{s}{a}\right)$
6	时移性	$f(t - t_0) u(t - t_0), t_0 > 0$	$F(s) e^{-t_0 s}$
7	时域微分	$f(t) e^{-at}$	$F(s + a)$
8	复频微积分	$f'(t)$	$sF(s) - f(0^-)$
		$f''(t)$	$s^2 F(s) - sf(0^-) - f'(0^-)$
		$f^{(n)}(t)$	$s^n F(s) - s^{n-1} f(0^-) - s^{n-2} f'(0^-) - \cdots - f^{n-1}(0^-)$

序号	性质名称	$f(t)u(t)$	$F(s)$
9	复频移性	$tf(t)$	$(-1)^1 \dfrac{\mathrm{d}F(s)}{\mathrm{d}s}$
		$tf^{(n)}(t)$	$(-1)^n \dfrac{\mathrm{d}^n F(s)}{\mathrm{d}s^n}$
10	时域积分	$\displaystyle\int_{0_-}^{t} f(\tau)\,\mathrm{d}\tau$	$\dfrac{F(s)}{s}$
11	复频域积分	$\dfrac{f(t)}{t}$	$\displaystyle\int_{s}^{\infty} F(s)$
12	时域卷积	$f_1(t)*f_2(t)$	$F_1(s)F_2(s)$
13	复频域卷积	$f_1(t)f_2(t)$	$\dfrac{1}{2\pi} F_1(s)*F_2(s)$
14	初值定理	$f(t)\cos\omega_0 t$	$\dfrac{1}{2}[F(s+\mathrm{j}\omega_0)+F(s-\mathrm{j}\omega_0)]$
		$f(t)\sin\omega_0 t$	$\dfrac{1}{2}[F(s-\mathrm{j}\omega_0)-F(s+\mathrm{j}\omega_0)]$
15	终值定理	$f(0^+)=\lim\limits_{t\to 0^+}f(t)=\lim\limits_{t\to\infty}sF(s)$	
16	调制定理	$f(\infty)=\lim\limits_{t\to\infty}f(t)=\lim\limits_{t\to 0}sF(s)$	

利用式(4.2.5)和拉普拉斯变换的性质,可以求出和导出一些常用时间常数 $f(t)u(t)$ 的拉普拉斯变换式,如表4.2.2中所列.利用此表可以方便地查出待求的像函数 $F(s)$ 或原函数 $f(t)$.

表 4.2.2

序号	$f(t)u(t)$	$F(s)$	序号	$f(t)u(t)$	$F(s)$
1	$\sigma(t)$	1	11	$\cos\omega t$	$\dfrac{s}{s^2+\omega^2}$
2	$\sigma^n(t)$	s^n	12	$\mathrm{e}^{-at}\sin\omega t$	$\dfrac{\omega}{(s+a)^2+\omega^2}$
3	$u(t)$	$\dfrac{1}{s}$	13	$\mathrm{e}^{-at}\cos\omega t$	$\dfrac{s+a}{(s+a)^2+\omega^2}$
4	t	$\dfrac{1}{s^2}$	14	$t\sin\omega t$	$\dfrac{2\omega s}{(s^2+\omega^2)^2}$
5	t^n	$\dfrac{n!}{s^{n+1}}$	15	$t\cos\omega t$	$\dfrac{s^2-\omega^2}{(s^2+\omega^2)^2}$
6	e^{-at}	$\dfrac{1}{s+a}$	16	$\mathrm{sh}\,\omega t$	$\dfrac{\omega}{s^2-\omega^2}$
7	$t\mathrm{e}^{-at}$	$\dfrac{1}{(s+a)^2}$	17	$\mathrm{ch}\,\omega t$	$\dfrac{s}{s^2-\omega^2}$
8	$t^n\mathrm{e}^{-at}$	$\dfrac{n!}{(s+a)^{n+1}}$	18	$\displaystyle\sum_{n=0}^{\infty}\delta(t-nT)$	$\dfrac{1}{1-\mathrm{e}^{-sT}}$
9	$\mathrm{e}^{-\mathrm{j}\omega t}$	$\dfrac{1}{s+\mathrm{j}\omega}$	19	$\displaystyle\sum_{n=0}^{\infty}f(t-nT)$	$\dfrac{F_0(s)}{1-\mathrm{e}^{-sT}}$
10	$\sin\omega t$	$\dfrac{\omega}{s^2+\omega^2}$	20	$\displaystyle\sum_{n=0}^{\infty}[u(t-nT)-u(t-nT-\tau)],$ $T>\tau$	$\dfrac{1-\mathrm{e}^{-s\tau}}{s(1-\mathrm{e}^{-sT})}$

4.2.3 拉普拉斯反变换

从已知的像函数 $F(s)$ 求与之对应的原函数 $f(t)$ 称为**拉普拉斯反变换**. 通常有部分分式法和留数法两种方法.

1. 部分分式法

由于工程实际中系统响应的像函数 $F(s)$ 通常都是复变量 s 的两个有理多项式之比, 亦即是 s 的一个有理分式, 即

$$F(s) = \frac{N(s)}{D(s)} = \frac{b_m s^m + b_{m-1} s^{m-1} + \cdots + b_1 s + b_0}{s^n + a_{n-1} s^{n-1} + \cdots + a_1 s + a_0} \qquad (4.2.10)$$

式(4.2.10)中, $a_0, a_1 \cdots, a_{n-1}$ 和 $b_0, b_1, \cdots, b_{m-1}, b_m$ 等均为实系数; m 和 n 均为正整数. 故可将像函数 $F(s)$ 展开成部分分式, 再辅以查拉普拉斯变换表即可求得对应的原函数 $f(t)$.

欲将 $F(s)$ 展开成部分分式, 首先应将式(4.2.10)化成真分式. 即当 $m \geqslant n$ 时, 应先用除法将 $F(s)$ 表示成一个 s 的多项式与一个余式 $\frac{N_0(s)}{D(s)}$ 之和, 即 $F(s) = \frac{N(s)}{D(s)} = B_{m-n} s^{m-n} + \cdots + B_1 s + B_0 + \frac{N_0(s)}{D(s)}$, 这样余式 $\frac{N_0(s)}{D(s)}$ 已成为一个真分式. 而多项式 $Q(s) = B_{m-n} s^{m-n} + \cdots + B_1 s + B_0$ 各项对应的时间函数是冲激函数的各阶导数及冲激函数本身. 所以, 在下面的分析中, 均按 $F(s) = \frac{N(s)}{D(s)}$ 已是真分式的情况讨论. 分两种情况研究:

(1) 分母多项式 $D(s) = s^n + a_{n-1} s^{n-1} + \cdots + a_1 s + a_0$ 的根为 n 个单根 $p_0, p_1, \cdots, p_{n-1}, p_n$. 由于 $D(s) = 0$ 时即有 $F(s) = \infty$, 故称 $D(s) = 0$ 的根 $p_i (i = 1, 2, \cdots, n)$ 为 $F(s)$ 的极点. 此时可将 $D(s)$ 进行因式分解, 而将式(4.2.10)写成如下的形式, 并展开成部分分式. 即

$$F(s) = \frac{N(s)}{D(s)} = \frac{b_m s^m + b_{m-1} s^{m-1} + \cdots + b_1 s + b}{(s - p_1)(s - p_2) \cdots (s - p_i) \cdots (s - p_n)} \qquad (4.2.11)$$

$$= \frac{K_1}{s - p_1} + \frac{K_2}{s - p_2} + \cdots + \frac{K_i}{s - p_i} + \cdots + \frac{K_n}{s - p_n}$$

式中, $K_i (i = 1, 2, \cdots, n)$ 为待定常数.

可见, 只要将待定常数 K_i 求出, 则 $F(s)$ 的原函数 $f(t)$ 即可通过查表4.2.2中序号6的公式而求得为

$$f(t) = K_1 e^{p_1 t} + K_2 e^{p_2 t} + \cdots + K_i e^{p_i t} + \cdots + K_n e^{p_n t} = \sum_{i=1}^{n} K_i e^{p_i t} u(t)$$

待定常数 K_i 按下式求得, 即

$$K_i = \frac{N(s)}{D(s)} (s - p_i) \Big|_{s = p_i} \qquad (4.2.12)$$

现对式(4.2.12)推导如下: 式(4.2.11)等号两端同乘以 $(s - p_i)$, 即有

$$F(s)(s - p_i) = \frac{K_1}{s - p_1}(s - p_i) + \frac{K_2}{s - p_2}(s - p_i) + \cdots + K_i + \cdots + \frac{K_n}{s - p_n}(s - p_i)$$

由于此式为恒等式, 故可取 $s = p_i$ 代入之, 并考虑到 p_i 是单根, 故得

$$F(s)(s - p_i)|_{s = p_i} = 0 + 0 + \cdots + K_i + \cdots + 0$$

于是得

$$K_i = F(s)(s - p_i)|_{s = p_i} = \frac{N(s)}{D(s)}(s - p_i) \Big|_{s = p_i}$$

证毕.

例 4.2.2 求像函数 $F(s) = \dfrac{s^2 + s + 2}{s^3 + 3s^2 + 2s}$ 的原函数 $f(t)$.

解 $D(s) = s^3 + 3s^2 + 2s = s(s+1)(s+2) = 0$ 的根（即极点）为 $p_1 = 0, p_2 = -1, p_3 = -2$ 这是单实根的情况. 故 $F(s)$ 的部分分式为

$$F(s) = \frac{s^2 + s + 2}{s(s+1)(s+2)} = \frac{K_1}{s+0} + \frac{K_2}{s+1} + \frac{K_3}{s+2} \qquad (4.2.13)$$

其中

$$K_1 = \frac{s^2 + s + 2}{s(s+1)(s+2)}(s+0)\Bigg|_{s=0} = 1$$

$$K_2 = \frac{s^2 + s + 2}{s(s+1)(s+2)}(s+1)\Bigg|_{s=-1} = -2$$

$$K_3 = \frac{s^2 + s + 2}{s(s+1)(s+2)}(s+2)\Bigg|_{s=-2} = 2$$

代入式(4.2.13)有

$$F(s) = \frac{1}{s} - \frac{2}{s+1} + \frac{2}{s+2}$$

故得

$$f(t) = u(t) - 2e^{-t}u(t) + 2e^{-2t}u(t) = (1 - 2e^{-t} + 2e^{-2t})u(t)$$

例 4.2.3 求像函数 $F(s) = \dfrac{2s^2 + 6s + 6}{(s+2)(s^2 + 2s + 2)}$ 的原函数 $f(t)$.

解 $D(s) = (s+2)(s^2 + 2s + 2) = (s+2)(s+1+j)(s+1-j) = 0$ 的根（即极点）为 $p_1 = -2, p_2 = -1 - j, p_3 = -1 + j = p_2^*$. 这是有单复数根的情况. 复数根一定是共轭成对出现. 故 $F(s)$ 的部分分式为

$$F(s) = \frac{2s^2 + 6s + 6}{(s+2)(s+1+j)(s+1-j)} = \frac{K_1}{s+2} + \frac{K_2}{s+1+j} + \frac{K_3}{s+1-j} \qquad (4.2.14)$$

其中

$$K_1 = \frac{2s^2 + 6s + 6}{(s+2)(s+1+j)(s+1-j)}(s+2)\Bigg|_{s=-2} = 1$$

$$K_2 = \frac{2s^2 + 6s + 6}{(s+2)(s+1+j)(s+1-j)}(s+1+j)\Bigg|_{s=-1-j1} = \frac{1}{2} + j\frac{1}{2} = \frac{1}{\sqrt{2}}e^{j45°}$$

$$K_3 = \frac{2s^2 + 6s + 6}{(s+2)(s+1+j)(s+1-j)}(s+1-j)\Bigg|_{s=-1+j1} = \frac{1}{2} - j\frac{1}{2} = \frac{1}{\sqrt{2}}e^{-j45°} = K_2^*$$

可见 K_3 与 K_2 也是互为共轭的. 故当求得 K_2 时, K_3 即可根据共轭关系直接写出, 而无须再详细求解. 代入式(4.2.14)有

$$F(s) = \frac{1}{s+2} + \frac{1}{\sqrt{2}}e^{j45°}\frac{1}{s+1+j} + \frac{1}{\sqrt{2}}e^{-j45°}\frac{1}{s+1-j}$$

故得

$$f(t) = e^{-2t}u(t) + \frac{1}{\sqrt{2}}e^{j45°}e^{-(1+j1)t}u(t) + \frac{1}{\sqrt{2}}e^{-j45°}e^{-(1-j1)t}u(t)$$

$$= \left\{ e^{-2t} + \frac{1}{\sqrt{2}}e^{-t}\left[e^{j(t-45°)} + e^{-j(t-45°)} \right] \right\}u(t)$$

$$= \left[e^{-2t} + \sqrt{2}e^{-t}\cos(t - 45°) \right]u(t)$$

例 4.2.4 求像函数 $F(s) = \dfrac{s}{s^2 + 4}$ 的原函数 $f(t)$.

解 $D(s) = s^2 + 4 = (s + j2)(s - j2) = 0$ 的根(即极点)为 $p_1 = -j2, p_2 = j2 = p_1$. 这是单虚根的情况. 故 $F(s)$ 的部分分式为

$$F(s) = \frac{s}{s^2 + 4} = \frac{s}{(s + j2)(s - j2)} = \frac{K_1}{s + j2} + \frac{K_2}{s - j2} \qquad (4.2.15)$$

其中

$$K_1 = \frac{s}{(s + j2)(s - j2)}(s + j2)\bigg|_{s = -j2} = \frac{1}{2}$$

$$K_2 = \frac{s}{(s + j2)(s - j2)}(s - j2)\bigg|_{s = j2} = \frac{1}{2} = \overset{*}{K_1}$$

代入式(4.2.15)有

$$F(s) = \frac{1}{2}\frac{1}{s + j2} + \frac{1}{2}\frac{1}{s - j2}$$

故得

$$f(t) = \frac{1}{2}e^{-j2t}u(t) + \frac{1}{2}e^{j2t}u(t) = \cos 2t u(t)$$

例 4.2.5 求 $F(s) = \dfrac{s^3 + 5s^2 + 9s + 7}{s^2 + 3s + 2}$ 的原函数 $f(t)$.

解 因 $F(s)$ 是假分式(即 $m = 3 > n = 2$),故应先化为真分式,然后再展开成部分分式.
$D(s) = s^2 + 3s + 2 = (s + 1)(s + 2) = 0$ 的根(即极点)为 $p_1 = -1, p_2 = -2$.
故有

$$F(s) = s + 2 + \frac{s + 3}{s^2 + 3s + 2} = s + 2 + \frac{s + 3}{(s + 1)(s + 2)} = s + 2 + \frac{2}{s + 1} - \frac{1}{s + 2}$$

因此

$$f(t) = \delta'(t) + 2\delta(t) + (2e^{-t} - e^{-2t})U(t)$$

例 4.2.6 求 $F(s) = \dfrac{1 - e^{-2s}}{s^2 + 7s + 12}$ 的原函数 $f(t)$.

解 $F(s) = \dfrac{1}{s^2 + 7s + 12} - \dfrac{1}{s^2 + 7s + 12}e^{-2s} = F_0(s) - F_0(s)e^{-2s}$

其中

$$F_0(s) = \frac{1}{s^2 + 7s + 12} = \frac{1}{(s + 3)(s + 4)} = \frac{1}{s + 3} - \frac{1}{s + 4}$$

故

$$f_0(t) = L^{-1}[F_0(s)] = (e^{-3t} - e^{-4t})u(t)$$

因此

$$f(t) = L^{-1}[F(s)] = L^{-1}[F_0(s) - F_0(s)e^{-2s}] = f_0(t) - f_0(t - 2)$$
$$= (e^{-3t} - e^{-4t})u(t) - [e^{-3(t-2)} - e^{-4(t-2)}]u(t - 2)$$

(2)分母多项式 $D(s) = s^n + a_{n-1}s^{n-1} + \cdots + a_1 s + a_0 = 0$ 的根(即极点)含有重根,例如含有一个三重根 p_1 和一个单根 p_2,则部分分式的展开形式应为

$$F(s) = \frac{N(s)}{D(s)} = \frac{N(s)}{(s - p_1)^3(s - p_2)} = \frac{K_{11}}{(s - p_1)^3} + \frac{K_{12}}{(s - p_1)^2} + \frac{K_{13}}{s - p_1} + \frac{K_2}{s - p_2} \qquad (4.2.16)$$

通信工程应用数学

为了求得 K_{11}，上式等号两端同乘以 $(s-p_1)^3$，即

$$\frac{N(s)}{D(s)}(s-p_1)^3 = K_{11} + K_{12}(s-p_1) + K_{13}(s-p_1)^2 + (s-p_1)^3\frac{K_2}{s-p_2} \qquad (4.2.17)$$

由于式 (4.2.17) 为恒等式，故可令 $s=p_1$，于是即得求 K_{11} 的公式为

$$K_{11} = \frac{N(s)}{D(s)}(s-p_1)^3 \bigg|_{s=p_1}$$

为了求得 K_{12}，可将式 (4.2.17) 对 s 求一阶导数，即

$$\frac{\mathrm{d}}{\mathrm{d}s}\left[\frac{N(s)}{D(s)}(s-p_1)^3\right] = 0 + K_{12} + 2K_{13}(s-p_1) + \frac{\mathrm{d}}{\mathrm{d}s}\left[(s-p_1)^3\frac{K_2}{s-p_2}\right] \qquad (4.2.18)$$

由于式 (4.2.18) 为恒等式，故可令 $s=p_1$，于是即得求 K_{12} 的公式为

$$K_{12} = \frac{\mathrm{d}}{\mathrm{d}s}\left[\frac{N(s)}{D(s)}(s-p_1)^3\right]\bigg|_{s=p_1}$$

为了求得 K_{13}，可将式 (4.2.17) 对 s 求二阶导数 (亦即对式 (4.2.18) 求一阶导数)，即

$$\frac{\mathrm{d}^2}{\mathrm{d}^2 s}\left[\frac{N(s)}{D(s)}(s-p_1)^3\right] = 0 + 0 + 2K_{13} + \frac{\mathrm{d}^2}{\mathrm{d}^2 s}\left[(s-p_1)^3\frac{K_2}{s-p_2}\right]$$

由于上式仍为恒等式，故可令 $s=p_1$，于是即得求 K_{13} 的公式为

$$K_{13} = \frac{1}{2!}\frac{\mathrm{d}^2}{\mathrm{d}^2 s}\left[\frac{N(s)}{D(s)}(s-p_1)^3\right]\bigg|_{s=p_1}$$

推广之，当 $D(s)=0$ 的根含有 m 阶重根 p_1 时，则待定系 K_{1m} 即为

$$K_{1m} = \frac{1}{(m-1)!}\frac{\mathrm{d}^2}{\mathrm{d}^2 s}\left[\frac{N(s)}{D(s)}(s-p_1)^3\right]\bigg|_{s=p_1} \qquad (4.2.19)$$

式 (4.2.17) 中系数 K_2 的求法仍与前面的 (1) 单根情况相同，即

$$K_2 = \frac{N(s)}{D(s)}(s-p_2)\bigg|_{s=p_2}$$

例 4.2.7 求 $F(s) = \dfrac{s+2}{(s+1)^2(s+3)s}$ 的原函数 $f(t)$。

解 $D(s) = (s+1)^2(s+3)s = 0$ 的根 (即极点) 为 $p_1 = -1$ (二重根)，$p_2 = -3$，$p_3 = 0$。故 $F(s)$ 的部分分式为

$$F(s) = \frac{K_{11}}{(s+1)^2} + \frac{K_{12}}{s+1} + \frac{K_2}{s+3} + \frac{K_3}{s} \qquad (4.2.20)$$

其中

$$K_{11} = \frac{s+2}{(s+1)^2(s+3)s}(s+1)^2\bigg|_{s=-1} = -\frac{1}{2}$$

$$K_{12} = \frac{\mathrm{d}}{\mathrm{d}s}\frac{s+2}{(s+1)^2(s+3)s}(s+1)^2\bigg|_{s=-1} = -\frac{3}{4}$$

$$K_2 = \frac{s+2}{(s+1)^2(s+3)s}(s+3)\bigg|_{s=-3} = \frac{1}{12}$$

$$K_3 = \frac{s+2}{(s+1)^2(s+3)s}(s+0)\bigg|_{s=0} = \frac{2}{3}$$

代入式 (4.2.20) 有

$$F(s) = -\frac{1}{2}\frac{1}{(s+1)^2} - \frac{3}{4}\frac{1}{s+1} + \frac{1}{12}\frac{1}{s+3} + \frac{2}{3}\frac{1}{s}$$

故得

$$f(t) = \left(-\frac{1}{2}t e^{-t} - \frac{3}{4} e^{-t} + \frac{1}{12} e^{-3t} + \frac{2}{3} \right) u(t)$$

例 4. 2. 8 求 $F(s) = \dfrac{\frac{1}{3}}{s^2(s^2+4)}$ 的原函数 $f(t)$.

解 $D(s) = s^2(s^2+4) = s^2(s+j2)(s-j2)$ 的根(即极点)为 $p_1 = 0$(二重根)，$p_2 = -j2$，$p_3 = j2 = \overset{*}{p_2}$. 故 $F(s)$ 的部分分式为

$$F(s) = \frac{K_{11}}{s^2} + \frac{K_{12}}{s} + \frac{K_2}{s+j2} + \frac{K_3}{s-j2} \tag{4.2.21}$$

其中

$$K_{11} = \left. \frac{\frac{1}{3}}{s^2(s^2+4)} s^2 \right|_{s=0} = \frac{1}{12}$$

$$K_{12} = \left. \frac{\mathrm{d}}{\mathrm{d}s}\left[\frac{\frac{1}{3}}{s^2(s^2+4)} s^2 \right] \right|_{s=0} = 0$$

$$K_2 = \left. \frac{\frac{1}{3}}{s^2(s+j2)(s-j2)} \right|_{s=-j2} = \frac{1}{j48} = \frac{1}{48} e^{-j90°}$$

$$K_3 = \overset{*}{K_2} = \frac{1}{48} e^{j90°}$$

代入式(4.2.21)有

$$F(s) = \frac{1}{12}\frac{1}{s^2} + \frac{0}{s} + \frac{1}{48} e^{-j90°}\frac{1}{s+j2} + \frac{1}{48} e^{j90°}\frac{1}{s-j2}$$

故得

$$f(t) = \left(\frac{1}{12}t + \frac{1}{48} e^{-j90°} e^{-j2t} + \frac{1}{48} e^{j90°} e^{j2t} \right) u(t) = \frac{1}{12}\left[t + \frac{1}{2}\cos(2t+90°) \right] u(t)$$

例 4. 2. 9 求 $F(s) = \dfrac{s+1}{\left[(s+2)^2+1 \right]^2}$ 的原函数 $f(t)$.

解 $D(s) = \left[(s+2)^2+1 \right]^2 = (s+2-j1)^2(s+2+j1)^2 = 0$ 的根(即极点)为 $p_1 = -2+j1$(二重根)，$p_2 = -2-j1$(二重根). 故 $F(s)$ 的部分分式为

$$F(s) = \frac{K_{11}}{(s+2-j1)^2} + \frac{K_{12}}{(s+2-j1)} + \frac{K_{21}}{(s+2+j1)^2} + \frac{K_{22}}{(s+2+j2)} \tag{4.2.22}$$

其中

$$K_{11} = \left. \frac{(s+2)}{(s+2-j1)^2(s+2+j1)^2}(s+2-j1)^2 \right|_{s=-2+j1} = \frac{\sqrt{2}}{4} e^{-j45°}$$

$$K_{12} = \left. \frac{\mathrm{d}}{\mathrm{d}s}\frac{(s+2)}{(s+2-j1)^2(s+2+j1)^2}(s+2-j1)^2 \right|_{s=-2+j1} = \frac{1}{4} e^{j90°}$$

$$K_{21} = \overset{*}{K_{11}} = \frac{\sqrt{2}}{4} e^{j45°}$$

$$K_{22} = \overset{*}{K_{12}} = \frac{1}{4} e^{-j90°}$$

代入式(4.2.22)有

$$F(s) = \frac{\frac{\sqrt{2}}{4}e^{-j45°}}{(s+2-j1)^2} + \frac{\frac{1}{4}e^{j90°}}{s+2-j1} + \frac{\frac{\sqrt{2}}{4}e^{j45°}}{(s+2+j1)^2} + \frac{\frac{1}{4}e^{-j90°}}{s+2+j1}$$

$$= \left[\frac{\sqrt{2}}{2}te^{-2t}\cos(t-45°) + \frac{1}{2}e^{-2t}\cos(t+90°) \right]u(t)$$

2. 留数法(Residue Method)

根据式(4.2.7),可得拉普拉斯反变换式为 $f(t) =$
$\frac{1}{2\pi j}\int_{\sigma-j\infty}^{\sigma+j\infty} F(s)e^{st}ds, t > 0$ 这是一个复变函数的线积分,其
积分路径是 s 平面内平行于 $j\omega$ 轴的 $\sigma = c_1 > \sigma_0$ 的直线 AB(亦
即直线 AB 必须在收敛轴以右),如图4.2.4所示.直接求这个
积分是很困难的,但从复变函数论知,可将求此线积分的问题,
转化为求 $F(s)$ 的全部极点在一个闭合回线内部的全部留数的
代数和.这种方法称为留数法,也称围线积分法.闭合回线确

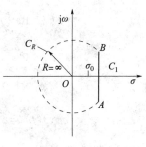

图 4.2.4

定的原则是:必须把 $F(s)$ 的全部极点都包围在此闭合回线的内部.因此,从普遍性考虑,此闭合
回线应是由直线 AB 与直线 AB 左侧半径 $R = \infty$ 的圆 C_R 所组成,如图4.2.4所示.这样,求拉普拉
斯反变换的运算,就转化为求被积函数 $F(s)e^{st}$ 在 $F(s)$ 的全部极点上留数的代数和,即

$$f(t) = \frac{1}{2\pi j}\int_{\sigma-j\infty}^{\sigma+j\infty} F(s)e^{st}ds = \frac{1}{2\pi j}\int_{AB} F(s)e^{st}ds + \frac{1}{2\pi j}\int_{C_R} F(s)e^{st}ds$$

$$= \frac{1}{2\pi j}\oint_{AB+C_R} F(s)e^{st}ds = \sum_{i=1}^{n} \mathrm{Res}[p_i]$$

其中

$$\int_{AB} F(s)e^{st}ds = f(t) = \int_{\sigma-j\infty}^{\sigma+j\infty} F(s)e^{st}ds$$

$$\int_{C_R} F(s)e^{st}ds = 0$$

$p_i(i=1,2,\cdots)$ 为 $F(s)$ 的极点,亦即 $D(s) = 0$ 的根;$\mathrm{Res}[p_i]$ 为极点 p_i 的留数.以下分两种情况介
绍留数的具体求法.

(1)若 p_i 为 $D(s) = 0$ 的单根[即为 $F(s)$ 的一阶极点],则其留数为

$$\mathrm{Res}[p_i] = F(s)e^{st}(s-p_i)\Big|_{s=p_i} \qquad (4.2.23)$$

(2)若 p_i 为 $D(s) = 0$ 的 m 阶重根[即为 $F(s)$ 的 m 阶极点],则其留数为

$$[p_i] = \frac{1}{(m-1)!}\frac{d^{m-1}}{ds^{m-1}}\left[F(s)e^{st}(s-p_i)^m\right]\Big|_{s=p_i} \qquad (4.2.24)$$

将式(4.2.23)、式(4.2.24)分别与式(4.2.12)、式(4.2.19)相比较,可看出部分分式的系数
与留数的差别,部分分式法与留数法的差别.它们在形式上有差别,但在本质上是一致的.

与部分分式相比,留数法的优点是:不仅能处理有理函数,也能处理无理函数;若 $F(s)$ 有重阶
极点,此时用留数法求拉普拉斯反变换要略为简便些(见例4.2.10).

例4.2.10 用留数法求 $F(s) = \frac{s+2}{(s+1)^2(s+3)s}$ 的原函数 $f(t)$.

解 $D(s) = (s+1)^2(s+3)s = 0$ 的根(即极点)为 $p_1 = -1$ 二重根(即二阶极点),$p_2 = -3$,
$p_3 = 0$. 故根据式(4.2.23)和式(4.2.24)可求得各极点上的留数为

$$\mathrm{Res}[p_1] = \frac{1}{(2-1)!}\frac{d^{2-1}}{ds^{2-1}}\left[\frac{s+2}{(s+1)^2(s+3)s}e^{st}(s+1)^2\right]\Big|_{s=-1}$$

$$= \frac{\mathrm{d}}{\mathrm{d}s}\left[\frac{s+2}{(s+3)s}\mathrm{e}^{st}\right]\bigg|_{s=-1}$$

$$= \frac{s+2}{(s+3)s}t\mathrm{e}^{st}\bigg|_{s=-1} + \frac{s(s+3)-(s+2)(2s+3)}{s^2(s+3)^2}\mathrm{e}^{st}\bigg|_{s=-1}$$

$$= -\frac{1}{2}t\mathrm{e}^{-t} - \frac{3}{4}\mathrm{e}^{-t}$$

$$\mathrm{Res}[p_2] = \frac{s+2}{(s+1)^2(s+3)s}\mathrm{e}^{st}(s+3)\bigg|_{s=-3} = \frac{1}{12}\mathrm{e}^{-3t}$$

$$\mathrm{Res}[p_3] = \frac{s+2}{(s+1)^2(s+3)s}\mathrm{e}^{st}(s+0)\bigg|_{s=0} = \frac{2}{3}$$

故得

$$f(t) = \sum_{i=1}^{3}\mathrm{Res}[p_i] = \mathrm{Res}[p_1] + \mathrm{Res}[p_2] + \mathrm{Res}[p_3]$$

$$= \left(-\frac{1}{2}t\mathrm{e}^{-t} - \frac{3}{4}\mathrm{e}^{-t} + \frac{1}{12}\mathrm{e}^{-3t} + \frac{2}{3}\right)u(t)$$

与例 4.2.7 的结果完全相同,但计算过程要比例 4.2.7 中的计算稍简便些.

4.3 z 变 换

对于离散系统表述系统和信号的数学抽象是序列,其变量为离散变量,因此拉普拉斯变换已不适用. 作为序列的傅里叶变换的推广就是 z 变换. 作为一种重要的数学工具,它把描述离散系统的差分方程变换成代数方程,使其求解过程得到简化. 还可以利用系统函数的零点、极点分布,定性分析系统的时域特性、频率响应、稳定性等,是离散系统分析的重要方法. z 变换在离散系统的作用与地位,与拉氏变换在连续时间系统相当. 本节中要讨论 z 变换的定义、性质和它与傅里叶变换、拉普拉斯变换的关系.

4.3.1 z 变换的定义及其收敛域

序列的傅里叶变换式(4.1.7)改写成

$$F(\mathrm{e}^{\mathrm{j}\omega}) = \sum_{n=-\infty}^{\infty} f(n)\mathrm{e}^{-\mathrm{j}n\omega} = \sum_{n=-\infty}^{\infty} f(n)(\mathrm{e}^{\mathrm{j}\omega})^{-n} \tag{4.3.1}$$

式(4.3.1)中,$\mathrm{e}^{\mathrm{j}\omega}$是 ω 的复函数,变量是实数 ω,也可以看成是复数变量 $\mathrm{j}\omega$ 的函数,这时 $\mathrm{e}^{\mathrm{j}\omega}$ 就是复变函数,只不过"复数"变量只在虚轴 $\mathrm{j}\omega$ 上取值,现在若将这个"复数"延拓到实轴上取值,即 $\sigma + \mathrm{j}\omega$,这时式(4.3.1)中的 $\mathrm{e}^{\mathrm{j}\omega}$ 就变成 $\mathrm{e}^{\sigma+\mathrm{j}\omega}$,这样式(4.3.1)就应该写成

$$F(\mathrm{e}^{\sigma+\mathrm{j}\omega}) = \sum_{n=-\infty}^{\infty} f(n)(\mathrm{e}^{\sigma+\mathrm{j}\omega})^{-n} \tag{4.3.2}$$

显然,上式表述在形式有点累赘,注意到 $\mathrm{e}^{\sigma+\mathrm{j}\omega}$ 本身也是一个复数变量,令 $z = \mathrm{e}^{\sigma+\mathrm{j}\omega}$,则式(4.3.2)就为

$$F(z) = \sum_{n=-\infty}^{\infty} f(n)z^{-n} \tag{4.3.3}$$

定义 4.3.1 式(4.3.3)就是序列 $f(n)$ 的 z 变换,通常称为**双边 z 变换**.

通过前面的说明可以看到序列的 z 变换实际上就是序列傅里叶变换的推广,序列的 z 变换是复数变量 z 的函数,即 $F(z)$ 是个复变函数. 式(4.3.3)中对 n 的求和是从 $-\infty$ 到 ∞ ,即是在时域坐标原点的两边范围内进行,所以式(4.3.3)定义的 z 变换通常称为**双边 z 变换**.

z 变换我们也用符号 "Z" 来表示,即

$$F(z) = Z[f(n)] \tag{4.3.4}$$

将式(4.3.3)展开有

$$F(z) = \cdots + f(-3)z^3 + f(-2)z^2 + f(-1)z^1 + f(0)z^0 + f(1)z^{-1} + f(2)z^{-2} + f(3)z^{-3} + \cdots \tag{4.3.5}$$

这是一个以 z 为变量的幂级数,我们知道只有当一个幂级数收敛时,讨论这个幂级数的特性才有意义,也就是说序列的 z 变换存在,讨论序列的 z 变换才有意义. 那么,序列的 z 变换是否存在? 存在的条件是什么? 这是我们学习 z 变换时首先要回答的问题.

序列的 z 变换是 z 平面上的一个函数,所谓 z 平面是指图 4.3.1 所示的平面, z 平面的横轴表示复数变量 z 的实部 $\text{Re}[z]$, z 平面的纵轴表示复数变量的虚部 $j\text{Im}(z)$. 在 z 平面中以坐标原点为圆心,以单位 1 为半径的圆称为 z 平面中的单位圆,它在 z 平面中的方程为 $z = e^{j\omega}$. 比较序列的傅里叶变换公式

$$F(e^{j\omega}) = \sum_{n=-\infty}^{+\infty} f(n) e^{-jn\omega}$$

即有

$$F(e^{j\omega}) = F(z) \big|_{z=e^{j\omega}} \tag{4.3.6}$$

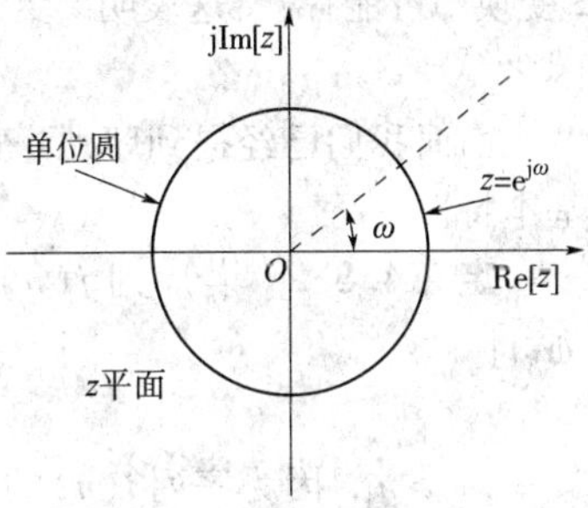

图 4.3.1

这就是说,序列的傅里叶变换实际上就是序列 z 变换在 z 平面中单位圆上的取值. 换句话说,序列的傅里叶变换是序列在 z 平面单位圆上的变换, z 变换是将变换延拓到整个 z 平面中. 再一次回到前面提出的问题,这种延拓是否存在,即式(4.3.5)所示的幂级数是否收敛. 显然,式(4.3.5)的收敛性取决于离散信号和 z 的取值范围. 如果序列给定,则式(4.3.5)收敛性取决于 z 的取值范围,我们称所有使式(4.3.5)幂级数(即序列的 z 变换)绝对收敛的 z 值的集合为序列 z 变换的收敛域.

例如, $f(n) = u(n) = \begin{cases} 1 & \text{当 } n \geqslant 0 \\ 0 & \text{当 } n < 0 \end{cases}$,则

$$F(z) = Z[f(n)]$$

$$= \sum_{n=-\infty}^{+\infty} u(n)z^{-n} = \sum_{n=0}^{\infty} z^{-n} = 1 + z^{-1} + z^{-2} + z^{-3} + \cdots$$

这是个等比幂级数级数,为了求出幂级数的闭式解可以用以下极限方法求解

$$F(z) = \lim_{N \to \infty} \left[\sum_{n=0}^{N} z^{-n} \right]$$

上式方括号中的和式为等比级数求和,则有

$$F(z) = \lim_{N \to \infty} \frac{1 - z^{-(N+1)}}{1 - z^{-1}}$$

当 $N \to \infty$ 时,上式极限存在的充分必要条件是 $|z^{-1}| < 1$,即 $|z| > 1$,也就是说,所有满足 $|z| > 1$ 关系的 z 值都可使序列的 z 变换收敛,所以单位阶跃序列 $u(n)$ 的收敛域为 $|z| > 1$,对所有收敛域中的 z 值,阶跃序列 z 变换的闭式表达式为

$$F(z) = \frac{1}{1 - z^{-1}}, \quad |z| > 1$$

4.3.2 序列 z 变换的基本特性

在以上的讨论中,我们强调了序列 z 变换收敛域的重要性,那么是否所有序列的 z 变换都可以找到收敛域呢? 换句话说,是否所有序列的 z 变换都存在(即有意义)? 下面就来讨论这个问题.

将复变量 z 表示成极坐标形式 $z = re^{j\omega}$,则序列 $f(n)$ 的 z 变换可以写成

$$F(z) = \sum_{n=-\infty}^{+\infty} f(n)(re^{j\omega})^{-n} = \sum_{n=-\infty}^{+\infty} f(n) r^{-n} e^{-jn\omega}$$

因此序列 $f(n)$ 的 z 变换可以看成一个实指数序列 r^{-n} 乘以序列 $f(n)$ 后得傅里叶变换. 序列傅里叶变换一致收敛(存在)的条件是序列绝对可积,即

$$\sum_{n=-\infty}^{+\infty} |f(n)r^{-n}| < \infty \tag{4.3.7}$$

由此可见,由于序列 $f(n)$ 乘上了实指数序列 r^{-n},即使序列 $f(n)$ 的傅里叶变换不存在,但它的 z 变换却可能存在,这表明 z 变换适用的范围远比傅里叶变换宽,这也就是要引入 z 变换分析的原因之一.

前面我们已经提到序列 z 变换的收敛域与序列本身的特性有关,下面就来讨论序列 z 变换的基本特性.

定义 4.3.2 若序列 $f(n)$ 的非零值点仅分布在有限整数集合上,则称此序列为**有限长序列**,即

$$f(n) = 0, n < n_1 \text{ 或 } n > n_2 \tag{4.3.8}$$

其中,$n_2 > n_1$. 因为序列 $f(n)$ 的非零值点仅分布在有限整数集合 $[n_1, n_2]$ 上,所以这类序列的 z 变换为

$$F(z) = \sum_{n=n_1}^{n_2} f(n) z^{-n} \tag{4.3.9}$$

要使这个和式收敛,在序列 $f(n)$ 有界(即 $|f(n)| < \infty$)的条件下,z 变换的收敛域就取决于 $|z|^{-n}, n \in [n_1, n_2]$ 的取值. 现在分几种情况来讨论.

第一种情况:$n_1 < 0, n_2 > 0$,在这种情况下,z 变换可以写成

$$F(z) = \sum_{n=n_1}^{-1} f(n) z^{-n} + \sum_{n=0}^{n_2} f(n) z^{-n}$$

上式中第一个和式里的 $n < 0$,所以在 $z = \infty$ 处,$|z^{-n}| = |z|^{|n|} = \infty$,和式不收敛(发散),此外对所有 z 这个和式均收敛. 上式中第二个和式里 $n \geq 0$,所以在 $z = 0$ 处,$|z^{-n}| = |z|^{-|n|} = \infty$,和式也不收敛(发散),此外对所有 z 值这个和式均收敛. 综上所述,在第一种情况下,有限长序列的 z 变换收敛域为 $0 < |z| < \infty$,即除了 $z = 0$ 和 $z = \infty$ 外,序列 z 变换在整个 z 平面上收敛.

第二种情况:$n_1 < 0, n_2 < 0$,这时序列 z 变换为

$$F(z) = \sum_{n=n_1}^{n_2} f(n) z^{|n|}$$

这个和式中的 $n < 0$,所以 z 变换除了在 $z = \infty$ 处发散外,取任何 z 值均收敛,所以在第二种情况下,有限长序列的 z 变换收敛域为 $|z| < \infty$,即除了 $z = \infty$ 外,序列 z 变换在整个 z 平面上收敛.

第三种情况:$n_1 \geq 0, n_2 > 0$,这时序列 z 变换为

$$F(z) = \sum_{n=n_1}^{n_2} f(n) z^{-|n|}$$

这个和式中的 $n \geq 0$,所以 z 变换除了在 $z = 0$ 发散外,取任何 z 值均收敛,所以在第三种情况下,有限长序列的 z 变换收敛域为 $|z| > 0$,即除了 $z = 0$ 外,序列 z 变换在整个 z 平面上收敛.

第四种情况：$n_1 = n_2 = 0$，这是一种特殊情况，即 $f(n) = A\delta(n)$，A 为常数，序列的 z 变换为

$$F(z) = \sum_{n=0}^{0} A\delta(n)z^{-n} = A$$

它是一个常数，所以无论 z 取何值均收敛，即这时序列的 z 变换收敛于整个 z 平面.

定义 4.3.3 若序列 $f(n)$ 的非零值点仅分布在某一点 n_1 的右边，即

$$f(n) = 0, n < n_1 \qquad (4.3.10)$$

则此序列称为**右边序列**，其 z 变换为

$$F(z) = \sum_{n=n_1}^{\infty} f(n)z^{-n} \qquad (4.3.11)$$

设序列 $f(n)$ 为有界序列，假定已知这个序列的 z 变换 $F(z)$ 在 $z = z_1$ 处收敛，即有

$$\sum_{n=n_1}^{\infty} |f(n)z_1^{-n}| < \infty \qquad (4.3.12)$$

现分两种情况讨论这个和式的收敛域，第一种情况，$n_1 \geqslant 0$，当 $|z| \geqslant z_1$ 时，

$$F(z) = \sum_{n=n_1}^{\infty} f(n)z^{-n} \leqslant \sum_{n=n_1}^{\infty} |f(n)z^{-n}|$$

$$= \sum_{n=n_1}^{\infty} |f(n)||z|^{-|n|}$$

$$\leqslant \sum_{n=n_1}^{\infty} |f(n)||z_1|^{-|n|}$$

$$= \sum_{n=n_1}^{\infty} |f(n)z_1^{-|n|}| < \infty$$

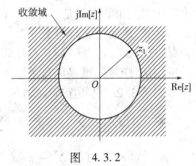

收敛域 $jIm[z]$

图 4.3.2

即 $F(z)$ 至少在 $|z| \geqslant |z_1|$ 的区域内是收敛的，这是一个圆外区域，其包含了 $z = \infty$ 处，如图 4.3.2 所示.

第二种情况，$n_1 < 0$，这时序列的 z 变换可以写成

$$F(z) = \sum_{n=n_1}^{-1} f(n)z^{|n|} + \sum_{n=0}^{\infty} f(n)z^{-|n|}$$

上式中第一个和式可以看成有限长序列的第二种情况，它的收敛域为除 $z = \infty$ 以外的整个 z 平面，而上式中的第二个和式就是右边序列的第一种情况，它的收敛域为一个圆外区域 $|z| \geqslant |z_1|$. 综合这两个和式的收敛域就是序列 z 变换的收敛域，即 $\infty > |z| \geqslant |z_1|$，这是一个不包括 $z = \infty$ 处的圆外区域.

例 4.3.1 已知序列 $x(n) = \left(\dfrac{1}{3}\right)^n u(n)$，求 $X(z)$.

解 $X(z) = \sum_{n=0}^{\infty} \left(\dfrac{1}{3}\right)^n z^{-n} = \lim_{n\to\infty} \dfrac{1 - \left(\dfrac{1}{3}z^{-1}\right)^n}{1 - \dfrac{1}{3}z^{-1}} \quad \left(\left|\dfrac{1}{3}z^{-1}\right| < 1 \quad \text{或} \quad |z| > \dfrac{1}{3}\right)$

$$= \dfrac{1}{1 - (1/3)z^{-1}} \quad \left(|z| > \dfrac{1}{3}\right)$$

此例收敛域是以 $X(z)$ 的极点 $1/3$ 为半径的圆外.

推论 4.3.1 在 $X(z)$ 的封闭表示式中，若有多个极点，则右边序列的收敛区是以绝对值最大的极点为收敛半径的圆外.

定义 4.3.4 若序列 $f(n)$ 的非零值点仅分布在某一点 n_2 的左边，即

$$f(n) = 0, n > n_2 \tag{4.3.13}$$

则称此序列为左边序列. 其 z 变换为

$$F(z) = \sum_{n=-\infty}^{n_2} f(n) z^{-n} \tag{4.3.14}$$

用类似于右边序列的讨论,假定 $F(z)$ 在 $z = z_2$ 处收敛,即有

$$\sum_{n=n_1}^{\infty} | f(n) z_2^{-n} | < \infty$$

第一种情况,$n_2 \leqslant 0$,对于所有 $|z| \leqslant |z_2|$ 有

$$F(z) = \sum_{n=-\infty}^{n_2} f(n) z^{-n} \leqslant \sum_{n=-\infty}^{n_2} | f(n) z^{-n} |$$

$$= \sum_{n=-\infty}^{n_2} | f(n) | | z |^{|n|}$$

$$\leqslant \sum_{n=-\infty}^{n_2} | f(n) | | z_2 |^{|n|}$$

$$= \sum_{n=-\infty}^{n_2} | f(n) z_2^{-n} | < \infty$$

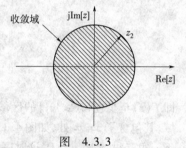

图 4.3.3

由此可见,$F(z)$ 的收敛域是个圆内区域,且包含了 $z = 0$ 处,即 $|z| \leqslant |z_2|$,如图 4.3.3 所示.

第二种情况,$n_2 > 0$,这时序列的 z 变换可以写成

$$F(z) = \sum_{n=-\infty}^{-1} f(n) z^{|n|} + \sum_{n=0}^{n_2} f(n) z^{-|n|}$$

上式中第一个和式就是左边序列的第一种情况,它的收敛域是个圆内区域,且包含了 $z = 0$ 处;第二个和式是有限长序列的第三种情况,它的收敛域为除 $z = 0$ 点外的整个 z 平面. 综合上述分析结果可知这时序列 z 变换的收敛域为一个圆内区域,但不包含 $z = 0$ 点,即 $0 < |z| \leqslant |z_2|$.

例 4.3.2 已知序列 $x(n) = -b^n u(-n-1)$,求 $X(z)$.

解 $X(z) = \sum_{n=-\infty}^{-1} -b^n z^{-n} = \sum_{n=1}^{\infty} -b^{-n} z^n$

$$= 1 - \sum_{n=0}^{\infty} -b^{-n} z^n = 1 - \lim_{n \to \infty} \frac{1 - (b^{-1} z)^n}{1 - b^{-1} z}$$

$$= \frac{1}{1 - bz^{-1}} = \frac{z}{z - b}, 0 \leqslant |z| < |b|$$

此例收敛域是以 $X(z)$ 的极点 b 为半径的圆内.

推论 4.3.2 在 $X(z)$ 的封闭表示式中,若有多个极点,则左边序列的收敛区是以绝对值最小的极点为收敛半径的圆内.

定义 4.3.5 若序列 $f(n)$ 的非零值点分布在整个整数集上,则此序列称为**双边序列**. 双边序列的 z 变换可以写为

$$F(z) = \sum_{n=-\infty}^{\infty} f(n) z^{-n} = \sum_{n=-\infty}^{-1} f(n) z^{-n} + \sum_{n=0}^{\infty} f(n) z^{-n}$$

上式中第一和式就是左边序列的第一种情况,它的收敛域为包括 z 平面原点的一个圆内区域,设为 $|z| < R_+$;第二个和式为右边序列的第一种情况,它的收敛域为包括无穷远处 $(z = \infty)$ 的一个圆外区域,设为 $|z| > R_-$. 当 $R_+ > R_-$ 时,设两个和式有公共的收敛区域 $R_- < |z| < R_+$,它是个圆环,这就是双边序列 z 变换的收敛域,如图 4.3.4 所示. 如果 $R_+ < R_-$,则左边序列与右边序

列的 z 变换的收敛域没有公共区域,因此这时双边序列的 z 变换不存在.

例 4.3.3 已知双边序列 $x(n) = c^{|n|}$,c 为实数,求 $X(z)$.

解 $x(n) = c^{|n|} = \begin{cases} c^{-n} & \text{当 } n < 0 \\ c^n & \text{当 } n \geqslant 0 \end{cases}$

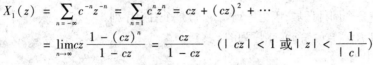

图 4.3.4

$$X(z) = \sum_{n=-\infty}^{\infty} c^{|n|} = \sum_{n=-\infty}^{-1} c^{-n} z^{-n} + \sum_{n=0}^{\infty} c^n x(n) z^{-n} = X_1(z) + X_2(z)$$

当 $n < 0$ 时

$$X_1(z) = \sum_{n=-\infty}^{-1} c^{-n} z^{-n} = \sum_{n=1}^{\infty} c^n z^n = cz + (cz)^2 + \cdots$$

$$= \lim_{n \to \infty} cz \frac{1 - (cz)^n}{1 - cz} = \frac{cz}{1 - cz} \quad (|cz| < 1 \text{ 或 } |z| < \frac{1}{|c|})$$

当 $n < 0$ 时,

$$X_2(z) = \sum_{n=0}^{\infty} c^n x(n) z^{-n} = \frac{1}{1 - cz^{-1}} = \frac{z}{z - c} \quad (|cz^{-1}| < 1 \text{ 或 } |c| < |z|)$$

典型序列的 z 变换如下:

(1) $\delta(n)$

$$Z[\delta(n)] = \sum_{n=0}^{\infty} \delta(n) z^{-n} = 1$$

(2) $u(n)$

$$Z[u(n)] = \sum_{n=0}^{\infty} u(n) z^{-n} = \frac{1}{1 - z^{-1}} \quad (|z^{-1}| < 1)$$

$$= \frac{z}{z - 1} \quad (|z| > 1)$$

(3) 斜变序列 $nu(n)$

$$Z[nu(n)] = \sum_{n=0}^{\infty} n z^{-n} = z^{-1} + 2z^{-2} + \cdots + n z^{-n} + \cdots \quad (|z^{-1}| < 1)$$

可利用 $u(n)$ 的 z 变换

$$\sum_{n=0}^{\infty} u(n) z^{-n} = \frac{1}{1 - z^{-1}} = \frac{z}{z - 1} \quad (|z| > 1)$$

等式两边分别对 z^{-1} 求导,得

$$\sum_{n=0}^{\infty} n (z^{-1})^{n-1} = \frac{1}{(1 - z^{-1})^2} = \frac{z^2}{(z - 1)^2}$$

两边各乘以 z^{-1},得

$$\sum_{n=0}^{\infty} n (z^{-1})^n = \frac{z}{(z - 1)^2} \quad (|z| > 1)$$

(5) 指数序列

$$a^n u(n): Z[a^n u(n)] = \sum_{n=0}^{\infty} a^n z^{-n} = \frac{z}{z - a} \quad (|z| > |a|)$$

$$-a^n u(-n-1): Z[-a^n u(-n-1)] = \frac{z}{z - a} \quad (|z| < |a|)$$

例 4.3.4 已知 $f(n) = \delta(n)$,求序列的 z 变换.

解 $$F(z) = Z[\delta(n)] = \sum_{n=-\infty}^{\infty} \delta(n) z^{-n} = 1$$

单位抽样序列的 z 变换是个常数,显然无论 z 取何值,z 变换都收敛,因此它收敛域为整个 z 平面.

再来看指数序列的 z 变换,已知 $f(n) = a^n u(n)$,它的 z 变换为

$$F(z) = \sum_{n=0}^{\infty} a^n z^{-n} = \sum_{n=0}^{\infty} (az^{-1})^n$$

$$= \lim_{N \to \infty} \sum_{n=0}^{N} (az^{-1})^n = \lim_{N \to \infty} \frac{1 - (az^{-1})^{N+1}}{1 - az^{-1}}$$

若 $|az^{-1}| < 1$,则上式收敛,即当 $|z| > |a|$ 时,有

$$F(z) = \frac{1}{1 - az^{-1}} \quad (|z| > |a|)$$

这个 z 变换的收敛域是个圆外区域,因为序列 $a^n u(n)$ 是个右边序列.

例 4.3.5 已知序列 $f(n) = u(-n)$,求序列的 z 变换.

解 这是个左边序列,有

$$F(z) = \sum_{n=-\infty}^{\infty} u(-n) z^{-n} = \sum_{n=-\infty}^{0} z^{-n}$$

$$= \lim_{N \to \infty} \sum_{n=0}^{N} z^n = \lim_{N \to \infty} \frac{1 - z^{N+1}}{1 - z}$$

要使上式收敛,必有 $|z| < 1$,即

$$F(z) = \frac{1}{1 - z} \quad (|z| < 1)$$

这个 z 变换的收敛域为圆内区域,与前面推导的结论是一致的.

4.3.3 z 变换的性质

现在讨论 z 变换的性质,设

$$Z[x(n)] = X(z), \quad R_{x1} < |z| < R_{x2}$$

$$Z[y(n)] = Y(z), \quad R_{y1} < |z| < R_{y2}$$

1. 线性特性

$$Z[ax(n) + by(n)] = aX(z) + bY(z), \quad R_1 < |z| < R_2 \qquad (4.3.15)$$

其中,a, b 均为常数,通常两个序列 z 变换叠加后其收敛域为这两个 z 变换收敛域的重叠部分,即

$$R_1 = \max(R_{x1}, R_{y1})$$

$$R_2 = \min(R_{x2}, R_{y2})$$

但当线性组合中出现零极点相消时,z 变换的收敛域可能扩大,例如

$$X(z) = \frac{1}{1 - z^{-1}}, \quad |z| > 1$$

$$Y(z) = \frac{z^{-1}}{1 - z^{-1}}, \quad |z| > 1$$

而

$$X(z) - Y(z) = \frac{1}{1 - z^{-1}} - \frac{z^{-1}}{1 - z^{-1}} = 1$$

这时收敛域为整个 z 平面,显然收敛域扩大了.

2. 时移特性

$$Z[x(n+m)] = z^m X(z) \qquad (4.3.16)$$

其中,m 是可正可负的整数,序列位移后的 z 变换除了在 $z = 0$ 或 $z = \infty$ 处收敛情况与原序列 z 变换

收敛情况可能不同外,其他区域的收敛情况完全相同. 注意这里时移特性指的是双边 z 变换的特性.

除了位移特性外,其他各项特性,单边 z 变换都可以看成因果序列的双边 z 变换,因而所有公式都同样适用.

对于单边 z 变换,即

$$X(z) = \sum_{n=0}^{\infty} x(n) z^{-n}$$

则序列位移的 z 变换要考虑序列的初值,即当 $m > 0$ 时有

左移特性
$$Z[x(n+m)] = z^m \left[X(z) - \sum_{k=0}^{m-1} x(k) z^{-k} \right]$$

右移特性
$$Z[x(n-m)] = z^m \left[X(z) + \sum_{k=-m}^{-1} x(k) z^{-k} \right]$$

3. z 域微分特性

$$Z[nx(n)] = -z \frac{\mathrm{d}}{\mathrm{d}z} X(z) \tag{4.3.17}$$

这是因为

$$X(z) = \sum_{n=-\infty}^{\infty} x(n) z^{-n}$$

上式两边对 z 求导有

$$\frac{\mathrm{d}}{\mathrm{d}z} X(z) = \frac{\mathrm{d}}{\mathrm{d}z} \sum_{n=-\infty}^{\infty} x(n) z^{-n} = \sum_{n=-\infty}^{\infty} x(n) \frac{\mathrm{d}}{\mathrm{d}z} z^{-n} = -\sum_{n=-\infty}^{\infty} nx(n) z^{-n-1}$$

$$= -z^{-1} \sum_{n=-\infty}^{\infty} nx(n) z^{-n} = -z^{-1} Z[nx(n)]$$

所以
$$Z[nx(n)] = -z \frac{\mathrm{d}}{\mathrm{d}z} X(z)$$

4. z 域尺度变换特性

$$Z[a^n x(n)] = X\left(\frac{z}{a}\right) \tag{4.3.18}$$

这是因为

$$Z[a^n x(n)] = \sum_{n=-\infty}^{\infty} a^n x(n) z^{-n} = \sum_{n=-\infty}^{\infty} x(n) \left(\frac{z}{a}\right)^{-n} = X\left(\frac{z}{a}\right)$$

尺度变换特性表明,序列乘上指数序列 a^n 后,相当于 z 平面的尺度变化为 $\left(\frac{z}{a}\right)$.

5. 时域卷积特性

$$Z[x(n) * y(n)] = X(z) Y(z) \tag{4.3.19}$$

这是个重要特性,它将时域中的卷积关系转换为 z 域中的乘积关系.

证 设 $w(n) = x(n) * y(n)$, $W(z) = Z[w(n)]$

则
$$W(z) = Z[x(n) * y(n)] = \sum_{n=-\infty}^{\infty} [x(n) * y(n)] z^{-n}$$

$$= \sum_{n=-\infty}^{\infty} \left\{ \sum_{m=-\infty}^{\infty} x(m) y(n-m) \right\} z^{-n}$$

$$= \sum_{m=-\infty}^{\infty} x(m) \left\{ \sum_{n=-\infty}^{\infty} y(n-m) z^{-(n-m)} \right\} z^{-m}$$

$$= \sum_{m=-\infty}^{\infty} x(m)Y(z)z^{-m} = Y(z) \sum_{m=-\infty}^{\infty} x(m)z^{-m}$$
$$= Y(z)X(z) = X(z)Y(z)$$

证毕.

如果两个序列在时域中是乘积的关系,则这两个序列在 z 域中是复数卷积的关系(不是一般的卷积),即

$$Z[x(n)y(n)] = \frac{1}{2\pi j} \oint_c X(v) Y\left(\frac{z}{v}\right) \frac{\mathrm{d}v}{v}$$

6. 初值定理

若 $x(n)$ 为因果序列,即 $x(n)=0, n<0$,则

$$x(0) = \lim_{z \to \infty} X(z)$$

这是因为

$$X(z) = \sum_{n=0}^{\infty} x(n)z^{-n} = x(0) + x(1)z^{-1} + x(2)z^{-2} + x(3)z^{-3} + \cdots$$

上式两边在 $z \to \infty$ 时取极限,则右边除了 $x(0)$ 项外,其他各项均为零,故

$$x(0) = \lim_{z \to \infty} X(z)$$

7. 终值定理

若 $x(n)$ 为因果序列,且 $X(z)$ 处在 $z=1$ 处可以有一阶极点外,全部其他极点都在单位圆内,则

$$\lim_{n \to \infty} x(n) = \lim_{z \to 1} [(z-1)X(z)] \tag{4.3.20}$$

这是因为

$$zX(z) - X(z) = Z[x(n+1) - x(n)] = \sum_{n=-\infty}^{\infty} [x(n+1) - x(n)]z^{-n}$$

考虑到因果序列的特性,上式可改写为

$$(z-1)X(z) = \lim_{n \to \infty} \sum_{k=-1}^{n} [x(k+1) - x(k)]z^{-k}$$

注意上式的收敛域,由于 $X(z)$ 在单位圆上只有 $z=1$ 处可能有一阶极点,现在函数 $(z-1)X(z)$ 将抵消这个可能的极点,因此 $(z-1)X(z)$ 的收敛域必将包含单位圆,这就允许上式两边取极限 $z \to 1$,即

$$\lim_{z \to 1} [(z-1)X(z)] = \lim_{n \to \infty} \sum_{k=-1}^{n} [x(k+1) - x(k)]z^{-k} \Big|_{z=1}$$
$$= \lim_{n \to \infty} \{[x(0) - 0] + [x(1) - x(0)] + [x(2) - x(1)] + \cdots + [x(n+1) - x(n)]\}$$
$$= \lim_{n \to \infty} \{[x(0) - x(0)] + [x(1) - x(1)] + [x(2) - x(2)] + \cdots + [x(n+1)]\}$$
$$= \lim_{n \to \infty} x(n+1) = \lim_{n \to \infty} x(n)$$

4.3.4 逆 z 变换

逆 z 变换有时也称为 z 逆变换. 逆 z 变换的定义公式为

$$x(n) = \frac{1}{2\pi j} \oint_C X(z)z^{n-1} \mathrm{d}z \tag{4.3.21}$$

这是个围线积分,C 是在 $X(z)$ 收敛域内,反时针包围 z 平面坐标原点的闭合曲线. 因此,z 逆变换又称 z 变换反演积分. 逆 z 变换通常也可记为

$$x(n) = Z^{-1}[X(z)]$$

因为式(4.3.21)的积分计算很麻烦,所以一般采用以下介绍的三种方法求解逆 z 变换.

1. 留数定理法

若 $X(z)z^{n-1}$ 在闭合曲线 C 内的所有极点的集合为 $\{z_k\}$,则 $X(z)$ 的逆变换可由下式求出

$$x(n) = \sum_k \text{Res}[X(z)z^{n-1}, z_k] \tag{4.3.22}$$

其中,$\text{Res}[X(z)z^{n-1}, z_k]$ 为函数 $X(z)z^{n-1}$ 在极点 z_k 上的留数,$\sum_k$ 表示对整个极点集合 $\{z_k\}$ 上的留数求和,即 $x(n)$ 等于函数 $X(z)z^{n-1}$ 在闭合曲线 C 内所有极点上留数的总和.

如果 z_k 为单阶极点,则极点上的留数为

$$\text{Res}[X(z)z^{n-1}, z_k] = (z - z_k)X(z)z^{n-1}\big|_{z=z_k} = (1 - z_k z^{-1})X(z)z^n\big|_{z=z_k} \tag{4.3.23}$$

如果 z_k 为 N 阶极点,则极点上的留数为

$$\text{Res}[X(z)z^{n-1}, z_k] = \frac{1}{(N-1)!}\frac{d^{N-1}}{dz^{N-1}}(z - z_k)^N X(z)z^{n-1}\big|_{z=z_k} \tag{4.3.24}$$

$$= \frac{1}{(N-1)!}\frac{d^{N-1}}{dz^{N-1}}(1 - z_k z^{-1})^N X(z)z^n\big|_{z=z_k}$$

例 4.3.6 已知 $X(z) = \dfrac{1}{1 - az^{-1}}$,$|z| > |a|$,求逆 z 变换 $x(n) = Z^{-1}[X(z)]$.

解 $X(z)$ 的收敛域为一个圆外区域,且收敛域包含 $z = \infty$ 处,如图 4.3.5 所示. 所以序列 $x(n)$ 是右边序列的第一种情况,它的非零值点一定在坐标原点($n = 0$)的右边,即

$$x(n) = 0, n < 0$$

因此只需求出 $n \geqslant 0$ 时的 $x(n)$.

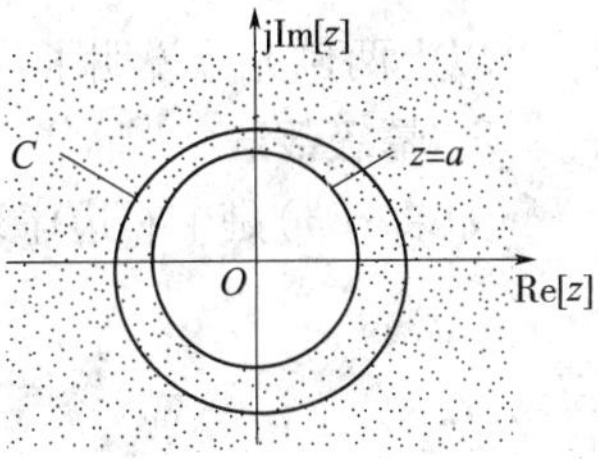

当 $n \geqslant 0$ 时,函数 $X(z)z^{n-1} = \dfrac{z^n}{z - a}$ 在 $z = a$ 处有一个单阶极点,在 $z = \infty$ 处也有一个 $n - 1$ 阶极点. 在收敛域内画一条包含 z 平面坐标原点的围线 C,如图 4.3.5 所示,则在闭合曲线 C 内的极点只有 $z = a$ 一个单阶极点,因此

$$x(n) = \text{Res}\left[\frac{z^n}{z - a}, a\right] = (z - a)\frac{z^n}{z - a}\bigg|_{z=a} = a^n$$

注意这是 $n \geqslant 0$ 时的解. 综合以上分析,有

$$x(n) = a^n u(n)$$

在求逆 z 变换时,不仅要考虑 $X(z)$ 表达式,而且也要注意它的收敛域,相同的 $X(z)$ 不同的收敛域完全可以导出不同的序列.

例 4.3.7 求 $X(z) = \dfrac{1}{1 - az^{-1}}$,$|z| < |a|$ 的收敛域.

解 此例的 z 变换表达式与上例完全相同,但二者的收敛域不同. 此例中的收敛域是个圆内区域,如图 4.3.6 所示,这个圆内区域包含了 $z = 0$ 处,所以这个 z 变换对应着左边序列的第一种情况,即它的非零值点分布在坐标原点($n = 0$)的左边,则有

$$x(n) = 0, n > 0$$

现在只需讨论 $n \leqslant 0$ 时的 $x(n)$,因为

$$X(z)z^{n-1} = \frac{z^n}{z - a}$$

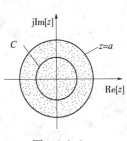

图 4.3.6

图 4.3.5

当 $n=0$ 时,有

$$X(z)z^{n-1} = \frac{1}{z-a}$$

这个函数只有在 $z=a$ 处有个一阶极点,它在闭合曲线 C 的外面. 也就是说,在闭合曲线 C 内这个函数没有极点,因此它的留数为零,即

$$x(0) = 0$$

当 $n<0$ 时,函数 $X(z)z^{n-1} = \dfrac{z^n}{z-a}$ 在闭合曲线内 $z=0$ 处有个 $|n|$ 阶极点,则有

$$\begin{aligned}
x(n) &= \mathrm{Res}\left[\frac{z^n}{z-a}, 0\right] \\
&= \frac{1}{(-n-1)!}\frac{\mathrm{d}^{-n-1}}{\mathrm{d}z^{-n-1}}(z-0)^{|n|}\frac{z^n}{z-a}\bigg|_{z=0} \\
&= \frac{1}{(-n-1)!}\frac{\mathrm{d}^{-n-1}}{\mathrm{d}z^{-n-1}}\frac{1}{z-a}\bigg|_{z=0} \\
&= (-1)^{-n-1}(z-a)^n\big|_{z=0} = -a^n
\end{aligned}$$

综合以上分析有

$$x(n) = -a^n u(-n-1)$$

以上两例充分说明了收敛域对 z 变换的重要性.

2. 幂级数法

如果 $x(n)$ 是个右边序列或左边序列的第一种情况,则可将 z 变换 $X(z)$ 写成幂级数形式

$$X(z) = a_0 + a_1 z^{-1} + a_2 z^{-2} + \cdots \tag{4.3.25}$$

或

$$X(z) = a_0 + a_{-1} z^1 + a_{-2} z^2 + \cdots \tag{4.3.26}$$

式(4.3.25)称为降幂级数,对应于一个右边序列,即有 $x(n) = a_n, n = 0,1,2,\cdots$;式(4.3.26)称为升幂级数,对应于一个左边序列,即有 $x(n) = a_n, n = -0, -1, -2, \cdots$.

当 $X(z)$ 为有理函数时,可以用长除法将其展开成幂级数形式,在某些情况下,也可以运用一些数学技巧将 z 变换展开成幂级数,例如下面的例子.

例 4.3.8 展开 $X(z) = \ln(1 + az^{-1})$, $|z| > |a|$.

解 这个 z 变换的收敛域为一个圆外区域,它一定对应着一个右边序列,因此应将 $X(z)$ 展开成降幂级数形式. 查数学手册可知

$$\begin{aligned}
\ln(1+x) &= x - \frac{x^2}{2} + \frac{x^3}{3} - \frac{x^4}{4} + \cdots + (-1)^{n-1}\frac{x^n}{n} + \cdots \\
&= \sum_{n=1}^{\infty}(-1)^{n-1}\frac{x^n}{n}, \quad |x| < 1
\end{aligned}$$

令 $x = az^{-1}$,则有

$$\begin{aligned}
X(z) &= \ln(1 - az^{-1}) \\
&= \sum_{n=1}^{\infty}(-1)^{n-1}\frac{a^n}{n}z^{-n}, \quad |z| > |a|
\end{aligned}$$

即有

$$a_n = (-1)^{n-1}\frac{a^n}{n}, \quad n = 1,2,3,\cdots$$

所以

通信工程应用数学

$$x(n) = \begin{cases} (-1)^{n-1} \dfrac{a^n}{n} & \text{当 } n > 0 \\ 0 & \text{当 } n \leqslant 0 \end{cases}$$

或者写成

$$x(n) = (-1)^{n-1} \frac{a^n}{n} u(n-1)$$

现在介绍用长除法将 z 变换展开成幂级数,下面的讨论通过例子说明.

例 4.3.9 展开 $X(z) = \dfrac{1}{1-az^{-1}}$, $|z| > |a|$.

解 $X(z)$ 的收敛域为一个圆外区域,且包括无穷远处 $(z = \infty)$,所以可以判定 $x(n)$ 是个右边序列的第一种情况.

为求出右边序列必须用长除法将 $X(z)$ 展开成降幂形式的级数,即将 $X(z)$ 的分子、分母多项式都写成降幂形式,然后再做长除法,如图 4.3.7 所示,即有

$$X(z) = 1 + az^{-1} + a^2 z^{-2} + a^3 z^{-3} + \cdots = \sum_{n=0}^{\infty} a^n z^{-n}$$

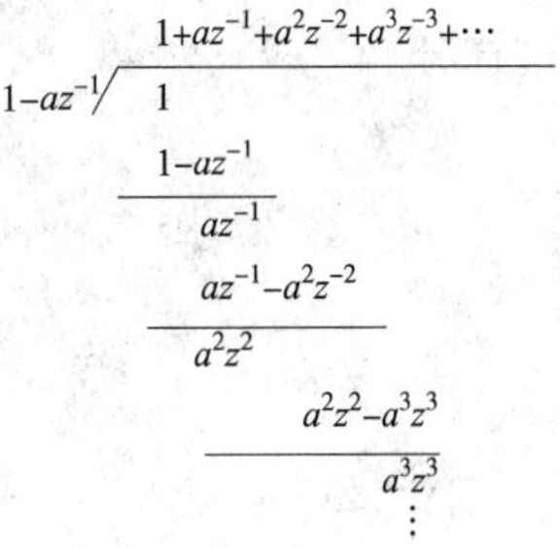

因此

$$x(n) = a^n u(n)$$

这个结果与用留数定理法求出的结果一样.

图 4.3.7

例 4.3.10 求 $X(z) = \dfrac{1}{1-az}$, $|z| < |a|$ 的逆 z 变换.

解 因为 $X(z)$ 的收敛域是个圆内区域,且包含了 $z = 0$ 处,所以可以判定 $x(n)$ 是左边序列的第一种情况. 为了将左边序列的 z 变换展开成幂级数,必须将 $X(z)$ 的分子、分母多项式按升幂形式排列,即

$$X(z) = \frac{z}{-a+z}, \quad |z| < |a|$$

再做长除法如图 4.3.8 所示,则有

$$X(z) = -a^{-1}z - a^{-2}z^2 - a^{-3}z^3 - \cdots = \sum_{n=-1}^{\infty} -a^n z^{-n}$$

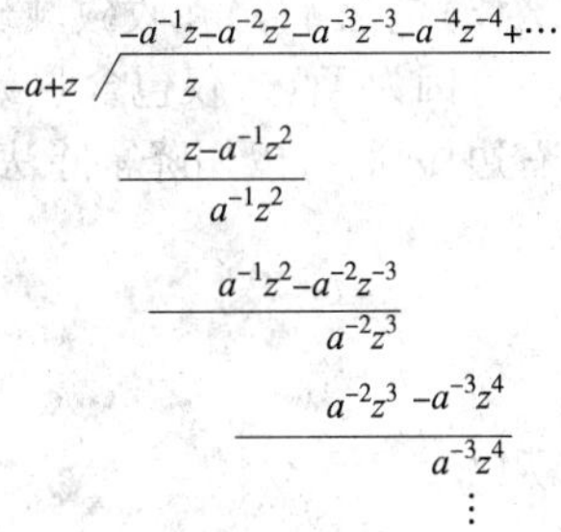

所以

$$x(n) = \begin{cases} 0 & \text{当 } n \geqslant 0 \\ -a^n & \text{当 } n < 0 \end{cases}$$

或写成

$$x(n) = -a^n u(-n-1)$$

图 4.3.8

这个结果与前面留数定理求解结果一致.

以上两例(例 4.3.9 和例 4.3.10)对应的是单边序列的逆 z 变换,即或为右边序列的逆 z 变换,或为左边序列的逆 z 变换. 如果 $X(z)$ 对应的是双边序列,即 $X(z)$ 的收敛域为圆环区域的情况下,又如何运用幂级数法求解逆 z 变换呢? 我们通过讨论一个双边序列的例子来进行说明.

例 4.3.11 求 $X(z) = \dfrac{z^2 + 1}{z^2 + z - 2}$, $1 < |z| < 2$ 的逆 z 变换.

解 根据 $X(z)$ 的收敛域可以判定这个 z 变换对应一个双边序列,将上式写成

$$X(z) = \frac{z^2 + 1}{(z+2)(z-1)}, \quad 1 < |z| < 2$$

由上式可以看出 $X(z)$ 有两个极点,一个在圆环内,一个在圆环外,如图 4.3.9 所示. 实际上,双边序列的 z 变换可以分成两部分

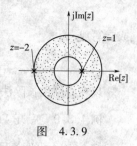

图 4.3.9

$$X(z) = X_1(z) + X_2(z)$$

其中,$X_1(z)$ 包含了 $X(z)$ 在圆环内的所有极点,而不包含圆外的任何极点;与此相反,$X_2(z)$ 包含了圆环外的所有极点,而不包含圆环内的任何极点. 这样分解后,$X_1(z)$ 的收敛域为一个圆外区域,它对应一个右边序列;$X_2(z)$ 的收敛域为一个圆内区域,它对应一个左边序列. 对本例来说,可以这样分解

$$X(z) = 1 + \frac{\frac{2}{3}}{z-1} - \frac{\frac{5}{3}}{z+2}$$

$$= \left(3 + \frac{\frac{2}{3}}{z-1}\right) + \left(-2 - \frac{\frac{5}{3}}{z+2}\right)$$

$$= \frac{3z - \frac{7}{3}}{z-1} - \frac{2z + \frac{17}{3}}{z+2}$$

即有

$$X_1(z) = \frac{3z - \frac{7}{3}}{z-1}, \quad |z| > 1$$

$$X_2(z) = -\frac{2z + \frac{17}{3}}{z+2}, \quad |z| < 2$$

注意 $X_1(z)$ 和 $X_2(z)$ 的分解不是唯一的,只要求 $X_1(z)$ 包含 $X(z)$ 在收敛域环内的所有极点,而 $X_2(z)$ 包含 $X(z)$ 在收敛域环外的所有极点.

因为 $X_1(z)$ 仅包含收敛域环内的极点,所以它的收敛域必定是个圆外区域,因此它对应一个右边序列,可以用降幂除法求解逆 z 变换. 即

$$X_1(z) = 3 + \frac{2}{3}z^{-1} + \frac{2}{3}z^{-2} + \cdots$$

所以

$$x_1(n) = \begin{cases} 0 & \text{当 } n < 0 \\ 3 & \text{当 } n = 0 \\ \frac{2}{3} & \text{当 } n > 0 \end{cases}$$

因为 $X_2(z)$ 仅包含收敛域环外的极点,所以它的收敛域必定是个圆内区域,因此它对应一个左边序列,可以用升幂除法求解逆 z 变换. 即

$$X_2(z) = -\frac{17}{6} + \frac{5}{12}z - \frac{5}{24}z^2 + \cdots$$

所以

$$x_2(n) = \begin{cases} (-1)^{-n-1}\frac{5}{12}2^{n+1} & \text{当 } n < 0 \\ -\frac{17}{6} & \text{当 } n = 0 \\ 0 & \text{当 } n > 0 \end{cases}$$

根据 z 变换的线性特性可知 $X(z)$ 的逆 z 变换为 $X_1(z)$ 和 $X_2(z)$ 的逆 z 变换之和,即

$$x(n) = x_1(n) + x_2(n) = \begin{cases} \dfrac{2}{3} & \text{当 } n > 0 \\ \dfrac{1}{6} & \text{当 } n = 0 \\ (-1)^{-n-1} \dfrac{5}{12} 2^{n+1} & \text{当 } n < 0 \end{cases}$$

由上述例子可以看出,用幂级数法求解逆 z 变换时非常有效的,但也比较麻烦.

例 4.3.11 利用 z 变换的线性特性,将一个双边序列分解成两个单边序列之和,然后分别利用降幂长除法和升幂长除法求出逆 z 变换. 由此可以得到启发,将一个复杂的有理函数展开成简单的有理函数之和,而这些有理函数的逆 z 变换又可以通过简单的方法(如查表)得到. 根据这个思想我们可以导出逆 z 变换的另一种方法——部分分式展开法.

3. 部分分式法

z 变换的部分分式展开法与拉普拉斯的部分分式展开法基本相似. 通常情况下,部分分式展开法用于因果序列的逆 z 变换比较有效. 其基本思想是:先对 $\dfrac{X(z)}{z}$ 分解成部分分式,然后将每个部分分式再乘以 z,这样就可以得到以 z^{-1} 为变量的部分分式展开式,再通过一些简单的方法(通常为查数学手册)求出这些简单部分分式的逆 z 变换,将部分分式的逆 z 变换求和就是原 z 变换的逆 z 变换.

一个因果序列的 z 变换通常可以写成有理分式,即

$$X(z) = \frac{a_0 + a_1 z^{-1} + a_2 z^{-2} + \cdots + a_N z^{-N}}{1 + b_1 z^{-1} + b_2 z^{-2} + \cdots + b_N z^{-N}}$$

$$= \frac{\displaystyle\sum_{i=0}^{N} a_i z^{-i}}{1 + \displaystyle\sum_{i=0}^{N} b_i z^{-i}}, \quad |z| > R_+$$

如果 $X(z)$ 的 N 个极点 $\{d_i\}$ 都是单阶极点,那么可以展开成部分分式

$$X(z) = \frac{\displaystyle\sum_{i=0}^{N} a_i z^{-i}}{\displaystyle\prod_{i=1}^{N}(1 - d_i z^{-1})} = A_0 + \sum_{i=1}^{N} \frac{A_i}{1 - d_i z^{-1}}, \quad |z| > R_+$$

其中,A_i 是常数,可以由下式求出:

$$A_0 = \text{Res}\left[\frac{X(z)}{z}, 0\right] = X(0) = \frac{a_N}{b_N}$$

$$A_i = \text{Res}\left[\frac{X(z)}{z}, d_i\right] = (1 - d_i z^{-1}) X(z) \Big|_{z=d_i}$$

对应的逆 z 变换为

$$x(n) = A_0 \delta(n) + \sum_{i=1}^{N} A_i d_i^n u(n)$$

需要注意的是,一般情况下,当 $X(z)$ 具有高阶极点时部分分式法并不是一个有效的方法.

例 4.3.12 已知 $X(z) = \dfrac{z^2}{(z-1)(z-0.5)}$,$|z| < 1$,求 $x(n)$.

解 $1 < |z|$,是右边(因果)序列.

$$\frac{X(z)}{z} = \frac{A_1}{z-0.5} + \frac{A_2}{z-1}$$

$$A_1 = (z-0.5)\frac{X(z)}{z}\bigg|_{z=0.5} = \frac{z}{z-1}\bigg|_{z=0.5} = -1$$

$$A_1 = (z-1)\frac{X(z)}{z}\bigg|_{z=1} = \frac{z}{z-0.5}\bigg|_{z=1} = 2$$

$$X(z) = \frac{2z}{z-1} - \frac{z}{z-0.5}, |z| < 1$$

$$x[n] = (2 - 0.5^n)u(n)$$

4.4　小　波　变　换

小波变换是近年来在信号处理、图像处理中受到重视的新技术,也应用于电磁波扩散、边值问题、机械故障诊断、小波成像系统和抑制干扰等. 小波变换的内容十分丰富,本节介绍小波变换的基础知识.

傅里叶变换是以在两个方向上都无限伸展的正弦曲线波作为正交基函数的. 对于瞬态信号或高度局部化的信号(例如边缘),由于这些成分并不类似于任何一个傅里叶基函数,它们的变换系数(频谱)不是紧凑的,频谱上呈现出一幅相当混乱的构成. 为了研究信号在局部时间内的频域特征,短时傅里叶变换通过信号加窗,然后对窗内的信号进行傅里叶变换. 但由于短时傅里叶变换的窗函数的大小和形状与时间和频率无关,为固定窗函数的大小和形状,因此,希望能够对低频信号采用大时间窗进行分析,而对于高频信号采用小时间窗进行分析. 为此,使用有限宽度基函数的变换方法逐步发展起来了. 这些基函数不仅在频率上而且在位置上是变化的,它们是有限宽度的波,故被称为小波(wavelet). 基于它们的变换就是小波变换. 小波变换继承了短时傅里叶变换的思想,其窗口大小不变,但窗口形状可以改变,是一种时间窗和频率窗都可以改变的时频分析方法,即在低频部分具有较高的频率分辨率和较低的时间分辨率,在高频部分具有较高时间分辨率和较低的频率分辨率,因此在时域和频域都具有很强的表征信号局部特征的能力.

4.4.1　小波

所有小波是通过对基本小波进行尺度伸缩和位移得到的. 基本小波 $\psi(t)$ 是一具有特殊性质的实值函数,它是振荡衰减的,而且通常衰减得很快,在数学上满足积分为零的条件(4.4.1)和相容条件(4.4.2). 其中,$\psi_F(s)$ 是 $\psi(t)$ 的傅里叶变换.

$$\int_{-\infty}^{+\infty} \psi(t)\,dt = 0 \qquad (4.4.1)$$

$$C_\psi = \int_{-\infty}^{+\infty} \frac{|\psi_F(s)|^2}{s}\,ds < \infty \qquad (4.4.2)$$

即基本小波在频域也具有好的衰减性质. 有些基本小波实际上在某个区间外是零,这是一类衰减最快的小波.

一组小波基函数是通过尺度因子 a 和位移因子由基本小波来产生

$$\psi_{a,b}(x) = \frac{1}{\sqrt{a}}\psi\left(\frac{x-b}{a}\right) \qquad (4.4.3)$$

小波做的改变就在于,将无限长的三角函数基换成了有限长的会衰减的小波基. 不同于傅里叶变换,傅里叶变换的变量只有频率 ω,小波变换有两个变量,如式(4.4.3)所示:尺度因子 a(scale)和位移因子 b(translation).尺度 a 控制小波函数的伸缩,位移 b 控制小波函数的平移.尺度对应于频率(反比),位移对应于时间.当伸缩、位移到这么一种重合情况时,也会相乘得到一个大的值.这时候和傅里叶变换不同的是:这不仅可以知道信号有这样频率的成分,而且知道它在时域上存在的具体位置.当在每个尺度下都平移着和信号乘过一遍后,就知道信号在每个位置都包含哪些频率成分.

小波函数是小波变换的关键.常用的小波变换中最简单的一种是 Haar 基本小波函数,定义在区间 $[0,1]$ 上,函数图如图 4.4.1 所示.其表达式如式(4.4.4)所示.

$$\psi(t) = \begin{cases} 1 & \text{当 } t \in [0,1/2) \\ -1 & \text{当 } t \in [1/2,1) \\ 0 & \text{其他} \end{cases} \tag{4.4.4}$$

由式(4.4.3)和式(4.3.4),小波 $\psi_{1,0}(x)$,$\psi_{1,1}(x)$ 的图像如图 4.4.2 所示.

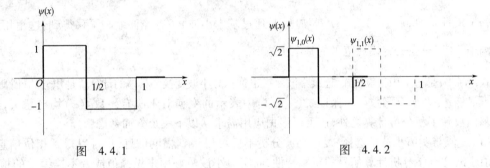

图 4.4.1   图 4.4.2

该基本小波定义的小波变换称为 Haar 小波变换,是常用的小波变换中最简单的一种.其他常用的小波基函数还有墨西哥草帽小波、Morlet 实小波、Morlet 复值小波等.

墨西哥草帽小波是高斯函数的二阶导数,即

$$\psi(t) = \frac{2}{\sqrt{3}} \pi^{-1/4} (1 - t^2) e^{-t^2/2} \tag{4.4.5}$$

其图形如图 4.4.3 所示,是不是很像一顶草帽?

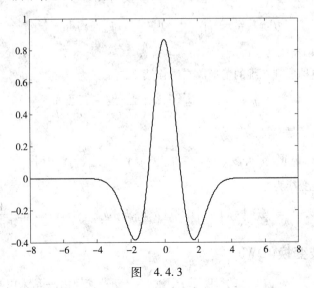

图 4.4.3

Morlet 实小波的表达式

$$\psi(t) = \pi^{-1/4}\cos(5t)\,\mathrm{e}^{-t^2/2} \tag{4.4.6}$$

Morlet 复值小波的表达式

$$\psi(t) = (\pi f_B)^{1/2}\,\mathrm{e}^{\mathrm{j}2\pi f_C t}\,\mathrm{e}^{-t^2/f_B} \tag{4.4.7}$$

式(4.4.7)中 f_B 为带宽，f_C 为中心频率．

其他常用的还有复高斯小波、复香农小波、Daubechies 小波、Meyer 小波、Coifman 小波等，这些小波函数及相应的尺度函数构成了不同的小波基．

4.4.2 连续小波变换(CWT)

连续小波变换定义为

$$W_f(a,b) = \,<f,\psi_{a,b}(x)> \,= \int_{-\infty}^{+\infty} f(x)\psi_{a,b}(x)\,\mathrm{d}x = \frac{1}{\sqrt{|a|}}\int_{-\infty}^{+\infty} f(x)\psi\!\left(\frac{x-b}{a}\right)\mathrm{d}x$$

$$\tag{4.4.8}$$

其中，$a \in \mathbf{R}$ 且 $a \neq 0$．$\psi_{a,b}(x)$ 为一个小波序列，通过基本小波 $\psi(x)$ 经伸缩和平移得到，这里用 a 做尺度因子，并用 $\dfrac{1}{\sqrt{|a|}}$ 将模规范了的基本小波．

式(4.4.8)是一个积分表达式，连续小波变换也称积分小波变换．具体的计算就是积分的计算．

很显然，并非所有函数都能保证式(4.4.8)中表示的变换对于所有函数 $f(x)$ 均有意义，选择小波基函数除了积分可计算之外，还可以根据应用需求从以下三个方面考虑：

(1)复值与实值小波的选择：复值小波分析不仅可以得到幅度信息，也可以得到相位信息，所以复值小波适合于分析计算信号的正常特性，而实值小波最好用来做峰值或者不连续性的检测．如果选复值小波，式(4.4.8)中取 $\psi(\ )$ 的共轭，本节没有特别标出．

(2)连续小波支撑区域的选择：连续小波基函数都在有效支撑区域快速衰减．有效支撑区域越长，频率分辨率越好，有效支撑区域越短，时间分辨率越好．

(3)小波形状的选择：如果进行时频分析，则要选择光滑的连续小波，因为时域越光滑的基函数，在频域的局部化特性越好．如果进行信号检测，则应尽量选择域信号波形相近似的小波．

实际应用中，还需要应用逆变换．连续小波逆变换为

$$f(x) = \frac{1}{C_\psi}\int_0^{+\infty}\int_{-\infty}^{+\infty} W_f(a,b)\psi_{a,b}(x)\,\mathrm{d}b\,\frac{\mathrm{d}a}{a^2} \tag{4.4.9}$$

由式(4.4.9)可以重构原函数．

可以将小波变换扩展到二维的情形．二维连续小波定义为

$$\psi_{a,b_x,b_y}(x,y) = \frac{1}{|a|}\psi\!\left(\frac{x-b_x}{a},\frac{y-b_y}{a}\right) \tag{4.4.10}$$

二维连续小波变换是

$$W_f(a,b_x,b_y) = \int_{-\infty}^{+\infty}\int_{-\infty}^{+\infty} f(x,y)\psi_{a,b_x,b_y}(x,y)\,\mathrm{d}x\mathrm{d}y \tag{4.4.11}$$

二维连续小波逆变换为

$$f(x,y) = \frac{1}{C_\psi}\int_0^{+\infty}\int_{-\infty}^{+\infty}\int_{-\infty}^{+\infty} W_f(a,b_x,b_y)\psi_{a,b_x,b_y}(x,y)\,\mathrm{d}b_x\mathrm{d}b_y\,\frac{\mathrm{d}a}{a^3} \tag{4.4.12}$$

4.4.3 离散小波变换(DWT)

在数值计算中，需要对小波变换的尺度因子、位移因子进行离散化，一般采用如下的离散化方式．

尺度因子 $a > 0, a = a_0^m, b = na_0^m b_0$，其中，$a_0 > 1, b_0 \neq 0, m, n$ 为整数，小波基函数为

$$\psi_{m,n}(x) = \frac{1}{\sqrt{a_0^m}} \psi\left(\frac{1}{a_0^m}x - na_0^m b_0\right)$$

因此，函数 $f(t)$ 的离散小波变换为

$$c_{m,n} = \int_{-\infty}^{+\infty} f(t)\psi_{m,n}(t)\,\mathrm{d}t$$

对应的逆变换（也称重构公式）为

$$f(t) = k\sum_m \sum_n c_{m,n}\psi_{m,n}(t)$$

其中 k 是一个与 t 无关的常量.

适当选择 ψ, a_0, b_0，使 $\psi_{m,n}(x)$ 构成规范正交基. 通常采用 $a_0 = 2, b_0 = 1$ 构成离散二进小波. 例如，在平方可积函数空间 $L^2(R)$ 中，最典型的规范正交基是 Haar 基，小波函数族为

$$h_{m,n}(x) = \frac{1}{\sqrt{2^m}} h\left(\frac{1}{2^m}x - n\right)$$

在数值计算中，采用离散化的尺度及位移因子，特别地当取二进伸缩（以 2 的因子伸缩）和二进位移（每次移动 $k/2^j$）时，这时也形成二进小波.

正交小波定义为满足下列条件的小波

$$\psi_{j,k}(x) = 2^{j/2}\psi(2^j x - k), \quad -\infty < j < \infty, \ -\infty < k < \infty \text{ 为整数}$$

它们构成 $L^2(R)$（平方可积函数空间）中的正交归一基. 整数 j 决定伸缩，k 确定平移幅度. 正交基满足正交性条件 $<\psi_{j,k}, \psi_{l,m}> = \delta_{j,l}\delta_{k,m}$（Kronecker δ 函数）.

任何 $f(x) \in L^2(R)$（平方可积函数空间）都可以展开为

$$f(x) = \sum_{-\infty}^{+\infty} \sum_{-\infty}^{+\infty} c_{j,k}\psi_{j,k}(x) \tag{4.4.13}$$

式（4.4.13）中变换系数为

$$c_{j,k} = <f(x), \psi_{j,k}(x)> = 2^{j/2}\int_{-\infty}^{\infty} f(x)\psi(2^j x - k)\,\mathrm{d}x$$

式（4.4.13）是小波级数展开公式，也称函数 $f(x)$ 的重构公式.

当进一步把 $f(x)$ 和基本小波限制为在 $[0,1]$ 区间外为零的函数时，上述正交小波函数族就成为紧致二进小波函数族，它可以用单一的下标参数 n 来确定：

$$\psi_n(x) = 2^{j/2}\psi(2^j x - k)$$

其中，j 和 k 是 n 的如下函数：

$$n = 2^j + k, \quad j = 0, 1, \cdots; k = 0, 1, \cdots, 2^j - 1$$

即 j 是满足 $2^j \leqslant n$ 的最大整数，而 $k = n - 2^j$.

相应的逆变换为

$$f(x) = \sum_{n=0}^{+\infty} c_n\psi_n(x) \tag{4.4.14}$$

其中，假定 $\psi_0(x) = 1$，变换系数

$$c_n = <f(x), \psi_n(x)> = 2^{j/2}\int_{-\infty}^{+\infty} f(x)\psi(2^j x - k)\,\mathrm{d}x$$

在基小波的情形下，前面介绍了利用小波变换关于时间域与频率域的所有信息重构原信号的问题，而在二进小波的前提下，则得到小波变换频率域离散、时间域连续情况下信号的重构算法. 现在，时间域与频率域均离散的情形下信号也可以实现精确重建. 近年来，有关小波变换的研究和应用已经取得了很多成果，建议读者参考有关资料.

习　　题

1. 证明傅里叶变换的对称性质:实函数的傅里叶变换,其实部偶对称,虚部奇对称;其振幅偶对称,相位奇对称.

2. 求符号函数 $f(t) = \begin{cases} 1+t & \text{当} -1<t<0 \\ 1-t & \text{当} 0<t<1 \\ 0 & \text{当} |t|>1 \end{cases}$ 的傅里叶变换.

3. 已知 $f(t)$ 的傅里叶变换为 $F(\omega) = e^{-\beta|\omega|}, (\beta>0)$,求 $f(t)$.

4. 求 $f(t) = \sin^3 t$ 的傅里叶变换.

5. 设 $f(t)$ 和 $F(\omega)$ 是傅里叶变换对,证明 $\dfrac{1}{2}[f(t+a)+f(t-a)]$ 与 $F(\omega)\cos a\omega$ 是傅里叶变换对.

6. 用拉普拉斯变换计算积分 $\displaystyle\int_0^{+\infty} te^{-2t}\,\mathrm{d}t$.

7. 用拉普拉斯变换计算积分 $\displaystyle\int_0^{+\infty} te^{-3t}\sin 2t\,\mathrm{d}t$.

8. 求出下列序列的 z 变换:

(1) $x[n] = -a^n u[-n-1]$;　　(2) $x[n] = a^{-n} u[-n-1]$.

9. 求出下面 $X(z)$ 的反拉普拉斯变换:

$$X(z) = (z)^2 \left(1 - \frac{1}{2}z^{-1}\right)(1-z^{-1})(1+2z^{-1}), 0<|z|<\infty$$

10. 考虑序列 $x[n] = \begin{cases} a^n & \text{当} 0\leqslant n\leqslant N-1, a>0 \\ 0 & \text{其他} \end{cases}$,求出 $X(z)$,并画出 $X(z)$ 的零极点.

11. 求出下列序列的 z 变换 $X(z)$,画出零极点图和收敛域:

(1) $x[n] = \left(\dfrac{1}{2}\right)^n u[n] + \left(\dfrac{1}{3}\right)^n u[n]$;

(2) $x[n] = \left(\dfrac{1}{3}\right)^n u[n] + \left(\dfrac{1}{2}\right)^n u[-n-1]$;

(3) $x[n] = \left(\dfrac{1}{2}\right)^n u[n] + \left(\dfrac{1}{3}\right)^n u[-n-1]$.

12. 利用幂级数展开技术,求出下列 $X(z)$ 的 z 逆变换:

(1) $X(z) = \dfrac{1}{1-az^{-1}}, |z|>|a|$;

(2) $X(z) = \dfrac{1}{1-az^{-1}}, |z|<|a|$.

13. 已知下列差分方程以及相关的输入和初始条件,确定输出 $y[n]$.

(1) $y[n] - \dfrac{1}{2}y[n-1] = x[n]$,且 $x(n) = \left(\dfrac{1}{3}\right)^n, y[-1] = 1$;

(2) $3y[n] - 4y[n-1] + y[n-2] = x[n]$,且 $x(n) = \left(\dfrac{1}{2}\right)^n, y[-1] = 1, y[-2] = 2$.

14. 在连续小波变换中,说明规范化常数 $\dfrac{1}{\sqrt{a}}$ 满足 $\|\psi(t)\| = \|\psi_{a,b}(t)\|$.

通信工程应用数学

第5章 图与网络分析

　　图论是应用十分广泛的数学分支,它已广泛地应用在物理学、化学、控制论、信息论、科学管理、计算机、通信等多个领域. 在通信领域中,有很多问题可以用图论的理论和方法来解决. 例如,通信网络中的路由选择问题,即将信息从一个设备,传送到另一个设备,所经过的信道最短. 再如,通信网络的拓扑结构的设计、通信电路的分析、通信工程项目的管理等问题.

5.1　图的基本概念

　　图论的产生起源于七桥问题,1736 年 29 岁的欧拉向圣彼得堡科学院递交了解答该问题的论文,其解答问题的方法开创了数学的一个新的分支——图论. 七桥问题(Seven Bridges Problem)是18 世纪著名古典数学问题之一. 在哥尼斯堡的一个公园里,有七座桥将普雷格尔河中两个岛及岛与河岸连接起来(见图 5.1.1). 问是否可能从这四块陆地中任一块出发,恰好通过每座桥一次,再回到起点? 欧拉于 1736 年研究并解决了此问题,他把问题归结为如图 5.1.2 所示的"一笔画"问题,证明上述走法是不可能的.

图　5.1.1

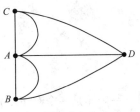

图　5.1.2

　　在论文中,欧拉将七桥问题抽象出来,把每一块陆地考虑成一个点,连接两块陆地的桥以线表示. 并由此得到了如图 5.1.2 所示的几何图形. 若分别用 A,B,C,D 四个点表示为哥尼斯堡的四个区域,这样著名的"七桥问题"便转化为是否能够用一笔不重复的画出过此七条线的问题了. 若可以画出来,则图形中必有终点和起点,并且起点和终点应该是同一点,由于对称性可知由 B 或 C 为起点得到的效果是一样的. 若假设以 A 为起点和终点,则必有一离开线和对应的进入线;若定义进入 A 的线的条数为入度,离开线的条数为出度,与 A 有关的线的条数为 A 的度,则 A 的出度和入度是相等的,即 A 的度应该为偶数. 即要使得从 A 出发有解则 A 的度数应该为偶数,而实际上 A 的度数是 5 为奇数,于是可知从 A 出发是无解的. 同时,若从 B 或 D 出发,由于 B,D 的度数分别是3,3,都是奇数,即以之为起点都是无解的.

图论中研究的图是点线图,点线图是由若干点和点间的连线所组成. 在实际生活中,人们为了反映一些对象之间的关系,常常在纸上用点和线画出各种示意图,其中,用点表示对象,用线表示两个对象之间的关系. 例如上述的七桥问题. 又如,如图5.1.3所示的通信网络结构只考虑设备之间的连接关系时画成图5.1.4所示的图.

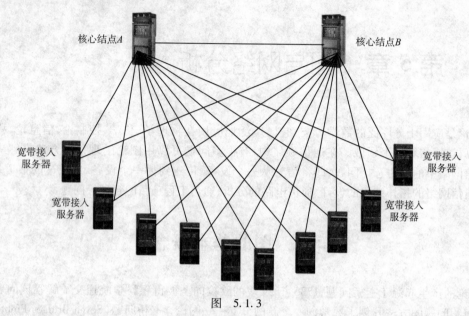

图 5.1.3

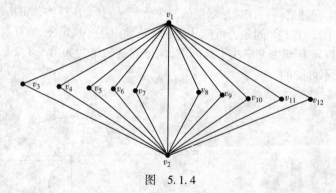

图 5.1.4

定义 一个**图**是一个有序二元组 $<V,E>$,记为 $G=(V,E)$,其中:

(1) V 是一个有限的非空集合,称为**顶点集合**,其元素称为**顶点**或**点**. 用 $|V|$ 表示顶点数;

(2) E 是由 V 中的点组成的无序对构成的集合,称为**边集**,其元素称为**边**,且同一点对在 E 中可以重复出现多次. 用 $|E|$ 表示边数.

例 5.1.1 设图 $G=<V,E>$. 这里 $V=\{v_1,v_2,v_3,v_4\}$,$E=\{e_1,e_2,e_3,e_4,e_5,e_6\}$,$e_1=(v_1,v_2)$,$e_2=(v_1,v_3)$,$e_3=(v_1,v_4)$,$e_4=(v_2,v_3)$,$e_5=(v_3,v_2)$,$e_6=(v_4,v_4)$. 当然,用点和线画图更直观.

图 5.1.4 对应的图 $G=<V,E>$. 这里 $V=\{v_1,v_2,v_3,v_4,v_5,v_6,v_7,v_8,v_9,v_{10},v_{11},v_{12}\}$,$E=\{e_1,e_2,e_3,e_4,e_5,e_6,e_7,e_8,e_9,e_{10},e_{11},e_{12},e_{13},e_{14},e_{15},e_{16},e_{17},e_{18},e_{19},e_{20},e_{21}\}$,$e_1=(v_1,v_2)$,$e_2=(v_1,v_3)$,$e_3=(v_1,v_4)$,$e_4=(v_1,v_5)$,$e_5=(v_1,v_6)$,$e_6=(v_1,v_7)$,$e_7=(v_1,v_8)$,$e_8=(v_1,v_9)$,$e_9=(v_1,v_{10})$,$e_{10}=(v_1,v_{11})$,$e_{11}=(v_1,v_{12})$,$e_{12}=(v_2,v_3)$,$e_{13}=(v_2,v_4)$,$e_{14}=(v_2,v_5)$,$e_{15}=(v_2,v_6)$,$e_{16}=(v_2,v_7)$,$e_{17}=(v_2,v_8)$,$e_{18}=(v_2,v_9)$,$e_{19}=(v_2,v_{10})$,$e_{20}=(v_2,v_{11})$,$e_{21}=(v_2,v_{12})$.

在讨论图论问题时,图也可以用图形表示:V中的元素用平面上一个黑点表示,E中的元素用一条连接V中相应点对的任意形状的线表示. 图 5.1.3 中的通信网络结构可以用图 5.1.4 来描述,也可以用图 5.1.5 来描述.

注意,图只是描述了点线的关系,与具体画法没有关系. 如果做个比较,图 5.1.4 和图 5.1.5 两个图对应的 V,E 的元素都是一样的. 一般地,图论中用同构这个概念来描述一个图的不同表示方式. 如果存在一个使得两个图 G,G' 对应的 V,E 的元素有一一对应的映射,则称两个图同构.

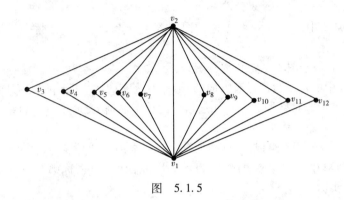

图　5.1.5

在图论中,图中的点、边的几何属性无意义,有意义的是点、边之间的连接关系. 因此,图论中的图与工程图、几何图、地图是不同的.

为了研究方便,图论中还有以下一些常用的概念:

边连接的点称为边的端点.

点所连接的边称为点的关联边.

同一条边的两个端点,称为相邻,两个端点互为邻接点.

连接同一个端点的两条边,也称相邻,两条边互为邻接边.

环:两个端点相同的边. 例 5.1.1 中 $e_6 = (v_4, v_4)$ 为环.

多重边:两点之间多于一条边.

简单图:无环、无多重边的图.

点的度:与点相关联的边的数量,记为 $d(v_i)$,也称**线度**.

图 G 的点度定义为图 G 的所有点的度中的最小值,记为 $\delta(G) = \min\{d(v_i) \mid v_i \in V\}$.

图中,所有点的度之和等于边数的两倍. 这是因为每一条边有且仅有 2 个端点.

奇点:度为奇数的点.

偶点:度为偶数的点.

孤立点:度为零的点.

链:依次相连的点、边交替序列,且边不存在重复.

路:点无重复的链.

圈:起点和终点相同的链.

回路:起点和终点相同的路.

若图中每一对点之间均至少存在一条链,则称该图为连通图. 否则称该图不连通,或称**非连通图**. 连通图有很多重要性质,在 5.2 节讨论.

完全图:任意两点之间均有边相连的简单图.

n 个顶点的完全图中边的数量为 $C_n^2 = \dfrac{n(n-1)}{2}$.

图中的顶点分为两个非空集合 V_1 和 V_2,同一集合内任意两点均不相邻,则称该图为偶图,也称二分图.

若 V_1, V_2 之间的每一对顶点均有边相连,则称该图为**完全偶图**.

设 V_1 中有 m 个顶点,V_2 中有 n 个顶点,则完全偶图有 $m \times n$ 条边.

子图:包含原图中部分或全部点和边的图. 即 $G_1 = \{V_1, E_1\}$ 和 $G_2 = \{V_2, E_2\}$,若 $V_1 \subseteq V_2$, $E_1 \subseteq E_2$,称 G_1 是 G_2 的一个子图.

部分图:包含原图中全部点和部分边的图. 若 $V_1 = V_2$, $E_1 \subset E_2$,则称 G_1 是 G_2 的一个部分图.

部分图也是子图,但子图不一定是部分图.

有向图:若图 G 中的每条边都是有方向的,则称 G 为有向图(Digraph). 有向图中的边称为有向边. 有向边用于表示非对称的关系. 如通信中的单工通信,交通中的单行线,都是一种非对称的关系.

一条有向边是由两个顶点组成的有序对,有序对通常用尖括号表示,如 $<u, v>$ 表示从 u 到 v 的一条有向边;在图形中有带箭头的弧线表示. 因此,有向边也称弧(Arc),边的始点称弧尾(Tail),终点称为弧头(Head).

与有向图相对应,有无向图的概念. 若图 G 中的每条边都是没有方向的,则称 G 为**无向图**. 无向边用于表示对称的关系,如无向边仍然简称为**边**. 无向图中的边均是顶点的无序对,无序对通常用圆括号表示. 如通信中的全双工通信是一种对称的关系.

一个图 $G = (V, E)$ 可以用矩阵 A 来表示,设 $V = \{v_1, v_2, \cdots, v_n\}$,矩阵的元素 a_{ij}

$$a_{ij} = \begin{cases} 1 & \text{当 } (v_i, v_j) \in E \\ 0 & \text{当 } (v_i, v_j) \text{ 不属于 } E \end{cases}$$

这个 n 阶的矩阵称为图 G 的邻接矩阵. 对无向图,邻接矩阵是对称的. 有向图的邻接矩阵可能不对称,也可能是对称的.

通过图 G 的邻接矩阵,容易计算无向图各结点的度,该行元素的和即为该结点的度. 容易计算有向图各结点的入度和出度.

5.2 图的连通性

图的连通程度的高低,在与之对应的通信网络中,对应于网络"可靠性程度"的高低. 网络可靠性指如通信网络等对某个组成部分崩溃的容忍程度. 比如,在一个通信网络中,要保证所有的用户仍然能继续通信,可以容忍有几条通信线路被损坏.

5.2.1 连通性的概念

1. 连通

若图中每一对点之间均至少存在一条链,则称该图为连通图. 否则称该图不连通,或称**非连通图**.

如果在图 G 中 u, v 两点之间存在一条链,则称顶点 u, v 在图 G 中连通. 因此,连通图是图中任意两个顶点都连通的图.

若图 G 的顶点集 $V(G)$ 可划分为若干非空子集 $V_1, V_2, \cdots, V_w$,使得两顶点属于同一子集当且仅当它们在 G 中连通,则称每个子图 G 为图 G 的一个 **连通分支** $(i = 1, 2, \cdots, w)$.

显然,图 G 的连通分支是 G 的一个极大连通子图.图 G 连通当且仅当连通分支数 $w(G) = 1$.

例 5.2.1 设有 $2n$ 个电话交换机,每个交换机与至少 n 个交换机有直通线路,则该交换系统中任意两台交换机均可实现通话.

证 构造图 G 如下:以交换机作为顶点,两顶点间连边当且仅当对应的两台间有直通线路.问题化为:已知图 G 有 $2n$ 个顶点,且图 G 的顶点度数 $\delta(G) \geq n$,求证 G 连通.

事实上,假如 G 不连通,则至少有一个连通分支的顶点数不超过 n.在此连通分支中,顶点的度至多是 $n-1$.这与 $\delta(G) \geq n$ 矛盾.证毕.

例 5.2.2 若图中只有两个奇度顶点,则它们必连通.

证 用反证法.假如 u 与 v 不连通,则它们必分属于不同的连通分支.将每个分支看成一个图时,其中只有一个奇度顶点.这与所有点的次之和等于边数的两倍即偶数矛盾.证毕.

在连通图中,连通的程度也有高有低.例如,后面将定义连通度来度量连通图连通程度的高低.

2. 割点

在 G 中,如果 $E(G)$ 可以划分为两个非空子集 E_1 与 E_2,使 $G[E_1]$ 和 $G[E_2]$ 以点 v 为公共顶点,称 v 为 G 的一个 **割点**.

直观地,在图 G 中,去掉顶点 v 及其关联的边,则 G 不连通.

定理 5.2.1 设 $v \in V(G)$,v 为 G 的一个割点的充要条件是 $w(G-v) > w(G)$.

证 必要性.设 v 是 G 的割点,则 E 可划分为两个非空边子集 E_1 与 E_2,使 E_1, E_2 分别对应的 2 个子图 $G[E_1]$,$G[E_2]$ 恰好以 v 为公共点.由于 G 没有环,所以,$G[E_1]$,$G[E_2]$ 分别至少包含异于 v 的 G 的点,这样,$G-v$ 的分支数比 G 的分支数至少多 1,所以 $w(G-v) > w(G)$.

充分性.由割点定义结论显然.证毕.

3. 割边

设 $e \in E(G)$,如果 $w(G-e) > w(G)$,则称 e 为 G 的一条 **割边**.

定理 5.2.2 边 e 是 G 的割边当且仅当 e 不在 G 的任何圈中.

证 证其逆否命题:e 不是割边当且仅当 e 含在 G 的某个圈中.

必要性:设 $e = (x, y)$ 不是割边.假定 e 含在 G 的某个连通分支 G_1 中,则 $G_1 - e$ 仍连通.故在 $G_1 - e$ 中有 (x, y) 路 P,$P + e$ 便构成 G_1 中一个含有 e 的圈.

充分性:设 e 含在 G 的某个圈 C 中,而 C 含于某连通分支 G_1 中,则 $G_1 - e$ 仍连通.故 $w(G-e) = w(G)$,这说明 e 不是割边.

证毕.

5.2.2 有向图的连通性

设 $D = (V, E)$ 为一个有向图.对 $u, v \in V$,若从 u 到 v 存在有向通路,则称 u 到 v **可达**.

设 $D = (V, E)$ 为一个有向图.若 D 的基础图(即 D 的各弧去掉方向后所得的无向图)是连通图,则称 D 是 **弱连通图**;若对 D 中任意两点 u 和 v,要么 u 到 v 可达,要么 v 到 u 可达,则称 D 是 **单向连通** 的;若对 D 中任意两点 u 和 v,u 与 v 之间都是相互可达的,则称 D 是 **双向连通** 的(**强连通** 的).

按照上述定义,强连通图一定是单连通的,单连通图一定是弱连通的.

定理 5. 2. 3 设有向图 $D = (V, E)$，$V = \{v_1, v_2, \cdots, v_n\}$. D 是强连通图当且仅当 D 中存在经过每个顶点至少一次的回路.

证 充分性显然. 下证必要性. 由于 D 是强连通的，故对 $i = 1, 2, \cdots, n-1$，v_i 到 v_{i+1} 可达，且 v_n 到 v_1 也可达. 设 P_i 为 v_i 到 v_{i+1} 的有向通路，而 P_n 为 v_n 到 v_1 的有向通路. 则 $P_1, P_2, \cdots, P_n$ 所连成的有向回路经过 D 中每个点至少一次. 证毕.

定理 5. 2. 4 n 阶有向图 $D = (V, E)$ 是单向连通图当且仅当 D 中存在经过每个顶点至少一次的通路. 证明从略.

对有向图，也有割点、割边的概念，一个连通的有向图，去掉割点（或割边）后变成了非连通图.

非连通图的极大强连通子图称为强连通分量. 强连通分量可以看成是一个点，叫做有向图缩点，这样把所有强连通分量缩成一个点后加上割点及其弧可以构成一个新的连通图.

5.2.3　k – 连通

1. 顶点割集

对图 G，若 $V(G)$ 的子集 V' 使得 $w(G - V') > w(G)$，则称 V' 为图 G 的一个顶点割集. 含有 k 个顶点的顶点割集称为 k – 顶点割集.

显然：割点是 1 – 顶点割集；完全图没有顶点割集.

2. 连通度

$k(G) = \min\{|V'| \mid V'$ 是 G 的顶点割集$\}$ 称为图 G 的**连通度**. 完全图的连通度定义为 $k(G) = |v| - 1$. 空图的连通度定义为 0.

因此：

(1) 使得 $|V'| = k(G)$ 的顶点割集 V' 称为 G 的最小顶点割集；

(2) 若 G 不连通，则 $k(G) = 0$；

(3) 若 G 是平凡图，则 $k(G) = 0$；

(4) 图 G 的连通度与图是否含环无关.

图 G 的一个点割集是一个集合 $S \subseteq V(G)$，使得 $G - S$ 的连通分量多于一个 G 的连通度，$k(G)$ 是使得 $G - S$ 不连通或只有一个顶点的顶点集合 S 大小的最小值. 如果 G 的连通度最少是 k，则称 G 是 k – 连通的.

因此：

(1) 连通图都是 1 – 连通的；

(2) G 是不连通的 $\Leftrightarrow G$ 的连通度为 0；

(3) 图 G 是 k – 连通的，则 $k(G) \geqslant k$.

(4) 顶点数大于 2 的图的连通度为 $1 \Leftrightarrow$ 它是连通的且有一个割点.

若图 G 的连通度为 k，则 $\delta(G) \geqslant k$，故 G 中至少有 $\left\lfloor \dfrac{kn}{2} \right\rfloor$ 条边（见本章习题 5）. 我们关心是否可以给出 n 个顶点的 k – 连通图且有 $\left\lfloor \dfrac{kn}{2} \right\rfloor$ 条边（即下界是否可以取到）. 本章习题 5 给出了肯定的回答.

3. 边割集

对图 G，若 $E(G)$ 的子集 E' 使得 $w(G - E') > w(G)$，则称 E' 为图 G 的一个**边割集**. 含有 k 条边的边割集称为 k – 边割集.

注：

（1）对非平凡图 G，若 E' 是一个边割集，则 $G-E'$ 不连通.

（2）一条割边构成一个 $1-$边割集.

（3）对于图 G 来说，边割集只包含图 G 的边，考虑分支个数时不去掉顶点.

4. 边连通度

$k'(G)=\min\{|E'||E'$ 是 G 的边割集$\}$ 称为图 G 的**边连通度**，也称**结合度**. 完全图的边连通度定义为 $k'(G)=v-1$. 空图的边连通度定义为 0.

注：

（1）对平凡图或不连通图 G，$k'(G)=0$；

（2）若图 G 是含有割边的连通图，则 $k'(G)=1$；

（3）若 $k'(G)\geqslant k$，则称 G 为 $k-$边连通的；

（4）所有非平凡连通图都是 $1-$边连通的；

（5）使得 $|E'|=k'(G)$ 的边割集称为 G 的最小边割集.

定理 5.2.5 $k(G)\leqslant k'(G)\leqslant\delta(G)$.

该定理是 Whitney 于 1932 年提出的.

证 先证 $k(G)\leqslant k'(G)$. 若 G 不连通，则 $k(G)=k'(G)=0$. 若 G 是完全图，则 $k(G)=k'(G)=n-1$. 下设 G 连通但不是完全图. 则 G 有边割集含有 $k'(1\leqslant k'\leqslant v-1)$ 条边. 设这个边割集为 E'. 对 E' 中每条边，选取一个端点，去掉这些端点（至多 k' 个）后，G 便成为不连通图，故这些端点构成一个点割集 V'，$|V'|\leqslant k'$. 因此 $k(G)\leqslant|V'|\leqslant k'(G)$.

再证 $k'(G)\leqslant\delta(G)$. 设 $d(v)=\delta$. 删去与 v 关联的 δ 条边后，G 变成不连通图，故这 δ 条边构成 G 的一个边割集. 因此 $k'(G)\leqslant\delta(G)$.

证毕.

下面定理给出 $2-$连通图的特征，也是 Whitney 于 1932 年证明的.

定理 5.2.6 图 $G(n(G)\geqslant3)$ 是 $2-$连通的 $\Leftrightarrow\forall u,v\in V(G)$，在 G 中存在内部不相交的（internally-disjoint）$u,v-$路径（即两条路径没有公共的内顶点）.

该定理可以推广到一般的 $k-$连通图. 证明较繁，这里略去，有兴趣的读者可参见相关资料.

5.2.4 通信网的可靠性

通信网的可靠性定义为：在人为或自然破坏作用下，通信网在规定条件下和规定时间内的生存能力. 这里最重要的是通信网的规定功能和生存能力指的是什么. 从图论来看，通信网是由结点和链路组成的，当任何原因造成某些结点或链路失效时，会使全网的连通性变差；由于连通性变差会导致网络余存部分的性能指标下降. 因此通信网的生存或规定功能应从连通性和性能指标两方面考虑.

1. 通信网的连通性

某网络中由交换机和网线组成，问哪个交换机瘫痪后，整个网络就被隔开，不能通信，这个明显问的就是割点. 但是，如果问题改成，如果哪条网线断开后，整个网络就不能通信，那么这个问的就是割边.

通信网的连通性问题转换成图的连通性问题. 连通性越好，可靠性越高. 设 α 是图的连通度，它是使图成为不连通图至少需去掉的结点数. β 是图的结合度，它是使图成为不连通图至少需

去掉的边数. 对 n 个点、m 条边的连通图,可证明下式成立:

$$\alpha \leqslant \beta \leqslant \frac{2m}{n}$$

其中,$F = \dfrac{2m}{n}$ 称为网络的抗毁性,又称网络的冗余度. 要求连通性好或通信网的可靠性高,常希望 F 大一些,因为点数一定时,边数越多,任意两点之间的路径才越多.

要使 F 增大,在点数一定的情况下,意味着增加 m,即要增加网的传输链路数才能使 α 和 β 增加.

根据上述结论,研究通信网的连通性主要是研究通信网的点连通度.

2. 满足给定点连通度的网络结构

在网络设计时,如何设计一个满足连通度要求的网络结构呢? 网络初始连接结构的生成可以采用链路赤字法,若可靠性要求是使网络图的点连通度大于等于 $k+1$,采用链路赤字法的想法就是生产一个图度数等于 $k+1$ 的初始拓扑. 初始连接结构的生成步骤如下:

(1)给所有结点随机地顺序编号,对每个结点赋予一个 $k+1$ 的链路赤字.

(2)选择一个赤字最大的结点,若有多个结点赤字都是最大,则选序号小的那个 X.

(3)在无边和 X 直接相连的结点中选择一个赤字最大的结点 Y,若有多个可选,可以按照某种意义选择一个最合适的结点:比如与 X 距离最近、或者信息流量最大等,若还有多个可以选择,则选序号小的那个.

(4)连接 XY,并将 X 和 Y 的链路赤字各减去 1.

重复步骤(2)、(3)、(4),直到所有结点的链路赤字值没有正数为止.

验证所得到的图达到了可靠性要求,如果不满足可靠性要求,则需要增加一条链路.

5.3 树和图的最小部分树

"树"是一类简单而重要的图. 树广泛应用,比如数据结构中的二叉查找树,数据库中的 B 树、数据压缩编码中的霍夫曼树,以及通信网络中的多播分布树、网桥生成树等.

5.3.1 树图的性质

在图论中,**树**是任意两个顶点间有且只有一条路径的图. 或者说,只要没有回路的连通图就是树. 或者说,树是无圈的连通图. 树图的形状与大自然中的树相似,因此也有树根、分支、叶子的概念. **树根**通常是认为指定的具有某个特性的结点,例如编号最小,或者是信息源. **叶子**通过分支与树根相连.

由定义,存在只有一个结点的树. 但讨论树的性质时,一般认为树的结点数大于 1.

森林是指互相不交的树的集合.

连通图是任意两点之间都存在至少一条链. 圈是起点与终点相同的链. 因此,可以看到树的特殊性.

定理 5.3.1 任何树图中必存在次为 1 的点.

证 反证法. 如果所有点次都大于等于 2,则可以逐点往下连,必然会形成一个圈. 证毕.

度为 1 的点称为悬挂点,也称**叶子结点**,简称叶子. 与悬挂点关联的边称为悬挂边.

定理 5.3.2 具有 n 个顶点的树图的边数恰好为 $(n-1)$ 条.

证 用归纳法. 已知 $n=2,n=3$ 时结论成立,假设 $n=k-1$ 时成立,当 $n=k$ 时,去掉一个悬挂点及悬挂边,则仍为树图,则有 $n=k-1,m=k-2$,在该图上加回原来的点和边,则有 $n=k,m=k-1$. 证毕.

定理 5.3.3 任何具有 n 个点、$n-1$ 条边的连通图是树图.

证 反证法. 若不是树图则必有圈,去掉圈中的一条边,则仍连通,若此时无圈,则成为树图,而边数小于 $n-1$,与定理 5.3.3 矛盾. 证毕.

推论 5.3.1

(1)在树图中任意再加一条边必然会出现圈;

(2)树图的任意两点间有且仅有一条唯一的链;

(3)若从树图中任意去掉一条边,则图不连通.

5.3.2 图的最小部分树

如果 G_1 是 G_2 的部分图(G_1 含有 G_2 的所有点),又是树图,则称 G_1 是 G_2 的**部分树**(也称**支撑树、生成树**).

树图的边称为**树枝**,树枝上赋以的数值(权重)称为树枝的**长度**.

一个连通图通常具有多个部分树,其中树枝总长最小的部分树,称为该图的**最小部分树**(**最小支撑树、最小生成树**).

定理 5.3.4 图中任一点 i,若 j 是与 i 相邻点中距离最近的点,则边 $[i,j]$ 一定含在该图的最小部分树内.

证 反证法:设 $[i,j]$ 不在最小部分树内,将该边加上,则图中必出现圈,设图 i 点的原关联边是 $[i,k]$,应有 $[i,k] > [i,j]$,因此,在树图中加上 $[i,j]$,去掉 $[i,k]$,该图仍为树图,但树枝总长度减小,所以原来的树不是最小部分树. 证毕.

推论 5.3.2 把图中所有点分成 V 和 $\bar{V}$ 两个集合,则两集合之间的最短边一定包含在最小部分树内.

证 反证法. $[i,j]$ 是 V 和 $\bar{V}$ 之间的最短边,但不包含在最小部分树内,加上 $[i,j]$ 则必出现圈,且该圈中必有另一条边 $[m,k]$ 处于 V 和 $\bar{V}$ 之间,在图中加上 $[i,j]$,去掉 $[m,k]$,则仍为树图,且枝的总长度更小.

5.3.3 求图的最小部分树的方法

用最短路径算法也可以求得图的最小部分树,但常用的求图的最小部分树的方法是避圈法和破圈法.

1. 避圈法

去掉图中所有的边,逐条添加不会形成圈的最短边,直至成为连通图为止.

(1)从图中任取一点 v_i,让 $v_i \in V$,其余点均属于 $\bar{V}$;

(2)从 V 与 $\bar{V}$ 的连线中找出最小边(若有多条,任取一条),设为 $[v_i,v_j]$,其中 $v_i \in V, v_j \in \bar{V}$,取 $[v_i,v_j]$ 为最小部分树内的边;

(3)令 $V = V \cup v_j, \bar{V} = \bar{V} - v_j$;

(4)重复(2)、(3)两步,直至图中所有点均包含在 V 中.

2. 破圈法

从图中任取一个圈,从中去掉权重最大的边. 重复此过程直至图中不存在圈为止.

例 5.3.1 用破圈法求图 5.3.1 的最小部分树.

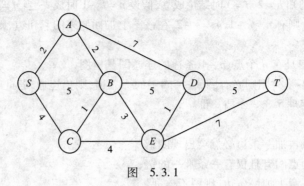

图 5.3.1

解 可以从图左上部分开始,A,B,S 构成一个圈,其中边 $<S,B>$ 的权值最大,去掉边 $<S,B>$,如图 5.3.2 所示.

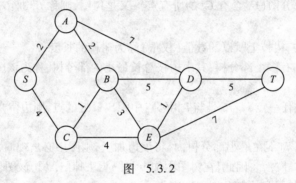

图 5.3.2

继续,A,B,C,S 构成一个圈,其中边 $<S,C>$ 的权值最大,去掉边 $<S,C>$,如图 5.3.3 所示.

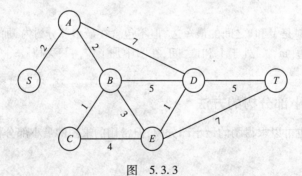

图 5.3.3

继续,去掉 $<A,D>$,$<C,E>$,$<B,D>$,$<E,T>$,最后得到最小部分树如图 5.3.4 所示.

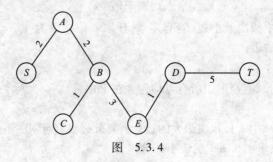

图 5.3.4

5.3.4 霍夫曼树与霍夫曼编码

霍夫曼树又称最优二叉树,是一种带权路径长度最短的二叉树.所谓二叉树是每个结点最多有两个子树的树.通常子树被称为"左子树"和"右子树".所谓树的带权路径长度,就是树中所有的叶结点的权值乘上其到根结点的路径长度(若根结点为 0 层,叶结点到根结点的路径长度为叶结点的层数).树的路径长度是从树根到每一结点的路径长度之和,记为 WPL $= (W_1 \times L_1 + W_2 \times L_2 + W_3 \times L_3 + \cdots + W_n \times L_n)$,$N$ 个权值 $W_i (i = 1,2,\cdots,n)$ 构成一棵有 N 个叶结点的二叉树,相应的叶结点的路径长度为 $L_i (i = 1,2,\cdots n)$.可以证明霍夫曼树的 WPL 是最小的.

1951 年,霍夫曼和他在 MIT 信息论的同学需要选择是完成学期报告还是期末考试.导师 Robert M. Fano 给他们的学期报告的题目是:查找最有效的二进制编码.由于无法证明哪个已有编码是最有效的,霍夫曼放弃对已有编码的研究,转向新的探索,最终发现了基于有序频率二叉树编码的想法,并很快证明了这个方法是最有效的.

由于这个算法,学生终于青出于蓝,超过了他那曾经和信息论创立者克劳德·香农共同研究过类似编码的导师.霍夫曼使用自底向上的方法构建二叉树,避免了次优算法香农 - 范诺编码的最大弊端——自顶向下构建树.

1. 霍夫曼树建立的方法

例如,某段消息中只有 F,O,R,G,E,T 六个字母,每个字母的出现频率依次是 2,3,4,4,5,7.可以为该消息给出最优的编码即霍夫曼编码.方法如下:

(1)将每个英文字母依照出现频率由小排到大,最小在左,即 F,O,R,G,E,T.

(2)每个字母都代表一个终端结点(叶结点),比较 F,O,R,G,E,T 六个字母中每个字母的出现频率,将最小的两个字母频率相加合成一个新的结点.如图 5.3.5 所示,发现 F 与 O 的频率最小,故相加 2 + 3 = 5.

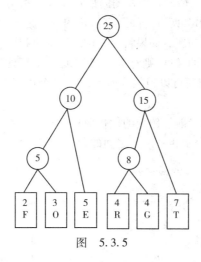

图 5.3.5

(3)比较 5,R,G,E,T 的频率,发现 R 与 G 的频率最小,故相加 4 + 4 = 8.

(4)比较 5,8,E,T 的频率,发现 5 与 E 的频率最小,故相加 5 + 5 = 10.

(5)比较 8,10,T 的频率,发现 8 与 T 的频率最小,故相加 8 + 7 = 15.

(6)最后剩 10,15,没有可以比较的对象,故相加 10 + 15 = 25.

2. 霍夫曼编码

(1)给霍夫曼树的所有左链结 0 与霍夫曼树右链结 1.

（2）从树根至树叶依序记录所有字母的编码，如表5.3.1所示.

表 5.3.1

字母	F	O	R	G	E	T
频次	2	3	4	4	5	7
编码	000	001	100	101	01	11

可以验证，图5.3.5的WPL是最优的.

5.4　最短路径问题及算法

5.4.1　最短路径问题

在处理有关图的实际问题时，除了研究顶点之间的关系，往往有值的存在，比如公里数、运费、花费的时间、通信链路的带宽等数值. 一般这个值称为**权值**，带权值的图称为**带权图**或**赋权图**，也称**网**.

如果结点代表交换机，边代表交换机之间的链路，边权表示链路的长度，那么可以将通信网络画成带权图. 用带权图可以方便地解决如下问题：两给定交换机间是否有通路？如果有多条通路，哪条路最短？我们还可以根据实际情况给各个边赋以不同含义的值. 例如，对投资者来说，里程和通信量是他们最感兴趣的信息；而对于用户来说，可能更关心通信速度和延迟. 有时，还需要考虑网络图的有向性，如ADSL的情况. 带权图的最短路径是指两点间的路径中边权和最小的路径. 最短路问题就是从图中找出某两点之间距离最短的一条路.

对于交通网络，也有类似的问题. 如果将交通网络画成带权图，结点代表城镇，边代表城镇间的通信线路，边权表示通信线路的长度，则经常会遇到如下问题：两给定地点间是否有通路？如果有多条通路，哪条路最短？我们还可以根据实际情况给各个边赋以不同含义的值. 例如里程、时间、费用等.

通信网络的路由选择、交通导航等领域的优化应用都有最短路径问题. 采用整数规划方法求解该最短路问题. 边上的数值表示相邻两点之间的距离. 如图5.4.1所示，求从v_1到v_7的最短路径.

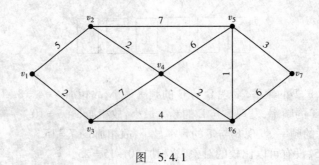

图 5.4.1

采用整数规划方法可以求解该最短路径问题.

解 设 x_{ij} 表示边 e_{ij} 是否包含在最短路中.

y_k 表示最短路是否经过结点 v_k,有 $k=2,3,4,5,6$.

可列出问题的整数规划模型如下:

$$\min z = 5x_{12} + 2x_{13} + 2x_{24} + 7x_{25} + 7x_{34} + 4x_{36} + 6x_{45} + 2x_{46} + x_{56} + 3x_{57} + 6x_{67}$$

最短路中有且仅有一条边与 v_1 相连,有且仅有一条边与 v_7 相连

$$x_{12} + x_{13} = 1$$
$$x_{57} + x_{67} = 1$$

对图中的其他各点,最短路要么有 2 条边与之相连,要么没有边与之相连.

对 v_2 结点有: $\qquad\qquad x_{12} + x_{24} + x_{25} = 2y_2$

对 v_3 结点有: $\qquad\qquad x_{13} + x_{34} + x_{36} = 2y_3$

对 v_4 结点有: $\qquad\qquad x_{24} + x_{34} + x_{45} + x_{46} = 2y_4$

对 v_5 结点有: $\qquad\qquad x_{25} + x_{45} + x_{56} + x_{57} = 2y_5$

对 v_6 结点有: $\qquad\qquad x_{36} + x_{46} + x_{56} + x_{67} = 2y_6$

变量约束

$$x_{ij}, y_k = 0 \text{ 或 } 1$$

解得 $x_{13} = x_{36} = x_{56} = x_{57} = 1$,$y_3 = y_5 = y_6 = 1$,$z^* = 10$.

5.4.2 最短路径算法

网络图的最短路径算法也称 Dijkstra 算法(戴杰斯特拉算法),是他于 1959 年提出来的,是目前公认的最普遍应用的方法. 基本思路是前向搜索,即从起始点出发,逐步地向目的点探寻最短路径,直到探寻到终点为止. 这种搜索就是向目的地进行广度优先搜索. 我们也可以这样来理解这种思路,最短路算法都是基于这样一个事实:从任意结点 A 到任意结点 B 的最短路径不外乎 2 种可能,一种是从 A 直接到 B,另一种是从 A 经过若干其他的结点到 B. 因此,算法将网络的结点分成 2 个集合,已由算法归并的结点的集合和网络中其余结点的集合. 每一个归并的结点意味着已经确定找到了从 A 到达该结点的最短路径. Dijkstra 算法的描述如下:

符号定义:$N=$ 网络中所有结点的集合,$S=$ 源结点,$M=$ 已由算法归并的结点的集合,$L(i,j)=$ 结点 i 与 j 之间链路的权值;若两个结点间没有直接连接则为 ∞,$C(n)=$ 算法求得的当前从 S 到 n 的最少花费路由的花费.

Dijkstra 算法步骤如下:

(1)初始化.

$$M = \{S\}$$
$$C(n) = L(S, n) \text{ for } n \neq S$$

(2)从不在 M 中的相邻结点中找出一个具有和结点 S 的最少花费的结点,并且把该结点规约进 M 中. 可以表示如下:

寻找 $w \notin M$,使得 $C(w) = \text{Min } C(j)$ 把 w 加入到 M 中($j \neq w$).

(3)更新最少花费路径.

$C(n) = \min[C(n), C(n) + L(w, n)]$(对所有 $n \notin M$).

如果后一项为最小值,则从 S 到 n 的路径变为从 S 到 w 的路径再加上从 w 到 n 的链路.

(4)重复步骤(2)和(3),直到 $M = N$.

整个过程中的每一次循环都得出了当前从源结点 S 到各中间结点的路径及路径花费,而在 M 中的中间结点到源结点的最佳路由已经确定,直至 M 扩大到所有结点.

现在来证明 Dijkstra 算法的正确性. 只要证明对于每一 v 属于 M, $C(v)$ 是从 S 到 v 的最短路径的权,即 $d(S,v) = C(v)$ 即可.

为了能直观地理解归纳法,我们假设所有的结点是按每次归并到集合 M 中的顺序来编号,编号为 $v_0, v_1, \cdots$,显然 $v_0 = S$. 每一次归并的集合 M,也编号为 $M_0, M_1, \cdots$

对 i 施行归纳,$i = 0$ 时,结论显然正确. 设对 $i = n$ 时,结论成立,即对每一个 $v \in S_n$, $d(S,v) = C(v)$,现在考察 $i = n+1$,因 $M_{n+1} = M_n \cup \{V_{n+1}\}$,所以只要证明 $d(S, V_{n+1}) = C(V_{n+1})$. 而根据算法,$V_{n+1}$ 是从不在 M_n 中的相邻结点中找出的一个具有和结点 S 的最少花费路由的结点,于是有 $d(S, V_{n+1}) = C(V_{n+1})$.

下面我们看到,如果有几个结点到起始点的距离都相等,也不影响算法的正确性. 假设 H 是图中任一条从 S 到 V_{n+1} 的路,因为 $S \in M_n$,而 $V_{n+1} \notin S_n$,那么从 S 出发,沿 H 必存在一条弧,它的起始点属于 S_n,而终点不属于 S_n. 假设 (v_r, v_l) 是第一条这样的弧,$H(S, \cdots, v_r, v_l, \cdots, V_{n+1})$,其中 $v_r \in M_n$,而 $v_l \notin S_n$,H 的权值之和 $w(H) = w(S, \cdots, v_r) + L(v_r, v_l) + w(v_l, \cdots, V_{n+1})$.

由归纳假设,$C(v_r)$ 是从 S 到 v_r 的最短路径的权,于是

$$w(H) \geqslant C(v_r) + L(v_r, v_l) + w(v_l, \cdots, V_{n+1})$$

根据算法中第(3)步的修改规则,因 $v_r \in M_n$, $v_l \notin S_n$,故 $C(v_r) + L(v_r, v_l) \geqslant C(v_l)$.

而 $C(v_l) \geqslant C(V_{n+1})$,故

$$w(H) \geqslant C(V_{n+1}) + w(v_l, \cdots, V_{n+1}) \geqslant C(V_{n+1})$$

这就证明了 $C(V_{n+1})$ 是从 S 到 V_{n+1} 的最短路径的权,$d(S, V_{n+1}) = C(V_{n+1})$.

Dijkstra 算法的实现时可以采用队列实现归并. 标号法是一种求图的最短路径的不用重复回溯搜索的高效率算法. 在图 G 中,顶点 v_i 到 v_j 的非负长度为 $L(i,j)$,求从起点 v_s 到终点 v_e 的最短距离.

设 X_i 数组为扩展的队列;sum_j 表示顶点 v_s 到 v_j 的最短距离,fa_j 表示顶点 v_j 的前趋结点,算法过程如下:

(1)初始化,v_s 进入队列,$X_1 = s$, $\text{sum}_1 = 0$,队首 $k = 1$;

(2)取队首结点 v_k,若 v_k 是目标结点 v_e,则输出结果(最短路径值及路径),程序结束;否则继续(3);

(3)由 v_k 扩展出结点 v_j(结点 v_k 与 v_j 相连),计算代价值:

若 $\text{sum}_k + \text{map}[k,j] < \text{sum}_j$ 则替换结点 j 的代价,将代价值由小到大插入队列,并记录其父结点:$\text{sum}_j = \text{sum}_k + L[k,j]$,$fa_j = k$,结点 j 入队列,$k = j$ 继续(2),否则直接转(2).

注意:

(1)只有两个顶点间的距离为非负时,才可用标号法;

(2)只有队列的首结点是目标结点时,才可停止计算,否则得出的不一定是最优解.

例 5.4.1 某通信网络如图 5.4.2 所示,应用 Dijkstra 算法求图中 A 到 H 的最短路径.

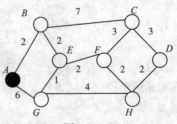

图 5.4.2

通信工程应用数学

解 为了更加清晰地描述算法的工作过程,将结点区分成实心结点(表示已知最短路径)和空心结点(表示未知最短路径). 应用 Dijkstra 算法求图中 A 到 H 的最短路径的过程如下:

第 1 回,以标注 A 为归并的结点开始,然后依次检查 A 相邻的每个结点即 B 和 G,用它们各自到 A 的距离重新标注这些结点,如图 5.4.3 所示. 下一回合选 B 结点,因为 A 到 B 距离为最端.

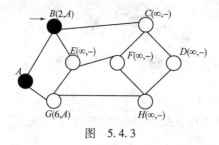

图 5.4.3

第 2 回,从 B 结点开始,然后依次检查 B 相邻的每个未归并的结点即 C 和 E,用它们各自到 A 的距离重新标注这些结点,如图 5.4.4 所示. 下一回合选 E 结点.

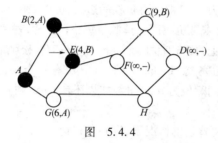

图 5.4.4

第 3 回,从 E 结点开始,然后依次检查 E 相邻的每个未归并的结点即 F 和 G,用它们各自到 A 的距离重新标注这些结点,如图 5.4.5 所示. 下一回合选 G 结点.

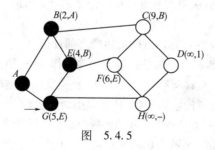

图 5.4.5

第 4 回,从 G 结点开始,然后依次检查 G 相邻的每个未归并的结点即 H,用它到 A 的距离重新标注这些结点,如图 5.4.6 所示. 下一回合选 F 结点.

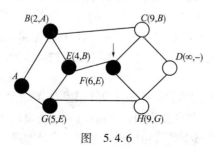

图 5.4.6

第 5 回,从 F 结点开始,然后依次检查 F 相邻的每个未归并的结点即 C 和 H,用它到 A 的距离重新标注这些结点,如图 5.4.7 所示.下一回合选 H 结点.

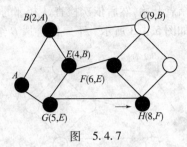

图 5.4.7

现在,H 是目的结点,求得 A 到 H 的最短路径的值是 8,最短路径是 $ABEFH$.

5.4.3 Bellman – Ford 算法

Dijkstra 算法无法判断含负权边的图的最短路.如果遇到负权,在没有负权回路存在时(负权回路的含义是,回路的权值和为负.)即便有负权的边,也可以采用 Bellman – Ford 算法正确求出最短路径.Bellman – Ford 算法是求含负权图的单源最短路径算法,效率很低,但代码很容易写,即进行持续地松弛,每次松弛就是把每条边都更新一下,若 $n-1$ 次松弛后还能更新,则说明图中有负环,无法得出结果,否则就成功完成.Bellman – Ford 算法有一个小优化:每次松弛先设一个标识 flag,初值为 false,若有边更新则赋值为 true,最终如果还是 false,则直接成功退出.

1. 算法介绍

Bellman – Ford 算法能在更普遍的情况下(存在负权边)解决单源点最短路径问题.对于给定的带权(有向或无向)图 $G = (V, E)$,其源点为 s,加权函数 w 是边集 E 的映射.对图 G 运行 Bellman – Ford 算法的结果是一个布尔值,表明图中是否存在着一个从源点 s 可达的负权回路.若不存在这样的回路,算法将给出从源点 s 到图 G 的任意顶点 v 的最短路径 $d[v]$.

算法描述:

(1)初始化:读入除源点外的所有顶点的最短距离估计值 $d[v] \leftarrow +\infty$,$d[s] \leftarrow 0$;

(2)迭代求解:反复对边集 E 中的每条边进行松弛操作,使得顶点集 V 中的每个顶点 v 的最短距离估计值逐步逼近其最短距离;(运行 $|V|-1$ 次).松弛操作就是检查一下目前找到的由源顶点到目的顶点的距离是否可以通过这条边更短,如果是更短则更新.

(3)检验负权回路:判断边集 E 中的每一条边的两个端点是否收敛.如果存在未收敛的顶点,则算法返回 false,表明问题无解;否则算法返回 true,并且从源点可达的顶点 v 的最短距离保存在 $d[v]$ 中.

2. 描述性证明

首先指出,图的任意一条最短路径既不能包含负权回路,也不会包含正权回路,因此它最多包含 $|v|-1$ 条边.

其次,从源点 s 可达的所有顶点如果存在最短路径,则这些最短路径构成一个以 s 为根的最短路径树.Bellman – Ford 算法的迭代松弛操作,实际上就是按顶点距离 s 的层次,逐层生成这棵最短路径树的过程.

在对每条边进行第 1 遍松弛的时候,生成了从 s 出发,层次至多为 1 的那些树枝.也就是说,找到了与 s 至多有 1 条边相连的那些顶点的最短路径;对每条边进行第 2 遍松弛的时候,生成了第 2 层次的树枝,就是说找到了经过 2 条边相连的那些顶点的最短路径;…….因为最短路径最多只包含 $|v|-1$ 条边,所以,只需要循环 $|v|-1$ 次.

每实施一次松弛操作,最短路径树上就会有一层顶点达到其最短距离,此后这层顶点的最短距离值就会一直保持不变,不再受后续松弛操作的影响.(但是,每次还要判断松弛,这里浪费了大量的时间.)

注意:上述只对正权图有效.如果存在负权不一定第 i 次就能确定最短路,且与边的顺序有关.

如果没有负权回路,由于最短路径树的高度最多只能是 $|v|-1$,所以最多经过 $|v|-1$ 遍松弛操作后,所有从 s 可达的顶点必将求出最短距离.如果 $d[v]$ 仍保持 $+\infty$,则表明从 s 到 v 不可达.

如果有负权回路,那么第 $|v|$ 遍松弛操作仍然会成功,这时,负权回路上的顶点不会收敛.

5.4.4　SPFA 算法

SPFA 算法的全称是 Shortest Path Faster Algorithm,用于求单源最短路径.SPFA 算法是西南交通大学段凡丁于 1994 年发表的.

很多时候,给定的图存在负权边,这时类似 Dijkstra 等算法便没有了用武之地,而 Bellman-ford 算法浪费了许多时间做没有必要的松弛,而 SPFA 算法用队列进行了优化,效果十分显著.

简洁起见,我们约定有向加权图 G 不存在负权回路,即最短路径一定存在.当然,可以在执行该算法前做一次拓扑排序,以判断是否存在负权回路.

我们用数组 d 记录每个结点的最短路径估计值,而且用邻接表来存储图 G.我们采取的方法是松弛:设立一个先进先出的队列用来保存待优化的结点,优化时每次取出队首结点 u,并且用 u 点当前的最短路径估计值对离开 u 点所指向的结点 v 进行松弛操作,如果 v 点的最短路径估计值有所调整,且 v 点不在当前的队列中,就将 v 点放入队尾.这样不断从队列中取出结点来进行松弛操作,直至队列空为止.

只要最短路径存在,上述 SPFA 算法必定能求出最小值.

因为每次将点放入队尾,都是经过松弛操作达到的.换言之,每次的优化将会有某个点 v 的最短路径估计值 $d[v]$ 变小.所以算法的执行会使 d 越来越小.由于假定图中不存在负权回路,所以每个结点都有最短路径值.因此,算法不会无限执行下去,随着 d 值的逐渐变小,直到到达最短路径值时,算法结束,这时的最短路径估计值就是对应结点的最短路径值.

期望的时间复杂度 $O(ke)$,其中 k 为所有顶点进队的平均次数,e 是边数,可以证明 k 一般小于等于 2.

SPFA 算法的实现的关键是应用到队列.

建立一个队列,初始时队列里只有起始点,再建立一个表格记录起始点到所有点的最短路径(该表格的初始值要赋为极大值,该点到它本身的路径赋为 0).然后执行松弛操作,用队列里有的点去刷新起始点到所有点的最短路,如果刷新成功且被刷新点不在队列中则把该点加入到队列最后.重复执行直到队列为空.

判断有无负环:如果某个点进入队列的次数超过 N 次则存在负环(存在负环则无最短路径,如果有负环则会无限松弛,而一个带 n 个点的图至多松弛 $n-1$ 次).

SPFA 算法的伪代码如下,这里的 q 数组表示的是结点是否在队列中,如 $q[v]=1$ 则结点 v 在队列中.

```
void spfa() {
    初始化(G,s);
    初始化队列 Q;
    插入 s 到队列 Q;
    while(! 空(Q)) {
```

```
            u = Q 的开头元素,并删除;
            for each v in adj[u] {
                tmp = d[v];
                relax(u,v);
                if((tmp < > d[v])&&(! v in Q))插入 v 到队列 Q;
            }
        }
    }
```

期望的时间复杂度 $O(2e)$.

对 SPFA 的一个很直观的理解就是由无权图的广度优先搜索转化而来. 在无权图中,广度优先搜索首先到达的顶点所经历的路径一定是最短路(也就是经过的最少顶点数). 所以,此时利用 visit[u],可以使每个顶点只进队一次. 在带权图中,最先到达的顶点所计算出来的路径不一定是最短路. 一个解决方法是放弃 visit 数组,此时所需时间自然就是指数级的. 所以不能放弃 visit 数组,而是在处理一个已经在队列中且当前所得的路径比原来更好的顶点时,直接更新最优解.

5.4.5 $A*$ 搜索算法

$A*$ 搜索算法,简称 A 星算法. 这是一种在图平面上有多个结点的路径求出最短路径的算法,常用于移动过程中的最短路径计算. 该算法像 Dijkstra 算法一样,可以找到一条最短路径,但这个算法应用了启发式的搜索.

$A*$ 算法最核心的部分,就在于它的一个估值函数的设计上:$f(n) = g(n) + h(n)$. 其中,$g(n)$ 表示从起始点到任一点 n 的实际距离,$h(n)$ 表示任意顶点 n 到目标顶点的估算距离,$f(n)$ 是每个可能试探点的估值.

h 函数是 $A*$ 算法的核心关键,h 函数估计的准确与否直接关系到了算法的效率和执行时间. 我们假想一下,如果 h 函数的估计完全准确,那么每个最短路径上的结点的 f 值都是最小的,那么遵循着最小的 f 值一直找下去很快就可以得到最短路径了. 如果 h 函数的估计误差很大,使得某个 f 值很小的结点实际上到终点的路程很远,那么算法就可能在错误了的路径上探索较长时间,然后再回到正确的路径上探索. 因此,如果使用了 $A*$ 算法,h 函数的设计一定要谨慎,否则该算法很可能达不到当初设想的性能要求. 因此,这个估值函数遵循以下特点:

(1)如果 $h(n)$ 为 0,只需求出 $g(n)$,即求出起点到任意顶点 n 的最短路径,则转化为单源最短路径问题,即 Dijkstra 算法;

(2)如果 $h(n) <=$ "n 到目标的实际距离",则一定可以求出最优解. 而且 $h(n)$ 越小,需要计算的结点越多,算法效率越低.

我们可以这样来描述:从出发点 sp(Start Point)到终点 ep(End Point)的最短距离是一定的,于是可以写一个估值函数来估计出发点到终点的最短距离. 如果程序尝试着从出发点沿着某条线路移动到了路径上的另一个点 op(Other Point),那么认为这个方案所得到的从 sp 到 ep 间的估计距离为:从 sp 到 op 实际已走的距离加上估值函数估出的从 op 到 ep 的距离. 如此,无论程序搜索展开到哪一步,都会得到一个估值 ,每一次决策后,将评估值和等待处理的方案一起排序,然后挑出待处理的各个方案中最有可能是最短路线的一部分的方案展开到下一步,一直循环直到对象移动到目的地,或所有方案都尝试过,却没有找到一条通向目的地的路径则结束.

$A*$ 算法是一智能找最短路径算法,与 Dijkstra 算法相比,A 算法访问的结点比较少,因此可以缩短搜索时间.

它的算法思想是:最终路径长度 f = 起点到该点的已知长度 h + 该点到终点的估计长度 g.

算法流程:

设 O 表(open):待处理的结点表. C 表(close):已处理过的结点表.

(1)从起点开始,起点的 $f = 1 + g$,1 表示此结点已走过的路径是 1,g 是此结点到终点的估计距离,放入链表 O 中.

可以假设 g 值的计算使用勾股定理公式来计算此点到终点的直线距离.

(2)当 O 不为空时,从中取出一个最小 f 值的结点 x.

(3)如果 x 等于终点,找到路径,算法结束.否则走第(4)步.

(4)遍历 x 的所有相邻点,对所有相邻点使用公式 f,计算出 f 值后,先检查每个相邻结点 y 是否在链表 O 和 C 中,如果在 O 中,则更新 y 结点的 f 值,保留最小的 f 值;如果在 C 中,并且此时 f 值比 C 中的 f 值小,则更新 f 值,将 y 结点从 C 中移到 O 中.否则不做操作.

如果不在以上两表中,按最小顺序排序将 y 插入链表 O.最后将 x 插入 C 表中.

例如:起点是 $(1,1)$,终点是 $(5,5)$,取一个相邻点 $(0,1)$,这时这个点的 $h = 1 + 1 = 2$,g 可以用勾股定理公式来计算此点到终点的直线距离,就是 $(5 - 0) \times (5 - 0) - (5 - 1) \times (5 - 1) = 9$,$\sqrt{9} = 3$,$f = 2 + 3 = 5$.然后将此点插入链表 O 中.

如果相邻点不是路径,比如是障碍,那就跳过.

(5)继续(2)、(3)、(4)步直到找到终点,或者直到 O 为空表示没找到路径.

上面检查 O 和 C 表的原因是:如果图是一个不规则的图,比如一个游戏里,有几个捷径(传送门),这样同一个点如果经过捷径的话,路径会大大缩短,这样就需要检查 O 和 C 表来更新 f 值,如果是一个不包含捷径的图,那样就可以用个数组来标记已访问过的结点,这样就可以不用 C 表,也不用检查 O 表来更新 f 值.

对于没找到路径的结果,访问的结点有可能差不多是所有结点,这样的效率和 Dijkstra 一样低.我们可以使用同时从两端用 $A*$ 算法来找路径,这样当其中一个没找到路径时,寻找结束.这样用的时间将是 $2 \times \min(S, E)$,S 是从起点开始寻路径的时间,E 是从终点开始寻路径的时间.这样的一个典型的例子是终点是个孤立的点,没有任何点能到达它,而其他点都是链接的,那么如果光从起点开始找的话,要到访问完所有除终点之外的点后才知道找不到终点,效率非常差.如果同时从两端开始找,马上就能知道终点没有任何路径相邻,寻找结束.当然从终点反找起点的算法有限制,比如有向图就无法适用.两端同时查找的算法需要有些改动:在第(3)步时,如果是 S 端的查找过程,则检查 x 是否存在 E 端查找过程的 C 表中,如果存在,则查找到路径.将两个过程已访问的路径合并则是结果.反过来 E 端的查找过程也一样比较处理.

5.4.6 Floyd 算法

Floyd 算法是一个经典的动态规划算法.我们的目标是寻找从点 v_i 到点 v_j 的最短路径.从动态规划的角度看问题,我们需要为这个目标就是:从任意结点 i 到任意结点 j 的最短路径不外乎两种可能,一是直接从 v_i 到 v_j,二是从 v_i 经过若干结点 v_k 到 v_j.所以,假设 $\mathrm{Dis}(i,j)$ 为结点 v_i 到结点 v_j 的最短路径的距离,对于每一个结点 k,我们检查 $\mathrm{Dis}(i,k) + \mathrm{Dis}(k,j) < \mathrm{Dis}(i,j)$ 是否成立,如果成立,证明从 v_i 到 v_k 再到 v_j 的路径比 v_i 直接到 v_j 的路径短,设置 $\mathrm{Dis}(i,j) = \mathrm{Dis}(i,k) + \mathrm{Dis}(k,j)$,这样一来,当遍历完所有结点 v_k,$\mathrm{Dis}(i,j)$ 中记录的便是 v_i 到 v_j 的最短路径的距离.

1. Floyd 算法描述

(1)从任意一条单边路径开始.所有两点之间的距离是边的权,如果两点之间没有边相连,则权为无穷大.

(2)对于每一对顶点 v_i 和 v_j,看看是否存在一个顶点 v_w 使得从 v_i 到 v_w 再到 v_j 比已知的路径更短. 如果是则更新它.

2. Floyd 算法的证明

$A^k(i,j)$:表示从 i 到 j 中途不经过索引比 k 大的点的最短路径.

这个限制的重要之处在于:它将最短路径的概念做了限制,使得该限制有机会满足迭代关系,这个迭代关系就在于研究假设 $A^k(i,j)$ 已知,是否可以借此推导出 $A^{k-1}(i,j)$.

假设现在要得到 $A^k(i,j)$,而此时 $A^k(i,j)$ 已知,那么可以分两种情况来看待问题:(1) $A^k(i,j)$ 沿途经过点 k;(2) $A^k(i,j)$ 不经过点 k. 如果经过点 k,那么很显然,$A^k(i,j) = A^{k-1}(i,k) + A^{k-1}(k,j)$,为什么是 A^{k-1} 呢?因为对 (i,k) 和 (k,j),由于 k 本身就是源点(或者说终点),加上求的是 $A^k(i,j)$,所以满足不经过比 k 大的点的条件限制,且已经不会经过点 k,故得出 A^{k-1} 这个值. 那么遇到第(2)种情况,$A^k(i,j)$ 不经过点 k 时,由于没有经过点 k,所以 $A^k(i,j) = A^{k-1}(i,j)$. 现在,我们确信有且只有这两种情况——不是经过点 k,就是不经过点 k,没有第三种情况了,条件很完整,那么是选择哪一个呢?很简单,求的是最短路径,当然是哪个最短,故有

$$A^k(i,j) = \min(A^{k-1}(i,j), A^{k-1}(i,k) + A^{k-1}(k,j))$$

5.5 网络最大流与最小费用流

5.5.1 网络最大流的概念

许多系统包含了流量问题. 例如,通信网络中的信息流量,交通网络中的车流量等. 这时候,我们考察的图是一个有向图. 用到以下概念.

弧:有方向的边. 表示为 (v_i, v_j),其方向由 v_i 指向 v_j.

有向图:所有边都具有方向的图,是点与弧的集合,记作 $D(V, A)$.

网络:弧上带有权重的有向图.

弧的容量:弧上的最大通过能力,记为 $c(v_i, v_j)$ 或 c_{ij}.

容量网络:网络中的每条弧都具有一定的容量.

容量网络中一般都存在一个发点(源点)记为 s,一个收点(汇点)记为 t,其他点称为中间点.

(网络)流是指加在网络中各条弧上的一组负载量,某条弧 (v_i, v_j) 上的负载量记作 $f(v_i, v_j)$,简记为 f_{ij}.

可行流:在容量网络上满足如下条件的一组流:

(1)容量限制条件:对所有弧有 $0 \leqslant f(v_i, v_j) \leqslant c(v_i, v_j)$;

(2)中间点平衡条件:对每个中间点有 $\sum_j f(v_j, v_i) - \sum_k f(v_i, v_k) = 0$,$v_i$ 为某个中间点.

以 $v(f)$ 表示网络中一组可行流从 s—t 的流量,称为网络流量,有

$$v(f) = \sum_j f(v_s, v_j) = \sum_k f(v_k, v_t)$$

5.5.2 网络最大流的线性规划模型

网络最大流问题:求满足容量限制条件和中间点平衡条件,可使 $v(f)$ 达到最大的网络流.

例 5.5.1 求如图 5.5.1 所示容量网络的最大流.

解 设各弧上的流量为 f_{ij},有效变量为 $f_{s1}, f_{s2}, f_{12}, f_{13}, f_{24}, f_{32}, f_{43}, f_{3t}, f_{4t}$.

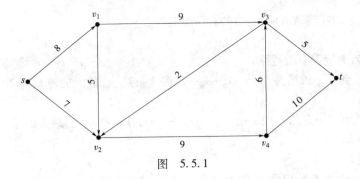

图　5.5.1

模型为

$$\max z = f_{s1} + f_{s2}（或 \max z = f_{3t} + f_{4t}）$$

$$f_{s1} \leqslant 8, \quad f_{s2} \leqslant 7, \quad f_{12} \leqslant 5, \quad f_{13} \leqslant 9, \quad f_{24} \leqslant 9, \quad f_{32} \leqslant 2, \quad f_{34} \leqslant 6, \quad f_{3t} \leqslant 5, \quad f_{4t} \leqslant 8$$

$$f_{s1} - f_{12} - f_{13} = 0$$

$$f_{s2} + f_{12} + f_{32} - f_{24} = 0$$

$$f_{13} + f_{43} - f_{32} - f_{3t} = 0$$

$$f_{24} - f_{43} - f_{4t} = 0$$

$$f_{ij} \geqslant 0$$

求解得

$$f_{s1} = 7, \quad f_{s2} = 7, \quad f_{12} = 2, \quad f_{13} = 5, \quad f_{24} = 9, \quad f_{32} = 0, \quad f_{43} = 0, \quad f_{3t} = 5, \quad f_{4t} = 9$$

$$z = 14$$

解得的各弧的流量如图 5.5.2 所示括弧中.

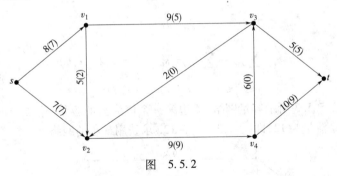

图　5.5.2

5.5.3　弧标号法

用线性规划求解最大流问题显然很烦琐,这里介绍的弧标号法简单一些. 弧标号法本质上就是一种穷举法,不断地增加流量,直到不能增加为止,也叫图上作业法.

（1）初始化. 在每一边的两端进行标号,标号记录允许通过的流量,即容量.

如图 5.5.2 所示. 边 (s, v_1) 的容量为 8.

（2）寻找增益路.

从 s 出发,发现到 v_1 的容量为 8,到 v_2 的容量为 7,所以到 v_1 的容量最大;而在 v_1 这一点,v_1 到 v_3 容量最大,为 9;v_3 到 t 容量最大,为 5. 这样就找到了一条增益路 $s—v_1—v_3—t$,在这条路上,最大的流量为 5.

（3）调整标号．

在增益路上，边的左端减去流量，边的右端加上流量．

（4）重复．

重复第（2）步，直到没有增益路．

第一次重复找到了一条增益路．s—v_2—v_4—t，在这条路上，最大的流量为 7．在这条路上，最大的流量为 7．

第二次重复找到了一条增益路 s—v_1—v_3-v_2—v_4—t，在这条路上，最大的流量为 2．在这条路上，最大的流量为 2．

（5）最大流量．

通过各增益路最大流量相加得到图的最大流．有最大流量为 $(5-0)+(7-0)+(2-0)=14$．

5.5.4 最小费用流

在很多实际问题中，网络弧上通过的流量通常会产生一定的费用，且各弧的费用存在差异，例如通信数据经过不同的运营商的链路时可能会形成不同的费用．对给定的网络流量，求一组费用最小的网络流，即为最小费用流问题．网络最大流在一个网络中每段路径只有"容量"一个限制条件．最小费用流问题针对在一个网络中每段路径都有"容量"和"费用"两个限制．

最小费用流问题描述：设网络有 n 个点，c_{ij} 为弧 (v_i,v_j) 的容量，b_{ij} 为弧 (v_i,v_j) 上通过单位流量的费用，s_i 表示第 i 点的供应量（净流出量），当 i 为发点时，$s_i>0$；i 为收点时，$s_i<0$；i 为中间点时，$s_i=0$．当网络供需平衡时，有 $\sum_i s_i=0$．求一组使网络达到供需平衡的，可行的，费用最小的流 f_{ij}（$i,j=1,2,\cdots,n$）．

最小费用流的线性规划模型如下：

$$\min z=\sum_{i=1}^{n}\sum_{j=1}^{n}b_{ij}f_{ij}$$

$$\sum_{j}^{n}f_{ij}-\sum_{k}^{n}f_{ki}=s_i\quad(i=1,2,\cdots,n)$$

$$0\leqslant f_{ij}\leqslant c_{ij}\quad(i,j=1,2,\cdots,n)$$

例 5.5.2 如图 5.5.3 所示容量网络，弧边第一个值为弧的容量，第二个值为弧的单位流量费用．需完成的网络流量为 12，即 $s_s=12,s_t=-12$．求费用最小的网络流．

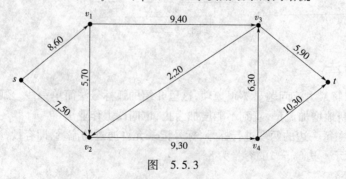

图 5.5.3

解 设各弧上的流量为 f_{ij}，有效变量为 $f_{s1},f_{s2},f_{12},f_{13},f_{24},f_{32},f_{43},f_{3t},f_{4t}$．

模型为

$$\min z=60f_{s1}+50f_{s2}+70f_{12}+40f_{13}+30f_{24}+20f_{32}+30f_{43}+90f_{3t}+30f_{4t}$$

$$f_{s1} + f_{s2} = 12$$
$$f_{3t} + f_{4t} = 12$$
$$f_{s1} - f_{12} - f_{13} = 0$$
$$f_{s2} + f_{12} + f_{32} - f_{24} = 0$$
$$f_{13} + f_{43} - f_{32} - f_{3t} = 0$$
$$f_{24} - f_{43} - f_{4t} = 0$$
$$f_{s1} \leqslant 8, f_{s2} \leqslant 7, f_{12} \leqslant 5, f_{13} \leqslant 9, f_{24} \leqslant 9, f_{32} \leqslant 2, f_{34} \leqslant 6, f_{3t} \leqslant 5, f_{4t} \leqslant 8$$
$$f_{ij} \geqslant 0$$

求解得
$$f_{s1} = 5, f_{s2} = 7, f_{12} = 0, f_{13} = 5, f_{24} = 9, f_{32} = 2, f_{43} = 0, f_{3t} = 3, f_{4t} = 9$$
$$z = 1\ 700$$

上例中指定了需完成的网络流量,若是不指定网络流量,而是希望达到最大的网络流量,在流量达到最大时,求费用最小的网络流. 这称为最小费用最大流问题.

求解方法:首先求解最大流问题,将求得的最大网络流量作为发点的流出量和收点的流入量,再求解最小费用流问题.

例 5.5.3 求如图 5.5.4 网络的最小费用最大流.

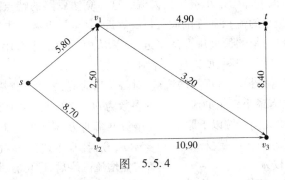

图 5.5.4

解 设各弧上的流量为 f_{ij},有效变量为 $f_{s1}, f_{s2}, f_{21}, f_{13}, f_{23}, f_{1t}, f_{3t}$.

(1)求解如下最大流模型:
$$\max z = f_{s1} + f_{s2}$$
$$f_{s1} \leqslant 5, f_{s2} \leqslant 8, f_{21} \leqslant 2, f_{13} \leqslant 3, f_{23} \leqslant 10, f_{1t} \leqslant 4, f_{3t} \leqslant 8$$
$$f_{s1} + f_{21} - f_{13} - f_{1t} = 0$$
$$f_{s2} - f_{21} - f_{23} = 0$$
$$f_{13} + f_{23} - f_{3t} = 0$$
$$f_{ij} \geqslant 0$$

解得
$$f_{s1} = 4, \quad f_{s2} = 8, \quad f_{23} = 8, \quad f_{1t} = 4, \quad f_{3t} = 8, \quad z = 12$$

(2)设 $s_s = 12, s_t = -12$,求如下最小费用流模型:
$$\min z = 80f_{s1} + 70f_{s2} + 50f_{21} + 20f_{13} + 90f_{23} + 90f_{1t} + 40f_{3t}$$
$$f_{s1} + f_{s2} = 12$$
$$f_{1t} + f_{3t} = 12$$

$$f_{s1} + f_{21} - f_{13} - f_{1t} = 0$$

$$f_{s2} - f_{21} - f_{23} = 0$$

$$f_{13} + f_{23} - f_{3t} = 0$$

$$f_{s1} \leqslant 5, \quad f_{s2} \leqslant 8, \quad f_{21} \leqslant 2, \quad f_{13} \leqslant 3, \quad f_{23} \leqslant 10, \quad f_{1t} \leqslant 4, \quad f_{3t} \leqslant 8$$

$$f_{ij} \geqslant 0$$

解得

$$f_{s1} = 5, \quad f_{s2} = 7, \quad f_{21} = 2, \quad f_{13} = 3, \quad f_{23} = 5, \quad f_{1t} = 4, \quad f_{3t} = 8$$

$$z = 2\ 180$$

解决最小费用最大流问题,一般有两条途径. 一条途径是先用最大流算法算出最大流,然后根据边费用,检查是否有可能在流量平衡的前提下通过调整边流量,使总费用得以减少? 只要有这个可能,就进行这样的调整. 调整后,得到一个新的最大流. 然后,在这个新流的基础上继续检查,调整. 这样迭代下去,直至无调整可能,便得到最小费用最大流. 这一思路的特点是保持问题的可行性(始终保持最大流),向最优推进. 另一条解决途径和前面介绍的最大流算法思路相类似,一般首先给出零流作为初始流. 这个流的费用为零,当然是最小费用的. 然后寻找一条源点至汇点的增流链,但要求这条增流链必须是所有增流链中费用最小的一条. 如果能找出增流链,则在增流链上增流,得出新流. 将这个流作为初始流看待,继续寻找增流链增流. 这样迭代下去,直至找不出增流链,这时的流即为最小费用最大流. 这一算法思路的特点是保持解的最优性(每次得到的新流都是费用最小的流),而逐渐向可行解靠近(直至最大流时才是一个可行解).

由于第二种算法和已介绍的最大流算法接近,且算法中寻找最小费用增流链,可以转化为一个寻求源点至汇点的最短路径问题,所以这里介绍这一算法.

在这一算法中,为了寻求最小费用的增流链,对每一当前流,需建立伴随这一网络流的增流网络. 例如,原网络 G 是具有最小费用的流,边旁的参数为 $c(e), f(e), w(e)$,建立 G 的增流网络 G'. 增流网络的顶点和原网络相同. 按以下原则建立增流网络的边:若 G 中边 (u, v) 流量未饱,即 $f(u, v) < e(u, v)$,则 G' 中建边 (u, v),赋权 $w'(u, v) = w(u, v)$;若 G 中边 (u, v) 已有流量,即 $f(u, v) > 0$,则 G' 中建边 (v, u),赋权 $w'(v, u) = -w(u, v)$. 建立增流网络后,即可在此网络上求源点至汇点的最短路径,以此决定增流路径,然后在原网络上循此路径增流. 这里,运用的仍然是最大流算法的增流原理,唯必须选定最小费用的增流链增流.

计算中有一个问题需要解决. 这就是增流网络 G' 中有负权边,因而不能直接应用标号法来寻找 x 至 y 的最短路径,采用其他计算有负权边的网络最短路径的方法来寻找 x 至 y 的最短路径,将大大降低计算效率. 为了仍然采用标号法计算最短路径,在每次建立增流网络求得最短路径后,可将网络 G 的权 $w(e)$ 做一次修正,使再建的增流网络不会出现负权边,并保证最短路径不至于因此而改变. 下面介绍这种修改方法. 当流值为零,第一次建增流网络求最短路径时,因无负权边,当然可以采用标号法进行计算. 为了使以后建立增流网络时不出现负权边,采取的办法是将 G 中有流边 $(f(e) > 0)$ 的权 $w(e)$ 修正为 0. 为此,每次在增流网络上求得最短路径后,以下式计算 G 中新的边权 $w''(u, v)$

$$w''(u, v) = L(u) - L(v) + w(u, v) \tag{5.5.1}$$

其中,$L(u), L(v)$ 为计算 G' 的 x 至 y 最短路径时 u 和 v 的标号值. 第一次求最短径时如果 (u, v) 是增流路径上的边,则据最短路径算法一定有 $L(v) = L(u) + w'(u, v) = L(u) + w(u, v)$,代入式 (5.5.1) 必有

$$w''(u, v) = 0 \tag{5.5.2}$$

如果 (u,v) 不是增流路径上的边,则一定有
$$L(v) \leqslant L(u) + w(u,v) \tag{5.5.3}$$
代入式(5.5.1)则有 $w(u,v) \geqslant 0$.

可见第一次修正 $w(e)$ 后,对任一边,皆有 $w(e) \geqslant 0$,且有流的边(增流链上的边),一定有 $w(e) = 0$. 以后每次迭代计算,若 $f(u,v) > 0$,增流网络需建立 (v,u) 边,边权数 $w'(v,u) = -w(u,v) = 0$,即不会再出现负权边. 此外,每次迭代计算用式(5.5.1)修正一切 $w(e)$,不难证明对每一条 x 至 y 的路径而言,其路径长度都同样增加 $L(x) - L(y)$. 因此,x 至 y 的最短路径不会因对 $w(e)$ 的修正而发生变化.

计算步骤如下:

(1)对网络 $G = [V, E, C, W]$,给出流值为零的初始流.

(2)作伴随这个流的增流网络 $G' = [V', E', W']$. G' 的顶点同 $G:V' = V$. 若 G 中 $f(u,v) > 0$,则 G' 中建边 (v,u),$w'(v,u) = -w(u,v)$. 若 g 中 $f(u,v) > 0$,则 g' 中建边 (u,v),$w(u,v) = w(u,v)$.

(3)若 G' 不存在 x 至 y 的路径,则 G 的流即为最小费用最大流,停止计算;否则用标号法找出 x 至 y 的最短路径 P.

(4)根据 P,在 G 上增流:对 P 的每条边 (u,v),若 G 存在 (u,v),则 (u,v) 增流;若 G 存在 (v,u),则 (v,u) 减流. 增(减)流后,应保证对任一边有 $c(e) \geqslant f(e) \geqslant 0$.

(5)根据计算最短路径时的各顶点的标号值 $L(v)$,按下式修改 G 一切边的权数 $w(e):L(u) - L(v) + w(e) \rightarrow w(e)$.

(6)将新流视为初始流,转第(2)步.

5.6 关 键 路 径

1. 关键路径问题

利用 AOV 网络,对其进行拓扑排序能对工程中活动的先后顺序作出安排. 但一个活动的完成总需要一定的时间,为了能估算出某个活动的开始时间,找出那些影响工程完成时间的最主要的活动,可以利用带权的有向网,图中的顶点表示一个活动结束(开始)的事件,图中的边表示活动,边上的权表示完成该活动所需要的时间. 这种用边表示活动的网络,称为 AOE 网络.

图 5.6.1 表示一个具有 12 个活动的 AOE 网络. 图中有 8 个顶点,分别表示事件(状态)0 到 7,其中,0 表示开始状态,7 表示结束状态;边上的权表示完成该活动所需要的时间.

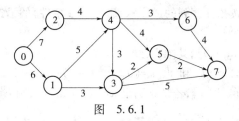

图 5.6.1

在实际中,AOE 网络没有回路,存在唯一的入度为 0 的开始顶点,存在唯一的出度为 0 的结束顶点. 在 AOE 网络上,要研究的问题是完成整个工程至少需要多少时间,哪些活动是影响工程进度的关键.

在 AOE 网络中,有些活动可以并行地进行,所以完成工程的最少时间是从开始顶点到结束顶点的最长路径的长度.

关键路径就是指从开始结点到完成结点的具有最大长度的路径. 关键路径上的活动称为关键活动. 关键路径的长度就是完成整个工程所需要的最短时间.

2. 关键路径的意义

(1) 关键路径的时间长度决定了整个项目的完成周期;

(2) 关键路径上的各项作业对项目的进度起到关键作用, 是项目管理的关键环节.

关键路径上的作业时间一旦延长, 整个项目的完成时间就将延长; 反之如果能缩短这些作业的完成时间, 整个项目的完成时间就将缩短.

当关键路径上某项作业的完成时间缩短到一定程度时, 关键线路将发生改变, 继续缩短该项作业的时间将不再能缩短整个项目的时间, 这时需要考虑缩短其他作业的时间.

3. 关键路径算法

下面给出计算 AOE 网络的关键路径的数据结构和算法.

$\mathrm{adj}[0..n-1, 0..n-1]$:存放图的邻接矩阵;

$\mathrm{est}[0..n-1]$:$\mathrm{est}[i]$存放事件i, 能够发生的最早时间, 实际上是从开始顶点到i的最长路径的长度;

$\mathrm{elt}[0..n-1]$:$\mathrm{elt}[i]$存放事件i, 能够发生的最迟时间, 这是保证后续的事件$j(i+1\leqslant j\leqslant n-1)$能够按进度完成的保证, 计算时, 从$n-1$到$i$倒推, $\mathrm{elt}[i]$等于$\mathrm{est}[n-1]$减去顶点i到顶点$n-1$的最长路径的长度;

$\mathrm{ast}[n-1]$:$\mathrm{ast}[i]$存放活动i能够发生的最早时间, 如果活动i的边为$<j,k>$, 则$\mathrm{ast}[i]=\mathrm{elt}[j]$;

$\mathrm{alt}[n-1]$:$\mathrm{alt}[i]$存放活动i能够发生的最迟时间, 如果活动i的边为$<j,k>$, 则$\mathrm{alt}[i]=\mathrm{elt}[k]-\mathrm{adj}[j,k]$;

关键活动:如果$\mathrm{alt}[i]=\mathrm{ast}[i]$, 则活动$i$是关键活动. 因为一旦活动$i$拖延时间, 则整个工程也要拖延. 而$\mathrm{alt}[i]-\mathrm{ast}[i]$就是活动$i$最大可拖延的时间. 算法如下:

(1) 建立邻接矩阵;

(2) 判断有无回路, 如果有则输出有回路字样, 结束程序; 否则, 做第(3)步;

注意:只要对图进行拓扑排序, 在拓扑序列中出现相同数字, 或拓扑序列中的数字个数不等于顶点数, 就说明有回路.

(3) 从顶点 0 出发, 按顶点的拓扑序列顺序求其余各个顶点(事件)的最早发生时间. 即:

$\mathrm{est}[0]:=0$;

$\mathrm{est}[k]:=\max\{\mathrm{est}[j]+\mathrm{adj}[j,k]$, 其中$j$是$k$的前趋$\}$;

(4) 从顶点$n-1$出发, 按拓扑序列的逆序求其余顶点(事件)的最迟发生时间. 即

$\mathrm{elt}[n-1]:=\mathrm{est}[n-1]$;

$\mathrm{elt}[k]:=\min\{\mathrm{elt}[j]-\mathrm{adj}[k,j]$, 其中$j$是$k$的后续$\}$;

(5) 由$\mathrm{est}[k]$和$\mathrm{elt}[k]$求$\mathrm{ast}[k]$和$\mathrm{alt}[k](0\leqslant k\leqslant n-1)$;

(6) 按顺序检查$\mathrm{ast}[k]$和$\mathrm{alt}[k]$, 若某k满足$\mathrm{ast}[k]=\mathrm{alt}[k]$, 则$k$是关键活动, 输出$k$.

习　　题

1. 画出一个 5 个顶点的完全图, 找出其中一个链、路、圈、回路.

2. 给对 7 个结点, 要求连通度大于 3, 试给出其拓扑结构.

3. 证明:任何结点数大于1的树图中至少有2个次为1的点.

4. 举例说明,图的最小部分树不是唯一的.

5. 若图 G 的连通度为 k,则 $\delta(G) \geqslant k$,故 G 中至少有 $\left\lceil \dfrac{kn}{2} \right\rceil$ 条边. 其中 n 为 G 的顶点数.

6. 用避圈法求图5.3.1 的最小部分树.

7. 应用 Dijkstra 算法求第7题图中 B 到 H 的最短路径.

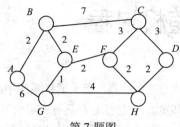

第7题图

8. 计算第8题图中的关键路径.

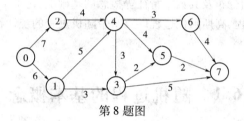

第8题图

第6章 随机过程

在通信系统中,随机过程是非常重要的工具. 因为通信系统中的信号与噪声都具有一定的随机性,需要用随机过程来描述. 我们都知道,发送信号都具有一定的不可预知性,或者说是随机性,否则传输信号就失去了传输的价值. 例如,在进行移动通信时,电磁波的传播路径不断变化,接收信号也是随机变化的. 因此,通信中的信源、噪声以及信号传输特性都可以使用随机过程来描述.

本章在介绍随机过程的分布及其数字特征等概念的基础上,讨论了通信系统中常见的几种重要的随机过程,平稳随机过程、高斯随机过程以及窄带随机过程的统计特性,以及随机过程通过线性系统的情况.

6.1 随机过程的基本概念

6.1.1 随机过程的定义

随机过程是一类随时间作随机变化的过程,它不能用确切的时间函数描述. 可从两种不同角度看:

角度1:一个随机过程对应不同随机试验结果的时间过程的集合. 即:

随机过程 $\xi(t)$ 是全部样本函数的集合: $\xi(t) = \{\xi_1(t), \xi_2(t), \cdots, \xi_n(t)\}$.

角度2:随机过程是随机变量概念的延伸.

又可以把随机过程看作在时间进程中处于不同时刻的随机变量的集合(在一个固定时刻 t_1 上,不同样本的取值 $\{\xi_i(t_1), i=1, 2, \cdots, n\}$ 是一个随机变量,记为 $\xi(t_1)$).

6.1.2 随机过程的分布函数

设 $\xi(t)$ 表示一个随机过程,则它在任意时刻 t_1 的值 $\xi(t_1)$ 是一个随机变量,其统计特性可以用分布函数或概率密度函数来描述. 随机过程的一维分布函数就是该随机过程在任意一个时刻上的随机变量的概率分布函数. 概率密度即是分布函数对 x 求偏导数.

随机过程 $\xi(t)$ 的一维分布函数

$$F_1(x_1, t_1) = P[\xi(t_1) \leqslant x_1] \tag{6.1.1}$$

随机过程 $\xi(t)$ 的一维概率密度函数

$$f_1(x_1, t_1) = \frac{\partial F_1(x_1, t_1)}{\partial x_1} \tag{6.1.2}$$

若上式中的偏导存在,对于随机过程来说,一维分布函数(密度)往往不能描述其完整的统计特性,因此要引入多维分布函数的概念.

随机过程 $\xi(t)$ 的二维分布函数

$$F_2(x_1,x_2;t_1,t_2) = P\{\xi(t_1) \leq x_1,\xi(t_2) \leq x_2\} \tag{6.1.3}$$

若上式中的偏导存在,则随机过程 $\xi(t)$ 的二维概率密度函数为

$$f_2(x_1,x_2;t_1,t_2) = \frac{\partial^2 F_2(x_1,x_2;t_1,t_2)}{\partial x_1 \cdot \partial x_2} \tag{6.1.4}$$

同理,随机过程 $\xi(t)$ 的 n 维分布函数为

$$F_n(x_1,x_2,\cdots,x_n;t_1,t_2,\cdots t_n) = P\{\xi(t_1) \leq x_1,\xi(t_2) \leq x_2,\cdots,\xi(t_n) \leq x_n\} \tag{6.1.5}$$

随机过程 $\xi(t)$ 的 n 维概率密度函数

$$f_n(x_1,x_2,\cdots,x_n;t_1,t_2,\cdots,t_n) = \frac{\partial^n F_n(x_1,x_2,\cdots,x_n;t_1,t_2,\cdots,t_n)}{\partial x_1 \partial x_2 \cdots \partial x_n} \tag{6.1.6}$$

显然,n 越大,对随机过程统计特性的描述就越充分.

6.1.3 随机过程的数字特性

1. 均值(数学期望)

在任意给定时刻 t_1 的随机变量 $\xi(t_1)$ 的均值为

$$E[\xi(t_1)] = \int_{-\infty}^{\infty} x_1 f_1(x_1,t_1)\mathrm{d}x_1 \tag{6.1.7}$$

其中,$f(x_1,t_1)$ 是 $\xi(t_1)$ 的概率密度函数由于 t_1 是任取的,所以可以把 t_1 直接写为 t,x_1 改为 x,这样上式就变为

$$E[\xi(t)] = \int_{-\infty}^{\infty} x f_1(x,t)\mathrm{d}x \tag{6.1.8}$$

$\xi(t)$ 的均值是时间的确定函数,常记作 $a(t)$,它表示随机过程的 n 个样本函数曲线的摆动中心,如图 6.1.1 所示.

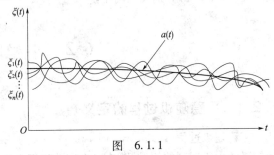

图 6.1.1

2. 方差

随机过程的方差定义为

$$D[\xi(t)] = E\{[\xi(t) - a(t)]^2\} \tag{6.1.9}$$

方差常记为 $\sigma^2(t)$. 这里也把任意时刻 t_1 直接写成了 t,因为

$$
\begin{aligned}
D[\xi(t)] &= E[\xi^2(t) - 2a(t)\xi(t) + a^2(t)] \\
&= E[\xi^2(t)] - 2a(t)E[\xi(t)] + a^2(t) \\
&= E[\xi^2(t)] - a^2(t)
\end{aligned} \tag{6.1.10}
$$

所以,方差等于均方值与均值平方之差,它表示随机过程在时刻 t 对于均值 $a(t)$ 的偏离程度.

物理意义:以接收机输出噪声为例,均方值和方差分别表示消耗在单位电阻上的瞬时功率统计平均值和瞬时交流功率统计平均值.

以上数字特征仅描述了随机过程在各个孤立时刻的统计平均特性,并不能反映随机过程的内在联系,因此引入相关函数概念.

3. 相关函数

自相关函数(简称相关函数)就是用来描述随机过程任意两个时刻的状态间的内在联系的重要特征. 自相关函数

$$R(t_1, t_2) = E[\xi(t_1)\xi(t_2)]$$
$$= \int_{-\infty}^{\infty} \int_{-\infty}^{\infty} x_1 x_2 f_2(x_1, x_2; t_1, t_2) \mathrm{d}x_1 \mathrm{d}x_2 \tag{6.1.11}$$

其中,$\xi(t_1)$ 和 $\xi(t_2)$ 分别是在 t_1 和 t_2 时刻观测得到的随机变量. 可以看出,$R(t_1, t_2)$ 是两个变量 t_1 和 t_2 的确定函数.

4. 协方差函数

$$B(t_1, t_2) = E\{[\xi(t_1) - a(t_1)][\xi(t_2) - a(t_2)]\}$$
$$= \int_{-\infty}^{\infty} \int_{-\infty}^{\infty} [x_1 - a(t_1)][x_2 - a(t_2)] f_2(x_1, x_2; t_1, t_2) \mathrm{d}x_1 \mathrm{d}x_2 \tag{6.1.12}$$

其中,$a(t_1)$ 和 $a(t_2)$ 是 $\xi(t)$ 在 t_1 和 t_2 时刻的均值,$f_2(x_1, x_2; t_1, t_2)$ 是 $\xi(t)$ 的二维概率密度函数.

协方差函数反映了随机过程在任意两个时刻的起伏值(与均值比较的起伏)之间的相关程度.

相关函数和协方差函数之间的关系

$$B(t_1, t_2) = R(t_1, t_2) - a(t_1)a(t_2) \tag{6.1.13}$$

若 $a(t_1) = a(t_2)$,则 $B(t_1, t_2) = R(t_1, t_2)$.

5. 互相关函数

若要描述两个随机过程之间的关联程度,则可以用互相关函数

$$R_{\xi\eta}(t_1, t_2) = E[\xi(t_1)\eta(t_2)] \tag{6.1.14}$$

其中,$\xi(t)$ 和 $\eta(t)$ 分别表示两个随机过程.

6.2　平稳随机过程

6.2.1　平稳随机过程的定义

平稳随机过程(stationary tochastic process)是一类统计特性不随时间推移而变的随机过程. 在通信系统中所遇到的信号及噪声,大多数均可视为平稳过程.

1. 严平稳随机过程

若一个随机过程 $\xi(t)$ 的任意有限维分布函数与时间起点无关,即对于任意的正整数 n 和所有实数 Δ,有

$$f_n(x_1, x_2, \cdots, x_n; t_1, t_2, \cdots, t_n)$$
$$= f_n(x_1, x_2, \cdots, x_n; t_1 + \Delta, t_2 + \Delta, \cdots, t_n + \Delta) \tag{6.2.1}$$

则称该随机过程是**在严格意义下的平稳随机过程**,简称**严平稳随机过程**.

严平稳随机过程的统计特性与所取的时间起点无关. 或者说,整个过程的统计特性不随时间的推移而变化. 例如,今天我们测得的某个随机过程的统计特性与上个月或其他时候所测得的该过程的统计特性相同.

性质 6.3.1　平稳随机过程的一维分布函数与时间 t 无关

$$f_1(x_1, t_1) = f_1(x_1) \tag{6.2.2}$$

由此可求得随机过程 $x(t)$ 的均值、均方值和方差皆为与时间无关的常数.

性质 6.3.2　二维分布函数只与时间间隔 $\tau = t_2 - t_1$ 有关

$$f_2(x_1, x_2; t_1, t_2) = f_2(x_1, x_2; \tau) \tag{6.2.3}$$

又数字特征

$$E[\xi(t)] = \int_{-\infty}^{\infty} x_1 f_1(x_1)\,\mathrm{d}x_1 = a \qquad (6.2.4)$$

$$R(t_1,t_2) = E[\xi(t_1)\xi(t_1+\tau)]$$

$$= \int_{-\infty}^{\infty}\int_{-\infty}^{\infty} x_1 x_2 f_2(x_1,x_2;\tau)\,\mathrm{d}x_1\mathrm{d}x_2 = R(\tau) \qquad (6.2.5)$$

要确定一个随机过程的概率密度族,并进而判定严平稳的条件式对一切 n 都成立,是十分困难的.

2. 宽平稳随机过程

如果随机过程的均值与 t 无关,为常数 a,自相关函数只与时间间隔 τ 有关,则称该随机过程为宽平稳随机过程(或广义平稳随机过程).

通常,我们一般提到"平稳随机过程"时,除特别指明外,都是指宽平稳随机过程或广义平稳随机过程的.把同时满足式(6.2.4)和式(6.2.5)的过程定义为广义平稳随机过程.显然,严平稳随机过程必定是广义平稳的,反之不一定成立.在通信系统中所遇到的信号及噪声,大多数可视为平稳的随机过程.因此,研究平稳随机过程有着很大的实际意义.

6.2.2 各态历经性

设 $x(t)$ 是平稳过程 $\xi(t)$ 的任意一次实现(样本),则其时间均值和时间相关函数分别定义为

$$\bar{a} = \overline{x(t)} = \lim_{T\to\infty}\frac{1}{T}\int_{-T/2}^{T/2} x(t)\,\mathrm{d}t$$

$$\overline{R(\tau)} = \overline{x(t)x(t+\tau)} = \lim_{T\to\infty}\frac{1}{T}\int_{-T/2}^{T/2} x(t)x(t+\tau)\,\mathrm{d}t \qquad (6.2.6)$$

如果平稳过程使下式成立

$$\begin{cases} a = \bar{a} \\ R(\tau) = \overline{R(\tau)} \end{cases} \qquad (6.2.7)$$

则称该平稳过程具有各态历经性.

"各态历经"的含义是:随机过程中的任一次实现都经历了随机过程的所有可能状态.因此,在求解各种统计平均(均值或自相关函数等)时,无须作无限多次的考察,只要获得一次考察,用一次实现的"时间平均"值代替过程的"统计平均"值即可,从而使测量和计算的问题大为简化.

具有各态历经的随机过程一定是平稳过程,反之不一定成立.在通信系统中所遇到的随机信号和噪声,一般均能满足各态历经条件.

6.2.3 平稳随机过程自相关函数的性质

对于平稳随机过程而言,它的自相关函数是特别重要的一个函数:其一,平稳随机过程的统计特性,如数字特征等,可通过自相关函数来描述;其二,自相关函数与平稳随机过程的谱特性有着内在的联系.平稳随机过程具有如下的性质:

(1) $R(0) = E[\xi^2(t)]$ 为 $\xi(t)$ 平均功率.

(2) $R(\infty) = E^2[\xi^2(t)]$ 为 $\xi(t)$ 直流功率

这里利用了 $R(\infty) = \lim_{\tau\to\infty}E[\xi(t)\xi(t+\tau)] = E[\xi(t)]E[\xi(t+\tau)] = E^2[\xi(t)]$.

(3) $R(\tau) = R(-\tau)$,$\xi(t)$ 为偶函数.

(4) $|R(\tau)| \leqslant R(0)$,$R(\tau)$ 有上界.

(5) $R(0) - R(\infty) = \sigma^2$ 为 $\xi(t)$ 交流功率,当均值为 0 时,有 $R(0) = \sigma^2$

$R(0)$就是$\xi(t)$的总平均功率, $R(\infty)$是其直流功率, σ^2是其交流功率. 均方值 = 总功率, 均值平方 = 直流功率, 方差 = 交流功率.

6.2.4 平稳过程的功率谱密度

1. 定义

对于任意的确定功率信号$f(t)$, 它的功率谱密度定义为

$$P_f(f) = \lim_{T \to \infty} \frac{|F_T(f)|^2}{T} \tag{6.2.8}$$

其中, $F_T(f)$是$f(t)$的截短函数$f_T(t)$所对应的频谱函数, 如图6.2.1所示.

对于平稳随机过程$\xi(t)$, 可以把$f(t)$当作$\xi(t)$的一个样本; 过程的功率谱密度应看作对所有样本的功率谱的统计平均, 故$\xi(t)$的功率谱密度可以定义为

$$P_\xi(f) = E[P_f(f)] = \lim_{T \to \infty} \frac{E|F_T(f)|^2}{T} \tag{6.2.9}$$

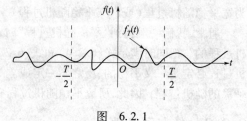

图 6.2.1

2. 功率谱密度的计算

维纳 – 辛钦关系

$$P_\xi(\omega) = \int_{-\infty}^{\infty} R(\tau) e^{-j\omega\tau} d\tau$$

$$R(\tau) = \frac{1}{2\pi} \int_{-\infty}^{\infty} P_\xi(\omega) e^{j\omega\tau} d\omega \tag{6.2.10}$$

即非周期的功率型确知信号的自相关函数与其功率谱密度是一对傅里叶变换. 这种关系对平稳随机过程同样成立, 简记为

$$R(\tau) \Leftrightarrow P_\xi(f) \tag{6.2.11}$$

维纳 – 辛钦关系在平稳随机过程的理论和应用中是一个非常重要的工具, 它是联系频域和时域两种分析方法的基本关系式.

在维纳 – 辛钦关系, 得到以下结论:

(1)对功率谱密度进行积分, 可得平稳过程的总功率

$$R(0) = \int_{-\infty}^{\infty} P_\xi(f) df \tag{6.2.12}$$

上式从频域的角度给出了过程平均功率的计算法.

(2)各态历经过程的任一样本函数的功率谱密度等于过程的功率谱密度.

(3)功率谱密度$P_\xi(f)$具有非负性和实偶性, 即

$$P_\xi(f) \geqslant 0 \text{ 和 } P_\xi(-f) = P_\xi(f) \tag{6.2.13}$$

例6.2.1 设一个随机相位的正弦波$\xi(t)$为

$$\xi(t) = A\cos(\omega_c t + \theta)$$

其中, A和ω_c均为常数; θ是在$(0, 2\pi)$内均匀分布的随机变量. 试讨论$\xi(t)$是否具有各态历经性.

解 (1)先求$\xi(t)$的统计平均值: 数学期望

$$a(t) = E[\xi(t)] = \int_0^{2\pi} A\cos(\omega_c t + \theta) \frac{1}{2\pi} d\theta$$

$$= \frac{A}{2\pi} \int_0^{2\pi} (\cos \omega_c t \cos \theta - \sin \omega_c t \sin \theta) d\theta$$

$$= \frac{A}{2\pi} \left[\cos \omega_c t \int_0^{2\pi} \cos \theta \mathrm{d}\theta - \sin \omega_c t \int_0^{2\pi} \sin \theta \mathrm{d}\theta \right] = 0$$

自相关函数

$$
\begin{aligned}
R(t_1, t_2) &= E[\xi(t_1)\xi(t_2)] \\
&= E[A\cos(\omega_c t_1 + \theta) \cdot A\cos(\omega_c t_2 + \theta)] \\
&= \frac{A^2}{2} E\{\cos \omega_c(t_2 - t_1) + \cos[\omega_c(t_2 + t_1) + 2\theta]\} \\
&= \frac{A^2}{2}\cos \omega_c(t_2 - t_1) + \frac{A^2}{2} \int_0^{2\pi} \cos[\omega_c(t_2 + t_1) + 2\theta] \frac{1}{2\theta} \mathrm{d}\theta \\
&= \frac{A^2}{2}\cos \omega_c(t_2 - t_1) + 0
\end{aligned}
$$

令 $t_2 - t_1 = \tau$，得到

$$R(t_1, t_2) = \frac{A^2}{2}\cos \omega_c \tau = R(\tau)$$

可见，$\xi(t)$ 的数学期望为常数，而自相关函数与 t 无关，只与时间间隔 τ 有关，所以 $\xi(t)$ 是广义平稳过程.

（2）求 $\xi(t)$ 的时间平均值

$$\overline{a} = \lim_{T \to \infty} \frac{1}{T} \int_{-T/2}^{T/2} A\cos(\omega_c t + \theta) \mathrm{d}t = 0$$

$$
\begin{aligned}
\overline{R(\tau)} &= \lim_{T \to \infty} \frac{1}{T} \int_{-T/2}^{T/2} A\cos(\omega_c t + \theta) \cdot A\cos[\omega_c(t + \tau) + \theta] \mathrm{d}t \\
&= \lim_{T \to \infty} \frac{A^2}{2T} \left\{ \int_{-T/2}^{T/2} \cos \omega_c \tau \mathrm{d}t + \int_{-T/2}^{T/2} \cos(2\omega_c t + \omega_c \tau + 2\theta) \mathrm{d}t \right\} = \frac{A^2}{2}\cos \omega_c \tau
\end{aligned}
$$

比较统计平均与时间平均，有

$$a = \overline{a}, R(\tau) = \overline{R(\tau)}$$

因此，随机相位余弦波是各态历经的.

例 6.2.2 设一个随机二进制矩形脉冲波形，它的每个脉冲持续时间为 T_b，脉冲幅度取 ± 1 的概率相等. 现假设任意间隔 T_b 内波形取值与任何别的间隔内取值统计无关，且过程具有宽平稳性，试证：

（1）自相关函数 $R_\xi(\tau) = \begin{cases} 0, & |\tau| > T_b \\ 1 - |\tau|/T_b, & |\tau| \leqslant T_b \end{cases}$；

（2）功率谱密度 $P_\xi(\omega) = T_b [Sa(\pi f T_b)]^2$.

解　（1）设二进制矩形脉冲波形

$$f(t) = \sum_{n=-\infty}^{\infty} A_n \mathrm{rect}(t - nT_b)$$

其中，A_n 是脉冲幅度，取 ± 1 的概率相等. 则其自相关函数

$$
\begin{aligned}
R(\tau) &= E[f(t)f(t + \tau)] \\
&= E\left[\sum_{n=-\infty}^{\infty} A_n \mathrm{rect}(t - nT_b) \sum_{n'=-\infty}^{\infty} A_n' \mathrm{rect}(t - n'T_b) \right] \\
&= E[A_n A_n']
\end{aligned}
$$

下面对 τ 进行分段讨论.

若 $|\tau| > T_b$ 即 A_n 和 A_n' 出现的时间间隔大于 T_b 且统计独立，有

$$E[A_nA_n'] = E[A_n] \cdot E[A_n']$$

$$= \left(-1 \times \frac{1}{2} + 1 \times \frac{1}{2}\right)\left(-1 \times \frac{1}{2} + 1 \times \frac{1}{2}\right) = 0$$

若 $|\tau| \leqslant T_b$, 即 A_n 和 A_n' 出现的时间间隔小于 T_b, 可能出现的几种情况:

A_n 和 A_n' 属于同一种脉冲, 其概率为 $\dfrac{T_b - |\tau|}{T_b}$;

A_n 和 A_n' 分属于不同的脉冲. 但其脉冲取值相同, 其概率为 $\dfrac{|\tau|}{T_b} \times \dfrac{1}{2}$;

A_n 和 A_n' 分属于不同的脉冲. 但其脉冲取值不同, 其概率为 $\dfrac{|\tau|}{T_b} \times \dfrac{1}{2}$.

所以, $E[A_nA_n'] = \dfrac{T_b - |\tau|}{T_b} \times 1^2 + \dfrac{|\tau|}{T_b} \times \dfrac{1}{2} \times 1^2 + \dfrac{|\tau|}{T_b} \times \dfrac{1}{2} \times 1 \times (-1) = \dfrac{T_b - |\tau|}{T_b}$

综上所述, 可得自相关函数 $R_\xi(\tau) = \begin{cases} 0, & |\tau| > T_b \\ 1 - |\tau|/T_b, & |\tau| \leqslant T_b \end{cases}$.

(2) 根据宽平稳随机过程的性质, 有

$$P_\xi(\omega) = \int_{-\infty}^{\infty} R_\xi(\tau) \mathrm{e}^{-\mathrm{j}\omega\pi} \mathrm{d}\tau = \int_{-\infty}^{\infty} tri\left(\frac{\tau}{T_b}\right) \mathrm{e}^{-\mathrm{j}\omega\pi} \mathrm{d}\tau$$

根据傅里叶变换对 $tri\left(\dfrac{\tau}{T_b}\right) = T_b\left[Sa^2\left(\dfrac{\omega T_b}{2}\right)\right]$, 有

$$R_\xi(\omega) = T_b\left[Sa^2\left(\frac{\omega T_b}{2}\right)\right] = T_b\left[Sa(\pi f T_b)\right]^2$$

6.3 高斯随机过程(正态随机过程)

在我们的通信系统中遇到最多的也是正态随机过程, 又称高斯随机过程(简称高斯过程). 例如, 电路中最常见的电阻热噪声、电子管的散粒噪声等. 本节介绍高斯过程的有关特性.

6.3.1 定义

如果随机过程 $\xi(t)$ 的任意 n 维 $(n = 1, 2, \cdots)$ 分布均服从正态分布, 则称它为**正态过程**或**高斯过程**. n 维正态概率密度函数表示式为

$$f_n(x_1, x_2, \cdots, x_n; t_1, t_2, \cdots, t_n)$$

$$= \frac{1}{(2\pi)^{n/2}\sigma_1\sigma_2\cdots\sigma_n |\boldsymbol{B}|^{1/2}} \exp\left[\frac{-1}{2|\boldsymbol{B}|}\sum_{j=1}^{n}\sum_{k=1}^{n} |\boldsymbol{B}|_{jk}\left(\frac{x_j - a_j}{\sigma_j}\right)\left(\frac{x_k - a_k}{\sigma_k}\right)\right] \quad (6.3.1)$$

其中

$$a_k = E[\xi(t_k)], \quad \sigma_k^2 = E[\xi(t_k) - a_k]^2 \quad (6.3.2)$$

$|\boldsymbol{B}|$ 为归一化协方差矩阵的行列式, 即

$$|\boldsymbol{B}| = \begin{vmatrix} 1 & b_{12} & \cdots & b_{1n} \\ b_{21} & 1 & \cdots & b_{2n} \\ \vdots & \vdots & & \vdots \\ b_{n1} & b_{n2} & \cdots & 1 \end{vmatrix} \quad (6.3.3)$$

这里 $|B|_{jk}$ 是行列式 $|B|$ 中元素 b_{jk} 的代数余因子, b_{jk} 为归一化协方差函数, 即

$$b_{jk} = \frac{E\{[\xi(t_j) - a_j][\xi(t_k) - a_k]\}}{\sigma_j \sigma_k} \qquad (6.3.4)$$

6.3.2 重要性质

(1) 高斯过程的 n 维概率密度函数可以由其一阶矩和二阶矩, 即均值、方差和协方差完全确定. 因此, 对于高斯过程, 只需要研究它的数字特征就可以了.

(2) 广义平稳的高斯过程也是严平稳的. 因为, 若高斯过程是广义平稳的, 即其均值与时间无关, 协方差函数只与时间间隔有关, 而与时间起点无关, 则它的 n 维分布也与时间起点无关, 故它也是严平稳的. 所以, 高斯过程若是广义平稳的, 则也严平稳.

(3) 如果高斯过程在不同时刻的取值是不相关的, 即对所有 $j \neq k$, 有 $b_{jk} = 0$, 则其概率密度可以简化为

$$f_n(x_1, x_2, \cdots, x_n; t_1, t_2, \cdots, t_n)$$
$$= \prod_{k=1}^{n} \frac{1}{\sqrt{2\pi}\sigma_k} \exp\left[-\frac{(x_k - a_k)^2}{2\sigma_k^2}\right] \qquad (6.3.5)$$
$$= f(x_1, t_1) \cdot f(x_2, t_2) \cdots f(x_n, t_n)$$

这表明, 如果高斯过程在不同时刻的取值是不相关的, 那么它们也是统计独立的.

(4) 高斯过程经过线性变换后生成的过程仍是高斯过程. 也可以说, 若线性系统的输入为高斯过程, 则系统输出也是高斯过程.

在通信系统中, 从噪声 $x(t)$ 背景中接收、检测有用信号 $s(t)$ 时, 往往会遇到噪声与信号叠加在一起的合成随机信号问题. 因此此性质在通信系统中很重要.

6.3.3 高斯随机变量

若随机过程 $\xi(t)$ 的任意 n 维 $(n = 1, 2, \cdots)$ 分布都是正态分布, 则称它为**高斯随机过程**或**正态过程**. 高斯过程在任一时刻上的样值是一个一维高斯随机变量, 其一维概率密度函数可表示为

$$f(x) = \frac{1}{\sqrt{2\pi}\sigma} \exp\left[-\frac{(x - a)^2}{2\sigma^2}\right] \qquad (6.3.6)$$

其中, a 为均值, σ^2 为方差, $f(x)$ 的曲线如图 6.3.1 所示.

图 6.3.1 中, a 表示分布中心, σ 称为标准偏差, 表示集中程度, 图形将随着 σ 的减小而变高和变窄.

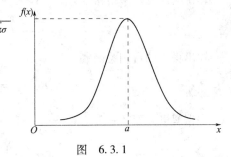

图 6.3.1

性质: $f(x)$ 对称于直线 $x = a$, 即

$$f(a + x) = f(a - x) \qquad (6.3.7)$$

$$\int_{-\infty}^{a} f(x)\,\mathrm{d}x = \int_{a}^{\infty} f(x)\,\mathrm{d}x = \frac{1}{2} \qquad (6.3.8)$$

$$\int_{-\infty}^{\infty} f(x)\,\mathrm{d}x = 1 \qquad (6.3.9)$$

当 $a = 0$ 和 $\sigma = 1$ 时, 称为标准化的正态分布

$$f(x) = \frac{1}{\sqrt{2\pi}} \exp\left(-\frac{x^2}{2}\right) \qquad (6.3.10)$$

正态分布函数

$$F(x) = P(\xi \leqslant x) = \int_{-\infty}^{x} \frac{1}{\sqrt{2\pi}\sigma} \exp\left[-\frac{(z-a)^2}{2\sigma^2}\right]dz \tag{6.3.11}$$

这个积分无法用闭合形式计算,我们要设法把这个积分式和可以在数学手册上查出积分值的特殊函数联系起来.

一般常用以下几种特殊函数:

误差函数:其定义为

$$\operatorname{erf}(x) = \frac{2}{\sqrt{\pi}} \int_{0}^{x} e^{-t^2} dt \tag{6.3.12}$$

它是自变量的递增函数,$\operatorname{erf}(0) = 0$,$\operatorname{erf}(\infty) = 1$,且 $\operatorname{erf}(-x) = -\operatorname{erf}(x)$.

互补误差函数:称 $1 - \operatorname{erf}(x)$ 为互补误差函数,记为 $\operatorname{erfc}(x)$,即

$$\operatorname{erfc}(x) = 1 - \operatorname{erf}(x) = \frac{2}{\sqrt{\pi}} \int_{x}^{\infty} e^{-t^2} dt \tag{6.3.13}$$

它是自变量的递减函数,$\operatorname{erfc}(0) = 1$,$\operatorname{erfc}(\infty) = 0$.

在对高斯过程的分析中,常用到上面的特殊函数. 在今后讨论通信系统抗噪声性能时上述公式是很常用的. 比如,在比较各种数字调制方式的误码率,那时就会用到误差函数的概念.

例 一个 LR 低通滤波器如图 6.3.2 所示,假设输入是均值为零、功率谱密度为 $n_0/2$ 的高斯白噪声,试求

(1)输出噪声 $n_0(t)$ 的自相关函数;

(2)全输出噪声的方差.

解 (1)首先写出低通滤波器的传递函数

$$H(\omega) = \frac{R}{R + jwL}$$

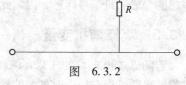

图 6.3.2

输出噪声的功率谱密度为

$$P_{\xi_0}(\omega) = |H(\omega)|^2 P_{\xi_i}(\omega) = \frac{n_0}{2(R^2 + \omega^2 L^2)}$$

输出噪声的自相关函数

$$R_0(\tau) = \frac{1}{2\pi} \int_{-\infty}^{\infty} P_0(\omega) e^{j\omega\pi} d\omega$$

根据傅里叶变换 $e^{-a|t|} \Leftrightarrow \dfrac{2a}{a^2 + \omega^2}$,有

$$R_0(\tau) = \frac{1}{2\pi} \int_{-\infty}^{\infty} \frac{n_0}{2(R^2 + \omega^2 L^2)} e^{j\omega\pi} d\omega$$

$$= \frac{1}{2\pi} \cdot \frac{n_0}{2} \int_{-\infty}^{\infty} \frac{2\dfrac{R^2}{L^2}}{\left(\dfrac{R^2}{L^2} + \omega^2\right)} e^{j\omega\pi} d\omega$$

$$= \frac{1}{2\pi} \cdot \frac{n_0}{2} \frac{R}{2L} \int_{-\infty}^{\infty} \frac{\dfrac{2R}{L}}{\dfrac{R^2}{L^2} + \omega^2} e^{j\omega\pi} d\omega$$

$$= \frac{Rn_0}{4L} e^{-R|\tau|/L}$$

$$(2)\sigma^2 = R_0(0) - R_0(\infty) = \frac{Rn_0}{4L}.$$

6.4 平稳随机过程通过线性系统

通信的目的在于传输信号,信号和系统总是联系在一起的. 通信系统中的信号或噪声一般都是随机的,因此在以后的讨论中我们必然会遇到这样的问题:随机过程通过系统(或网络)后,输出过程将是什么样的过程?

这里只考虑平稳过程通过线性时不变系统的情况. 随机信号通过线性系统的分析,完全是建立在确知信号通过线性系统的分析原理的基础之上的. 我们知道,线性系统的响应 $v_o(t)$ 等于输入信号 $v_i(t)$ 与系统的单位冲激响应 $h(t)$ 的卷积,即

$$v_o(t) = h(t) * v_i(t) = \int_{-\infty}^{\infty} h_i(\tau)v(t-\tau)d\tau \tag{6.4.1}$$

若 $v_o(t)$ 傅里叶变换为 $V_o(\omega)$,$v_i(t)$ 傅里叶变换为 $V_i(\omega)$,$h(t)$ 傅里叶变换为 $H(\omega)$,则有

$$V_o(\omega) = V_i(\omega) \cdot H(\omega) \tag{6.4.2}$$

下面,我们利用这个关系式,在假设输入过程 $\xi_i(t)$ 是平稳的输入随机过程,其均值为 a,自相关函数为 $R_i(\tau)$,$P_i(\omega)$ 功率谱密度,求输出过程 $\xi_o(t)$ 的统计特性,即它的均值、自相关函数、功率谱以及概率分布.

1. 输出过程 $\xi_o(t)$ 的均值

对下式两边取统计平均

$$\xi_o(t) = \int_{-\infty}^{\infty} h(\tau)\xi_i(t-\tau)d\tau$$

得到

$$E[\xi_o(t)] = E\left[\int_{-\infty}^{\infty} h(\tau)\xi_i(t-\tau)d\tau\right] = \int_{-\infty}^{\infty} h(\tau)E[\xi_i(t-\tau)]d\tau$$

设输入过程是平稳的,则有

$$E[\xi_i(t-\tau)] = E[\xi_i(t)] = a$$

$$E[\xi_o(t)] = a \cdot \int_{-\infty}^{\infty} h(\tau)d\tau = a \cdot H(0)$$

其中,$H(0)$ 是线性系统在 $f=0$ 处的频率响应. 因此输出过程的均值是一个常数.

2. 输出过程 $\xi_o(t)$ 的自相关函数

根据自相关函数的定义

$$R_o(t_1, t_1 + \tau) = E[\xi_o(t_1)\xi_o(t_1 + \tau)]$$

$$= E\left[\int_{-\infty}^{\infty} h(\alpha)\xi_i(t_1 - \alpha)d\alpha \int_{-\infty}^{\infty} h(\beta)\xi_i(t_1 + \tau - \beta)d\beta\right]$$

$$= \int_{-\infty}^{\infty}\int_{-\infty}^{\infty} h(\alpha)h(\beta)E[\xi_i(t_1 - \alpha)\xi_i(t_1 + \tau - \beta)]d\alpha d\beta$$

根据输入过程的平稳性,有

$$E[\xi_i(t_1 - \alpha)\xi_i(t_1 + \tau - \beta)] = R_i(\tau + \alpha - \beta)$$

$$R_{\mathrm{o}}(t_1, t_1 + \tau) = \int_{-\infty}^{\infty}\int_{-\infty}^{\infty} h(\alpha)h(\beta)R_{\mathrm{i}}(\tau + \alpha - \beta)\mathrm{d}\alpha\mathrm{d}\beta = R_{\mathrm{o}}(\tau)$$

上式表明,输出过程的自相关函数仅是时间间隔 τ 的函数. 由上两式可知,若线性系统的输入是平稳的,则输出也是平稳的.

3. 输出过程 $\xi_{\mathrm{o}}(t)$ 的功率谱密度

对下式进行傅里叶变换

$$R_{\mathrm{o}}(t_1, t_1 + \tau) = \int_{-\infty}^{\infty}\int_{-\infty}^{\infty} h(\alpha)h(\beta)R_{\mathrm{i}}(\tau + \alpha - \beta)\mathrm{d}\alpha\mathrm{d}\beta = R_{\mathrm{o}}(\tau)$$

得出

$$P_{\mathrm{o}}(f) = \int_{-\infty}^{\infty} R_{\mathrm{o}}(\tau)\mathrm{e}^{-\mathrm{j}\omega\tau}\mathrm{d}\tau$$

$$= \int_{-\infty}^{\infty}\left[\int_{-\infty}^{\infty}\int_{-\infty}^{\infty} h(\alpha)h(\beta)R_{\mathrm{i}}(\tau + \alpha - \beta)\mathrm{d}\alpha\mathrm{d}\beta\right]\mathrm{e}^{-\mathrm{j}\omega\tau}\mathrm{d}\tau$$

令 $\tau' = \tau + \alpha - \beta$,代入上式,得到

$$P_{\mathrm{o}}(f) = H^*(f) \cdot H(f) \cdot P_{\mathrm{i}}(f) = |H(f)|^2 P_{\mathrm{i}}(f)$$

结论:输出过程的功率谱密度是输入过程的功率谱密度乘以系统频率响应模值的平方. 应用:由 $P_{\mathrm{o}}(f)$ 的反傅里叶变换求 $R_{\mathrm{o}}(\tau)$.

4. 输出过程 $\xi_{\mathrm{o}}(t)$ 的概率分布

若线性系统的输入过程是高斯型的,则系统的输出过程也是高斯型的. 因为从积分原理看

$$\xi_{\mathrm{o}}(t) = \int_{-\infty}^{\infty} h(\tau)\xi_{\mathrm{i}}(t - \tau)\mathrm{d}\tau$$

可以表示为

$$\xi_{\mathrm{o}}(t) = \lim_{\Delta\tau_k \to 0}\sum_{k=0}^{\infty} \xi_{\mathrm{i}}(t - \tau_k)h(\tau_k)\Delta\tau_k$$

由于已假设 $\xi_{\mathrm{i}}(t)$ 是高斯型的,所以上式右端的每一项在任一时刻上都是一个高斯随机变量. 因此,输出过程在任一时刻上得到的随机变量就是无限多个高斯随机变量之和. 由概率论理论得知,这个"和"也是高斯随机变量,因而输出过程也为高斯过程.

注意:与输入高斯过程相比,输出过程的数字特征已经改变了.

例 $X(t)$ 是功率谱密度为 $P_x(f)$ 的平稳随机过程,该过程通过一个在通信中系统常见的简单的系统,如图 6.4.1 所示.

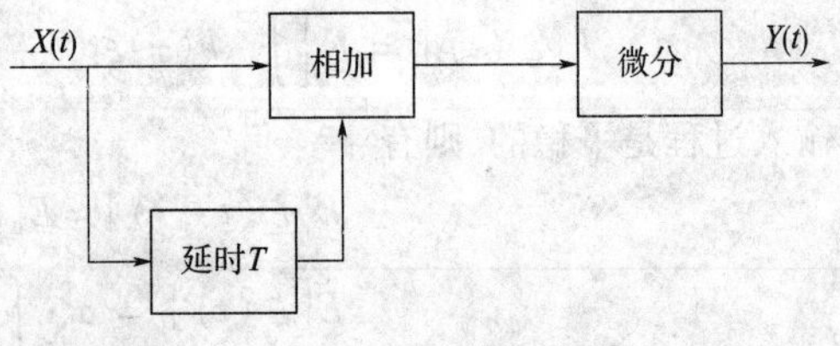

(1)输出过程 $Y(t)$ 是否平稳?

(2)求 $Y(t)$ 的功率谱密度.

图 6.4.1

解 (1)因为

$$Y(t) = \frac{\mathrm{d}}{\mathrm{d}t}[X(t) + X(t + T)]$$

所以

$$E[Y(t)] = E\left\{\frac{\mathrm{d}}{\mathrm{d}t}[X(t) + X(t + T)]\right\} = \frac{\mathrm{d}}{\mathrm{d}t}\{E[X(t)] + E[X(t + T)]\}$$

因为 $X(t)$ 平稳,所以 $E[Y(t)] = 0$.

因为 $Y(t)$ 的数学期望是个常数,数学期望只与 τ 有关,所以 $Y(t)$ 平稳.

(2)传输函数 $H(\omega) = 2\omega\cos\omega T$,

所以

$$P_{\xi_{\mathrm{o}}}(\omega) = |H(\omega)|^2 P_{\xi_{\mathrm{i}}}(\omega) = 4\omega^2(\cos\omega T)^2 P_{\xi_{\mathrm{i}}}(\omega)$$

即

$$P_y(f) = 2\omega^2(1 + \cos^2\omega T)P_x(f)$$

6.5 窄带随机过程

若随机过程 $\xi(t)$ 的谱密度集中在中心频率 f_c 附近相对窄的频带范围 Δf 内,即满足 $\Delta f \ll f_c$ 的条件,且 f_c 远离零频率,则称该 $\xi(t)$ 为**窄带随机过程**. 图 6.5.1 是一个典型的窄带随机过程的频谱密度和波形.

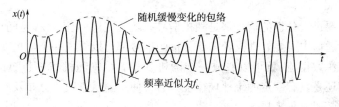

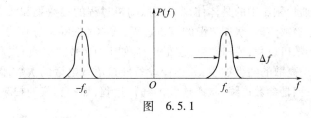

图 6.5.1

可见窄带随机过程的一个样本波形它接近于一个正弦波,但此正弦波的幅度和相位都在缓慢地随机变换.

假如不将频带搬移到高频处,那么"窄带"之所以为窄,可以理解为低频分量. 而低频分量在时域上就意味着缓慢变化(高频就意味着快速变化). 现在利用调制将频带搬移到高频处:如果是调幅(数学上可以表示为 $a(t)\cos \omega_c t$),即调制载波的幅度,那么这个缓慢变化就表现为载波幅度的"缓慢变化";如果是调相(可表示为 $\cos[\omega_c t + \varphi(t)]$),即调制载波的相位,那么这个缓慢的变化就表现为相位的"缓慢变化". "缓慢变化"的频率一定远远小于载波的频率.

(1)窄带随机过程的包络相位表示法:
$$\xi(t) = a_\xi(t)\cos[\omega_c t + \varphi_\xi(t)], \quad a_\xi(t) \geqslant 0 \tag{6.5.1}$$
其中,$a_\xi(t)$ 为随机包络,$\varphi_\xi(t)$ 为随机相位,ω_c 为中心角频率. 显然,$a_\xi(t)$ 和 $\varphi_\xi(t)$ 的变化相对于载波 $\cos \omega_c t$ 的变化要缓慢得多.

(2)窄带随机过程的同相－正交表示法,将
$$\xi(t) = a_\xi(t)\cos[\omega_c t + \varphi_\xi(t)], \quad a_\xi(t) \geqslant 0 \tag{6.5.2}$$
展开为
$$\xi(t) = \xi_c(t)\cos \omega_c t - \xi_s(t)\sin \omega_c t \tag{6.5.3}$$
其中
$$\xi_c(t) = a_\xi(t)\cos \varphi_\xi(t), \quad \xi(t) \text{ 的同相分量}$$
$$\xi_s(t) = a_\xi(t)\sin \varphi_\xi(t), \quad \xi(t) \text{ 的正交分量}$$

可以看出:$\xi(t)$ 的统计特性由 $a_\xi(t)$ 和 $\varphi_\xi(t)$ 或 $\xi_c(t)$ 和 $\xi_s(t)$ 的统计特性确定. 实际上若 $\xi(t)$ 的统计特性已知,则 $a_\xi(t)$ 和 $\varphi_\xi(t)$ 或 $\xi_c(t)$ 和 $\xi_s(t)$ 的统计特性也随之确定.

结论:一个均值为零,方差为 σ_ξ^2 的窄带平稳高斯过程 $\xi(t)$,它的同相分量 $\xi_c(t)$ 和正交分量 $\xi_s(t)$ 同样是平稳高斯过程,而且均值为零,方差也相同. 此外,在同一时刻上得到的 $\xi_c(t)$ 和 $\xi_s(t)$

是互不相关的或统计独立的.

一个均值为零,方差为 σ_ξ^2 的窄带平稳高斯过程 $\xi(t)$,其包络 $a_\xi(t)$ 的一维分布是瑞利分布,相位 $\varphi_\xi(t)$ 的一维分布是均匀分布,并且就一维分布而言,$a_\xi(t)$ 与 $\varphi_\xi(t)$ 是统计独立的,即有

$$f(a_\xi, \varphi_\xi) = f(a_\xi) \cdot f(\varphi_\xi) \tag{6.5.4}$$

6.6 随机过程在通信工程中的应用

通信中很多需要进行分析的信号都是随机信号. 随机变量、随机过程是随机分析的两个基本概念. 实际上很多通信中需要处理或者需要分析的信号都可以看成一个随机变量,利用在系统中每次需要传送的信源数据流,就可以看成一个随机变量. 尽管随机信号和随机噪声是不可预测的、随机的,但它们还是具有一定的统计规律性. 通常使用随机过程的分布及其数字特征来描述,也常用一些特殊的随机过程来描述.

随机过程的分类在通信领域中的具体体现. 按照随机过程的参数集和状态空间是连续还是离散可以分为四类:一是参数离散、状态离散的随机过程,或称离散随机过程,如伯努利过程等;二是参数离散、状态连续的随机过程,或(连续)随机序列,如 DAC(数模变换)过程中对随机信号进行采样;三是参连续、状态离散的随机过程,如程控设备转接语音电话的次数,跳频设备在通信过程中改变频率的次数等;四是参数连续、状态连续的随机过程,如扫频仪的扫频信号进行扫频,各类信号中的纹波电压等.

例如,在一定时间内电话交换台收到的呼叫次数是一个随机变量. 也就是说把随某个参量而变化的随机变量统称为随机函数;把以时间 t 为参变量的随机函数称为随机过程. 随机过程包括随机信号和随机噪声. 如果信号的某个或某几个参数不能预知或不能完全预知,这种信号就称为随机信号;在通信系统中不能预测的噪声就称为随机噪声. 例如,高斯白噪声是分析信道加性噪声的理想模型,通信中的主要噪声源—热噪声就属于这类噪声. 它在任意两个不同时刻上的取值之间互不相关,且统计独立.

马尔科夫过程、高斯随机过程、自相似随机过程等是非常重要的随机过程. 随着现代科学技术的发展,这些模型的研究受到越来越多的重视,在通信领域中,这些随机过程也有着广泛的应用.例如,自相似随机过程可以准确给出网络中业务流量的排队性能和延迟,较之短相关性,更能准确地给出排队分析,尤其在网络处于重载时,这对实际网络并且在通信研究中会发挥更重要的作用. 再如,马尔科夫应用在信源编码中,以及随机干扰的控制问题中.

信号的检测与统计等,在通信、雷达探测、地震探测等领域中都有普遍存在. 噪声本身是随机的,滤波问题就是研究在接收信号时如何最大限度地消除噪声的干扰,而编码问题则是研究采取什么样的手段发射信号,能最大限度地抵抗干扰. 研究带随机干扰的控制问题,也要用到马尔可夫随机过程. 可见,随机过程在通信工程中应用广泛. 关于随机过程在通信方面的应用还有很多,本节在这里只是给大家提供部分随机过程应用的介绍.

习 题

1. 随机过程是什么? 它具有什么特点?
2. 设一个随机过程 $\xi(t)$ 可表示成 $\xi(t) = 2\cos(2\pi t + \theta)$,其中 θ 是一个离散随机变量,且

$P(\theta=0)=1/2$、$P(\theta=\pi/2)=1/2$,试求 $E_{\xi}(1)$ 及 $R_{\xi}(0,1)$.

3. 一个中心频率为 f_c、带宽 $\boldsymbol{B}$ 的理想带通滤波器如第 3 题图所示. 假设输入时均值为 0,功率谱密度为 $n_0/2$ 的高斯白噪声,试求:

(1)滤波输出噪声的自相关性函数;

(2)滤波器输出噪声的平均功率;

(3)输出噪声的一维概率密度函数.

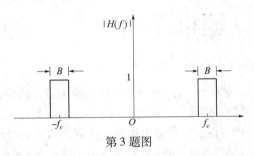

第 3 题图

4. 已知 $X(t)$ 和 $Y(t)$ 是统计独立的平稳随机过程,且他们的均值分别是 a_x,a_y;自相关函数分别为 $R_x(\tau)$ 和 $R_y(\tau)$.

(1)试求乘积 $Z(t)=X(t)\cdot Y(t)$ 的相关函数;

(2)试求和 $Z(t)=X(t)+Y(t)$ 的自相关函数.

5. 一个 RC 低通滤波器如第 5 题图所示,假设输入是均值为零,功率谱密度为 $n_0/2$ 的高斯白噪声时,试求:

(1)输出噪声的功率谱密度与自相关函数;

(2)输出噪声的一维概率密度函数.

第 5 题图

6. $X(t)$ 是功率谱密度为 $P_x(f)$ 的平稳随机过程,该过程通过第 6 题图所示的系统.

(1)输出过程 $Y(t)$ 是否平稳?

(2)求 $Y(t)$ 的功率谱密度.

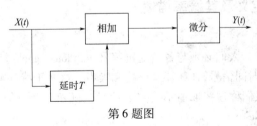

第 6 题图

7. 设 $X(t)$ 是平稳随机过程,其自相关函数在 $(-1,1)$ 上为 $R_x(\tau)=(1-|\tau|)$,是周期为 2 的周期函数. 试求 $X(t)$ 的功率谱密度 $P_x(\omega)$,并用图像表示.

第7章 随机序列

在扩频通信、移动通信等技术中,伪随机序列起到了至关重要的作用.伪随机序列作为一种信号形式,具有良好的相关特性.那么什么是伪随机序列呢?我们将从随机序列开始讲起.

信号可分为两大类——确定性信号和随机信号.确定性信号是指通过重复观测可准确复制的信号,可以用一个明确的数学关系进行描述,如线性移不变滤波器的单位脉冲响应.而随机信号,又称随机过程,随时间的变化没有明确的变化规律,也就不能用一个明确的数学关系进行描述,但是这类信号存在一定的统计分布规律.

本章在上一章随机过程的基础上,主要研究时域离散随机信号(随机序列).内容包括随机序列的概率描述、数字特征、平稳随机序列及其功率谱密度,平稳随机序列通过线性系统之后的特性;接着介绍随机序列的产生方法;最后,介绍一种非常重要的随机序列——伪随机序列,对伪随机序列的概念、产生方法及各种特性进行讨论,掌握产生适合系统要求的伪随机序列和分析它们性能的方法.

7.1 随机序列的基本概念

7.1.1 随机序列的定义及其概率描述

1. 随机序列的定义

在离散时间信号处理时,人们必须与各种随机信号(random signal)打交道.实际的信号,无论是连续时间信号还是离散时间信号,往往伴有干扰和噪声.这些干扰和噪声呈现着杂乱无章的波形,其取值是不确定的.人们称这些取值不确定的信号为随机信号,随机信号在某个时刻的值称为**随机变量**(random variable).

随机序列(random sequence)就是序列值为随机变量的序列.离散随机信号在数学上用随机序列描述,随机序列 $x(n)$ 是定义在整数集合上的随机函数,是离散的随机过程.

随机序列是所有可能的随机变量的集合,其特征是:

(1)幅度和时间均取离散值.其中离散时间用序号 n 表示;

(2)每个时间点上的信号取值是随机的,不可预测.

随机变量取值是随机的,但其统计特性(包括概率特性和统计平均特性)是确定的,因此其时域可用其特性量表征,而其频域可用功率谱表征.

2. 随机序列的概率描述

对于随机变量 $x(n)$,其概率分布函数

$$F_{X_n}(x_n;n) = P(X_n \leqslant x_n) \tag{7.1.1}$$

其中,P 表示概率. 式(7.1.1)表明,随机变量 X_n 在点 n 上取值不超过 X_n 的概率. 它的概率密度函数

$$f_X(x_n;n) = \frac{\partial}{\partial x_n} F_{X_n}(x_n;n) \tag{7.1.2}$$

式(7.1.1)和式(7.1.2)分别称为随机序列的一维概率分布函数和一维概率密度函数,它们描述随机序列在某一时刻 n 的统计特性.

对于随机序列,不同 n 的随机变量之间并不是孤立的,为了更完整地描述随机序列,需要了解二维及多维统计特性.

对于连续随机变量 X_n 与 X_m,其二维概率分布函数

$$F_X(x_n,x_m;n,m) = P(X_n \leqslant x_n, X_m \leqslant x_m) \tag{7.1.3}$$

式(7.1.3)含义:n 与 m 点的随机变量 X_n 与 X_m,其取值同时满足 $X_n \leqslant x_n$ 及 $X_m \leqslant x_m$ 的概率,亦称"二维联合概率分布函数".

二维概率密度函数为

$$f_X(x_n,x_m;n,m) = \frac{\partial^2}{\partial x_n \partial x_m} F_X(x_n,x_m;n,m) \tag{7.1.4}$$

概率分布函数可完整地描述随机序列,但实际中却很难得到. 而随机序列的数字特征比较容易测量和计算,为此,引入随机序列的数字特征,用它们来描述随机序列. 常用的数字特征有数学期望、方差和相关函数. 下面介绍这些数字特征.

7.1.2 随机序列的数字特征

1. 数学期望(统计平均值)
随机序列的数学期望定义为

$$m_x(n) = E[x(n)] = \int_{-\infty}^{\infty} x(n) \cdot f_X(x;n) \mathrm{d}x \tag{7.1.5}$$

其中,$E[\cdot]$ 表示求统计平均值. 上式表示随机过程的全部样本在 n 时刻的统计平均值,数学期望是 n 的函数.

2. 均方值与方差
随机序列均方值的定义为

$$E[|X_n|^2] = \int_{-\infty}^{\infty} |x(n)|^2 \cdot f_X(x;n) \mathrm{d}x \tag{7.1.6}$$

随机序列的方差定义为

$$\sigma_x^2(n) = E[|X_n - m_x(n)|^2] \tag{7.1.7}$$

一般,均方值和方差也是 n 的函数. 如果 X_n 代表电流或电压,均方值则表示在 n 时刻消耗在 $1\ \Omega$ 电阻上的集合平均功率,方差则表示消耗在 $1\ \Omega$ 电阻上的交变功率的集合平均.

3. 自相关函数和自协方差函数
数学期望和方差描述的是随机过程在各个孤立时刻的统计特性,它们不能反映出随机过程在两个时刻状态之间的内在联系. 而我们知道,随机序列本身或者不同随机序列之间在不同时刻的状态之间互有影响. 这一特性常用自相关函数和互相关函数进行描述.

自相关函数定义为

$$R_x(n,m) = E[X_n^* \cdot X_m] = \iint_{-\infty}^{\infty} X_n^* X_m f_X(x_n,x_m;n,m) \mathrm{d}x_n \mathrm{d}x_m \tag{7.1.8}$$

其中,＊表示复共轭.自相关函数反映了同一随机序列在不同时刻取值的关联程度.

自协方差函数定义为

$$C_x(n,m) = E\big[(X_n - m_{X_n})^* \cdot (X_m - m_{X_m})\big] \tag{7.1.9}$$

式(7.1.9)反映了同一随机序列在不同时刻取值偏离中心值的关联程度.将式(7.1.9)展开,可得自协方差和自相关序列的关系

$$C_x(n,m) = R_x(n,m) - m_{X_n}^* m_{X_m} \tag{7.1.10}$$

若 $m_{X_n} = m_{X_m} = 0$,可得到

$$C_x(n,m) = R_x(n,m) \tag{7.1.11}$$

即对零均值随机序列,自相关函数与自协方差函数相等.

4. 互相关函数和互协方差函数

在涉及多个随机过程的应用中,经常需要确定不同随机过程中随机变量之间的关联程度.对于两个不同的随机序列之间的关联性,我们用互相关函数和互协方差函数来描述.

互相关函数的定义是

$$R_{xy}(n,m) = E[X_n^* \cdot Y_m] = \iint_{-\infty}^{\infty} x_n^* \cdot y_m \cdot f_{X_n,Y_m}(x_n,y_m;n,m)\mathrm{d}x_n\mathrm{d}y_m \tag{7.1.12}$$

互协方差函数为

$$C_{xy}(n,m) = E\big[(X_n - m_{X_n})^* (Y_m - m_{Y_m})\big] = R_{xy}(n,m) - m_{X_n}^* m_{Y_m} \tag{7.1.13}$$

同理,当 $m_{X_n} = m_{Y_m} = 0$ 时,有

$$C_{xy}(n,m) = R_{xy}(n,m) \tag{7.1.14}$$

由自相关函数的介绍后,可以容易理解互相关函数描述的是两个随机序列在不同时刻取值的关联程度.

7.1.3 平稳随机序列

为了完整地描述随机序列,需要一维、二维乃至无限维的概率函数.有一类随机序列是我们特别感兴趣的,这类随机序列的各维概率函数与时间起点的选择无关,称这类随机序列为**平稳随机序列**(stable random sequence).

平稳随机序列的统计特性不随时间的平移而发生变化,即它的 n 维概率分布函数或 n 维概率密度函数与时间 n 的起始位置无关.如果将随机序列在时间上平移 k,其概率分布函数满足

$$F_X(x_{1+k}, x_{2+k}, \cdots, x_{N+k}; 1+k, 2+k, \cdots, N+k)$$
$$= F_X(x_1, x_2, \cdots, x_N; 1, 2, \cdots, N) \tag{7.1.15}$$

或概率密度函数满足

$$f_X(x_{1+k}, x_{2+k}, \cdots, x_{N+k}; 1+k, 2+k, \cdots, N+k)$$
$$= f_X(x_1, x_2, \cdots, x_N; 1, 2, \cdots, N) \tag{7.1.16}$$

那么这类随机序列就称为狭义平稳随机序列,或严平稳随机序列.

对平稳随机序列,一维概率密度函数

$$f_X(x,n) = f_X(x) \tag{7.1.17}$$

其中,n 表示随机变量 $x(n)$ 的时间.式(7.1.17)表明,平稳随机序列的一维概率密度函数与时间 n 无关.相应地,平稳随机序列的均值、均方值和方差也与时间无关,为常数.

若两个随机序列 $X_1(n)$ 和 $X_2(n)$ 的各维概率函数与时间 n 起点的选择无关,则称这两个随机序列为联合平稳(joint stable)的随机序列.对这种联合平稳的情形,二维概率密度函数

$$f_X(x_1, x_2; n_1, n_2) = f_X(x_1, x_2; n_2 - n_1) = f_X(x_1, x_2; \tau) \tag{7.1.18}$$

其中，$\tau = n_1 - n_2$，即二维概率密度函数与时间起点无关，只与时间间隔 τ 有关．平稳过程的相关函数和协方差函数与时间起点无关，只与时间间隔 τ 有关．

我们看到，在平稳的条件下，随机序列的均值、方差和均方值与时间变量 n 无关．在平稳和联合平稳的条件下，随机序列的自相关序列和互相关序列以及自协方差序列和互协方差序列只与时间差 τ 有关．平稳条件下的这些特点，使实际的处理过程大为简化．但遗憾的是，随机过程的严平稳性过于严格，实际情况下很难满足．

与严平稳相对应，人们称均值与时间 n 无关，自相关序列和互相关序列只与时间间隔 τ 有关的随机序列为宽平稳（Wide Sense Stationary，WSS）随机过程，也称广义平稳随机过程．下面主要研究广义平稳随机序列．

宽平稳随机过程的自相关序列具有许多非常重要的性质，这里给出一部分．

（1）对称性．宽平稳随机过程的自相关序列是 τ 的共轭对称函数

$$R_x(\tau) = R_x^*(-\tau)$$

（2）均方值．宽平稳随机过程在 $\tau = 0$ 的自相关序列等于过程的均方值

$$R_x(0) = E[|X_n|^2] \geqslant 0$$

（3）最大值．宽平稳随机过程的自相关序列的幅度以 $\tau = 0$ 时的值为上界．

$$R_x(0) \geqslant |R_x(\tau)|$$

7.1.4 功率谱密度

对于随机信号，我们也可以研究它的频域特征，但与确定信号不同，随机信号的样本函数一般不满足傅里叶变换的绝对可积条件，必须进行某种处理后，才能应用傅里叶变换．功率谱密度是从频域描述随机过程统计特性的数字特征，描述了随机过程平均功率随频率的分布情况，对其在整个频域积分，可以得到随机过程的平均过程．

相关函数是从时域描述随机过程统计特性的最主要的数字特征，而功率谱密度则是从频域描述随机过程统计特性的数字特征．宽平稳随机过程的自相关序列是一个确定性序列，因此可以计算它的离散时间傅里叶变换

$$P_x(\mathrm{e}^{\mathrm{j}\omega}) = P_{xx}(z)\Big|_{z=\mathrm{e}^{\mathrm{j}\omega}} = \sum_{k=-\infty}^{\infty} R_x(k)\mathrm{e}^{-\mathrm{j}\omega k} \tag{7.1.19}$$

称为过程的功率谱或功率谱密度．给定了功率谱，也可从 $P_x(\mathrm{e}^{\mathrm{j}\omega})$ 的离散时间傅里叶逆变换中求解自相关序列

$$R_x(k) = \frac{1}{2\pi}\int_{-\pi}^{\pi} P_x(\mathrm{e}^{\mathrm{j}\omega})\mathrm{e}^{\mathrm{j}\omega k}\mathrm{d}\omega \tag{7.1.20}$$

也可用 z 变换来代替离散时间傅里叶变换，即

$$P_x(z) = \sum_{k=-\infty}^{\infty} R_x(k)z^{-k} \tag{7.1.21}$$

以上二式表明，宽平稳随机序列的自相关函数与功率谱密度之间构成傅里叶变换对的关系．称为"维纳-辛钦（Wiener-Khinchine）定理"．该定理给出了平稳随机过程的时域特性与频域特性之间的关系，是分析随机信号的一个最基础的关系．

7.1.5 平稳随机序列通过线性系统

在第 6 章中我们讨论过平稳随机过程通过线性系统的情况．由于系统的输入经常是随机序列，需要确定随机序列的统计量如何随系统函数发生改变．本节分析平稳随机序列通过线性系统

的情况.

1. 输出序列的均值

平稳随机序列类似于平稳随机信号. 随机序列 $x(n)$ 是均值为 m_x、自相关为 $R_x(k)$ 的宽平稳随机过程. 如果让 $x(n)$ 通过一个稳定的线性移不变滤波器, 单位脉冲响应为 $h(n)$, 则输出 $y(n)$ 也是随机过程, 与 $x(n)$ 的关系为

$$y(n) = x(n) * h(n) = \sum_{k=-\infty}^{\infty} h(k)x(n-k) \tag{7.1.22}$$

$y(n)$ 的均值为

$$E[y(n)] = E\left[\sum_{k=-\infty}^{\infty} h(k)x(n-k)\right] = \sum_{k=-\infty}^{\infty} h(k)E[x(n-k)] \tag{7.1.23}$$

$$= m_x \sum_{k=-\infty}^{\infty} h(k) = m_x H(e^{j0})$$

由式 (7.1.23) 可知, $y(n)$ 的均值等于 $x(n)$ 的均值乘以一个常数, 且该常数是滤波器在 $\omega = 0$ 处的频率响应, 这样, m_x 和 m_y 都与时间无关, 如图 7.2.1 所示.

图 7.2.1

2. 输出序列的相关函数及平稳性分析

随机序列的 $x(n)$ 和 $y(n)$ 的互相关为

$$P_{yx}(e^{j\omega}) = H(e^{j\omega})P_x(e^{j\omega}) \tag{7.1.24}$$

故对于宽平稳随机序列 $x(n)$, 互相关序列 $R_{yx}(n+k, n)$ 仅取决于 $n+k$ 和 n 之间的差.

输出序列 $y(n)$ 的自相关序列为

$$R_y(n+k, n) = \sum_{l=-\infty}^{\infty} h^*(n-l)R_{yx}(n+k-l) \tag{7.1.25}$$

令 $m = n - l$, 则

$$R_y(n+k, n) = \sum_{m=-\infty}^{\infty} h^*(m)R_{yx}(m+k) = R_{yx}(k) * h^*(-k) \tag{7.1.26}$$

故自相关函数 $R_y(k) = R_{yx}(k) * h(k) * h^*(-k)$ 也仅取决于 $n+k$ 和 n 之间的差.

由式 (7.1.24) 和式 (7.1.26), 可得

$$R_y(k) = R_x(k) * h(k) * h^*(-k) \tag{7.1.27}$$

这个关系可以用图 7.2.2 表示.

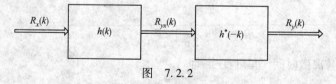

图 7.2.2

由上述分析可得, 如果输入的随机序列是宽平稳的, 则输出随机序列也是宽平稳的.

3. 输出功率谱密度

$y(n)$ 和 $x(n)$ 的互功率谱密度为

$$P_{yx}(e^{j\omega}) = H(e^{j\omega})P_x(e^{j\omega}) \tag{7.1.28}$$

上式表明, 在宽平稳随机序列 $x(n)$ 输入线性非时变系统的情形, 输入序列 $x(n)$ 和输出序列 $y(n)$ 的功率谱密度 $P_{yx}(e^{j\omega})$, 等于输入序列 $x(n)$ 的功率谱密度 $P_x(e^{j\omega})$ 和系统频率响应 $H(e^{j\omega})$ 的乘积.

输出与输入的功率谱之间的关系为

$$P_y(e^{j\omega}) = P_x(e^{j\omega})|H(e^{j\omega})|^2 \tag{7.1.29}$$

因此,如果宽平稳随机序列通过线性移不变滤波器,则输出的功率谱等于输入信号功率谱乘以系统传输函数幅度的平方. 用 z 变换来表示,如果 $h(n)$ 是实数,则上式可表示为

$$P_y(z) = P_x(z)H(z)H(z^{-1}) \qquad (7.1.30)$$

例 白噪声(white noise)是通信过程中最常见的噪声,它是指功率谱密度在整个频域内均匀分布的噪声. 现在 $x(n)$ 是由白噪声 $\omega(n)$ 通过一阶线性移不变得到的随机过程,系统函数为

$$H(z) = \frac{1}{1 - 0.25z^{-1}}$$

求输出的自相关函数和功率谱密度.

解 如果白噪声的方差等于 1, $\sigma_\omega^2 = 1$,则 $x(n)$ 的功率谱为

$$P_x(z) = \sigma_\omega^2 H(z)H(z^{-1}) = \frac{1}{(1 - 0.25z^{-1})(1 - 0.25z)}$$

功率谱有一对极点,分别在 $z = 0.25$ 和 $z = 4$ 处.

$x(n)$ 的自相关也可以从 $P_x(z)$ 中求解,对 $P_x(z)$ 进行因式分解

$$P_x(z) = \frac{z^{-1}}{(1 - 0.25z^{-1})(z^{-1} - 0.25)} = \frac{16}{15(1 - 0.25z^{-1})} + \frac{4}{15(z^{-1} - 0.25)}$$

$$= \frac{16}{15(1 - 0.25z^{-1})} + \frac{16}{15(1 - 4z^{-1})}$$

对两边取 z 逆变换,可得

$$R_x(k) = \frac{16}{15}\left(\frac{1}{4}\right)^k u(k) + \frac{16}{15}4^k u(-k-1) = \frac{16}{15}\left(\frac{1}{4}\right)^{|k|}$$

由例子可以看到,通过输入随机序列和线性移不变系统的脉冲响应函数,可以确定输出的功率谱密度和自相关函数.

7.2 随机序列的产生方法

7.2.1 随机数与伪随机数

在连续型随机变量的分布中,最简单而且最基本的分布是单位均匀分布. 由该分布抽取的简单子样称随机数序列,其中每一个体称为随机数.

单位均匀分布也称 $[0,1]$ 上的均匀分布,其分布密度函数为

$$f(x) = \begin{cases} 1 & \text{当 } 0 \le x \le 1 \\ 0 & \text{其他} \end{cases} \qquad (7.2.1)$$

分布函数为

$$F(x) = \begin{cases} 0 & \text{当 } x < 0 \\ x & \text{当 } 0 \le x \le 1 \\ 1 & \text{当 } x > 1 \end{cases} \qquad (7.2.2)$$

定理 设 $\eta_1, \eta_2, \cdots, \eta_n \cdots$ 是一列等概率取值 0 或 1 的相互独立的随机变量,则

$$\xi = \frac{1}{2}\eta_1 + \frac{1}{2^2}\eta_2 + \cdots + \frac{1}{2^n}\eta_n + \cdots \qquad (7.2.3)$$

是 $(0,1)$ 上均匀分布的随机变量.

以上定理是计算机产生随机数的依据,受计算机字长的限制,式(7.2.3)中的 ξ 按计算机允许的位数作截断处理,相应有

$$\tilde{\xi} = \frac{1}{2}\eta_1 + \frac{1}{2^2}\eta_2 + \cdots + \frac{1}{2^m}\eta_m + \cdots \tag{7.2.4}$$

其中,m 为计算机字长. 显然由计算机产生的随机数为有理数,它不能覆盖 $[0,1]$ 区间,且存在周期性. 我们把计算机产生的随机数称为伪随机数,在以后的讨论中,随机数均指计算机产生的伪随机数.

7.2.2 随机序列的产生方法

为保证计算机产生的随机数序列具有良好的品质,通常一个好的随机数序列应具备:独立性;均匀性;无连贯性;长周期性和可重复性. 随机数产生方法很多,如平方取中法、乘同余法、混合同余法、斐波纳契(Fibonacci)法、小数平方法、小数开方法、混沌法、取余法等. 在产生随机数的各种不同方法中,选择速度快、代价低、可复算和具有较好统计性的随机数发生器.

为了产生随机数,可以利用随机数表,但它不适宜于在电子计算机上使用,因为它需要庞大的存储量. 随机数可以利用某些物理现象的随机性来获得,如放射性物质的放射性和电子计算机噪声等. 用物理方法在计算机上产生随机数有运算速度快的优点. 但产生的随机数序列无法重复实现,这给计算结果的验证带来很大困难,加之所需要的特殊设备费用昂贵,因此它在实际中也不适用.

在实际计算中,通常是在计算机上应用数学方法来产生随机数. 一般情况下,是在给定初值 $\xi_1, \xi_2, \cdots, \xi_k$ 下,通过以下递推公式

$$\xi_{n+k} = T(\xi_n, \cdots, \xi_{n+k-1}), \quad n = 1, 2, \cdots \tag{7.2.5}$$

确定 ξ_{n+k},经常取 $k=1$,这时计算公式为

$$\xi_{n+k} = T(\xi_n), \quad n = 1, 2, \cdots \tag{7.2.6}$$

这样,对于给定的初值 ξ_1,便可逐个地产生随机数序列 $\xi_2, \xi_3, \cdots, \xi_n, \cdots$.

用数学方法产生随机数序列是由递推公式和给定的初始值确定的,或者说随机数序列中除前 k 个随机数是给定外,其他的任一个随机数都被前面的随机数所唯一确定. 严格地说它不满足随机数的相互独立的要求,但是,只要递推公式选得比较好,随机数的相互独立性是可以近似满足的. 另一方面,计算机上所表示 $[0,1]$ 上的数是有限的,因此,由递推公式产生的随机数序列就不可能不出现重复,形成一定的周期循环,这显然不符合对随机数的要求. 由于上述原因,通常将数学方法在计算机上产生的随机数称为伪随机数.

在以后的讨论中,我们提到的随机数均指计算机产生的伪随机数,用 ξ 表示. 伪随机数从数学意义上讲并不符合随机数的性质,但是只要计算方法选择得当,它们可以近似地认为是相互独立和均匀分布的,并能通过相应的统计检验,认为它们是随机的,在模拟中使用不会引起太大的系统误差. 同时用数学方法产生的伪随机数非常容易在电子计算机上实现,可以复算. 因此,虽然存在一些缺点,MC 方法在计算中仍广泛地使用它.

首先给出产生均匀随机数的方法,这是产生具有其他分布随机数的基础.

1. 平方取中法

平方取中法由冯牛曼教授在 1951 年提出,基本思想为:任意产生 $2N$ 个二进制数 $x_1, x_2, \cdots, x_{2N}(x_i = 0$ 或 $1)$,由此构造初值 $\alpha_0 = x_1 x_2 \cdots x_{2N}$,求 $\alpha_0^2 = y_1 y_2 \cdots y_{4N}$,取中间的 $2N$ 个数构造 $\alpha_1 = y_{N+1} y_{N+2} \cdots y_{3N}$,依此类推产生系列随机数. 其过程满足递归公式

$$\begin{cases} \alpha_0 = x_1 x_2 \cdots x_{2N} \\ \alpha_{n+1} \equiv \text{int}[\alpha_n^2 / 2^N] \bmod 2^{2N} \\ \xi_{n+1} = 2^{-2N} \alpha_{n+1}, \quad n = 0, 1, \cdots \end{cases} \tag{7.2.7}$$

$\xi_1, \xi_2, \cdots, \xi_n \cdots$ 为计算产生的伪随机数序列.

2. 线性同余法

线性同余法简称为 LCG 法（Linear Congruence Generator），它是 Lehmer 于 1951 年提出的. 线性同余法利用数论中的同余运算原理产生随机数. 分为乘同余法、混合同余法等,线性同余法是目前发展迅速且使用普遍的方法之一.

（1）乘同余法.

齐次线性乘同余法是最简单的随机数发生器,被多数 MC 程序采用,其递归关系如下：

$$\begin{cases} x_{n+1} \equiv \lambda x_n \bmod M \\ \xi_{n+1} = X_{n+1}/M \end{cases} \qquad n = 0,1,\cdots \tag{7.2.8}$$

其中,λ 为乘子,M 为模,$0 < \xi_{n+1} < 1$ 为随机数. 数论中已证明,当模和乘子取素数时,产生的随机数周期长,统计性好,且不会出现负相关. 计算机产生随机数时,模与计算机字长有关,对 32 位单精度表示的数,模取为 $2^{31} - 1$,它为素数.

（2）乘加同余方法.

$$\begin{cases} x_{n+1} \equiv a x_n + c \,(\bmod M) \\ \xi_{n+1} = X_{n+1}/M \end{cases} \qquad n = 0,1,\cdots \tag{7.2.9}$$

其中,x_0 为初值,a 为乘子,c 为增量,M 为模,且 x_0, a, c 和 M 皆为非负整数.

当 $c = 0$ 时,上式称为乘加同余法公式；

当 $c > 0$ 时,上式称为混合同余法公式.

例 7.2.1 用乘同余法产生伪随机数：

$$\begin{cases} x_1 = 1 \\ x_{n+1} \equiv 7 x_n \,(\bmod 11) \end{cases}$$

解 $x_1 = 1; x_2 = 7; x_3 = 5; x_4 = 2; x_5 = 3; x_6 = 10; x_7 = 4; x_8 = 6; x_9 = 9; x_{10} = 8; x_{11} = 1; x_{12} = 7; \cdots$

上述方法虽产生了随机数,但只产生 $1 \sim 10$ 之间的数.

例 7.2.2 用混合同余法产生 $(0,1)$ 均匀随机数.

解 $$\begin{cases} x_1 = 1 \\ x_{n+1} \equiv 314\,159\,269 x_n + 453\,806\,245 \,(\bmod\, 2\,147\,483\,648) \end{cases}$$

$$r_n = x_n / 2\,147\,483\,648$$

则 $r_n \sim U[0,1)$.

3. 蒙特卡洛方法

蒙特卡洛方法（Monte Carlo method）也称统计模拟方法,是 20 世纪 40 年代中期由于科学技术的发展和电子计算机的发明而被提出的一种以概率统计理论为指导的一类非常重要的数值计算方法,是使用随机数（或更常见的伪随机数）来解决很多计算问题的方法. 20 世纪 40 年代,John von Neumann, Stanislaw Ulam 和 Nicholas Metropolis 在洛斯阿拉莫斯国家实验室为核武器计划工作时发明了蒙特卡洛方法. 蒙特卡洛方法是以概率为基础的方法,与它对应的是确定性算法. 蒙特卡洛方法在金融工程学、宏观经济学、生物医学、计算物理学（如粒子输运计算、量子热力学计算、空气动力学计算）等领域应用广泛.

（1）蒙特卡洛方法的基本思想.

通常蒙特卡洛方法可以粗略地分成两类：一类是所求解的问题本身具有内在的随机性,借助计算机的运算能力可以直接模拟这种随机的过程. 例如,在核物理研究中,分析中子在反应堆中的传输过程. 中子与原子核作用受到量子力学规律的制约,人们只能知道它们相互作用发生的概率,却无法准确获得中子与原子核作用时的位置以及裂变产生的新中子的行进速率和方向.科学家依据其概率进行随机抽样得到裂变位置、速度和方向,这样模拟大量中子的行为后,经过统计就能获得中子传输的范围,作为反应堆设计的依据.另一类型是所求解问题可以转化为某种随机分布的特征数,比如随机事件出现的概率,或者随机变量的期望值.通过随机抽样的方法,以随机事件出现的频率估计其概率,或者以抽样的数字特征估算随机变量的数字特征,并将其作为问题的解.这种方法多用于求解复杂的多维积分问题.

假设要计算一个不规则图形的面积,那么图形的不规则程度和分析性计算(如积分)的复杂程度是成正比的.蒙特卡洛方法基于这样的思想:假想你有一袋豆子,把豆子均匀地朝这个图形上撒,然后数这个图形之中有多少颗豆子,这个豆子的数目就是图形的面积.当豆子越小、撒的越多的时候,结果就越精确.借助计算机程序可以生成大量均匀分布坐标点,然后统计出图形内的点数,通过它们占总点数的比例和坐标点生成范围的面积就可以求出图形面积.

(2)蒙特卡洛方法的工作过程.

在解决实际问题的时候应用蒙特卡洛方法主要有两部分工作:用蒙特卡洛方法模拟某一过程时,需要产生各种概率分布的随机变量.用统计方法把模型的数字特征估计出来,从而得到实际问题的数值解.

(3)蒙特卡洛方法在数学中的应用.

通常蒙特卡洛方法通过构造符合一定规则的随机数来解决数学上的各种问题.对于那些由于计算过于复杂而难以得到解析解或者根本没有解析解的问题,蒙特卡洛方法是一种有效的求出数值解的方法.一般蒙特卡洛方法在数学中最常见的应用就是蒙特卡洛积分.

①积分.非权重蒙特卡洛积分也称确定性抽样,是对被积函数变量区间进行随机均匀抽样,然后对被抽样点的函数值求平均,从而可以得到函数积分的近似值.此种方法的正确性是基于概率论的中心极限定理.当抽样点数为 m 时,使用此种方法所得近似解的统计误差恒为 $1/\sqrt{m}$,不随积分维数的改变而改变.因此,当积分维度较高时,蒙特卡洛方法相对于其他数值解法更优.

②圆周率.蒙特卡洛方法可用于近似计算圆周率:让计算机每次随机生成两个 $0\sim1$ 之间的数,看以这两个实数为横纵坐标的点是否在单位圆内.生成一系列随机点,统计单位圆内的点数与总点数(圆面积和正方形面积之比为 PI:4,PI 为圆周率),当随机点取得越多(但即使取 10^9 个随机点时,其结果也仅在前 4 位与圆周率吻合)时,其结果越接近于圆周率.实际上,计算机产生的随机数只能精确到某位数,并不能产生任意实数(如无理数等);上述做法将平面分割成一个个网格,由此计算出来的面积当然与圆或多或少有差距.

7.3 伪随机序列

7.3.1 基本概念

伪随机序列又称**伪随机码**,它是具有类似于随机序列基本特性的确定序列.伪随机码(pseudo random code)又称伪噪声码(pseudo noise code),简称 PN 码.简单地说,伪随机码是一种具有类似白噪声性质的码.白噪声是一种随机过程,它的瞬时值服从正态分布,功率谱在很宽的频带内都是均匀的.白噪声具有优良的相关特性,但至今无法实现对其进行放大、调制、检测、同步及控制等操作.在工程上与实践中,只能用类似于带限白噪声统计特性的伪随机码信号来逼近.

在工程上常用二元域 $\{0,1\}$ 内的 0 元素与 1 元素的序列来表示伪随机码,它具有如下特点:

(1)在每个周期内,0 元素与 1 元素出现的次数近似相等,最多只差一次.

(2)在每个周期内,长度为 k 比特的元素游程出现的次数比长度为 $k+1$ 比特的元素游程出现的次数多一倍(连续出现 r 个比特的同种元素称为长度为 r 比特的元素游程).

(3)序列的自相关函数是一周期函数,具有双值特性,满足

$$R(\tau) = \begin{cases} 1 & \text{当 } \tau = mN \\ -\dfrac{k}{N} & \text{当 } \tau \neq mN \end{cases} \quad m = 0, \pm 1, \pm 2 \cdots \tag{7.3.1}$$

其中,N 为二元序列的周期,又称码长或长度,k 为小于 N 的整数,τ 为码元延时.

大部分伪随机码都是周期码,可以人为加以复制,通常由二进制移位寄存器产生. 故由移位寄存器产生的序列称为**移位寄存器序列**. 移位寄存器序列产生器的结构如图 7.3.1 所示,这种结构称为**简单型移位寄存器**(Simple Shift Register Generator,SSRG).

按照模 2 加的运算规则如图 7.3.2 所示,由此可得如图 7.3.2 所示 SSRG 的状态表为

10 00 00 10 00 01 10 00 10 10 01 11 10 10 00 11 10 01 00 10 11 01 11 01 10 01 10 10 10 11 11 1 共 63 位,即其周期为 $2^6 - 1 = 63$.

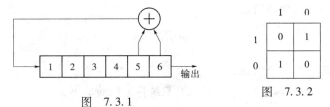

图 7.3.1   图 7.3.2

7.3.2 序列的相关特性及其分类

伪随机码具有类似白噪声的性质,相关函数具有尖锐的特性,功率谱占据很宽的频带,因此,易于从其他信号或干扰中分离出来,具有优良的抗干扰特性. 下面首先分别给出相关函数的定义.

设有两条长度为 N 的序列 $\{a\}$ 和 $\{b\}$,序列中的元素分别为 a_i 和 b_i,$i = 0,1,2,3,\cdots,N-1$,则序列的**自相关函数** $R_a(j)$,$R_b(j)$ 定义为

$$R_a(j) = \sum_{i=0}^{N-1} a_i a_{i+j}, \quad R_b(j) = \sum_{i=0}^{N-1} b_i b_{i+j} \tag{7.3.2}$$

由于 $\{a\}$,$\{b\}$ 为周期性序列,故有 $a_{N+i} = a_i$，$b_{N+i} = b_i$,其自相关系数 $\rho_a(j)$,$\rho_b(j)$ 定义为

$$\rho_a(j) = \frac{1}{N}\sum_{i=0}^{N-1} a_i a_{i+j} = \frac{R_a(j)}{N}, \quad \rho_b(j) = \frac{1}{N}\sum_{i=0}^{N-1} b_i b_{i+j} = \frac{R_b(j)}{N} \tag{7.3.3}$$

序列 $\{a\}$ 和序列 $\{b\}$ 的互相关函数 $R_{ab}(j)$ 定义为

$$R_{ab}(j) = \sum_{i=0}^{N-1} a_i b_{i+j} \tag{7.3.4}$$

互相关系数定义为

$$\rho_{ab}(j) = \frac{1}{N}\sum_{i=0}^{N-1} a_i b_{i+j} \tag{7.3.5}$$

对于二进制序列,可以表示为

$$\rho_{ab}(j) = \frac{A - D}{N} \tag{7.3.6}$$

其中,A 为 $\{a\}$ 和 $\{b\}$ 的对应码元相同的数目;D 为 $\{a\}$ 和 $\{b\}$ 的对应码元不相同的数目,显然有

$$\begin{cases} N = A + D \\ \sum_{i=0}^{N-1} a_i b_i = A - D \end{cases} \tag{7.3.7}$$

若 $\rho_{ab}(j) = 0$,则定义序列$\{a\}$与序列$\{b\}$正交.

（1）凡自相关系数具有

$$\rho_a(j) = \begin{cases} \dfrac{1}{N} \sum_{i=0}^{N-1} a_i^2 = 1 & \text{当} j = 0 \\ \dfrac{1}{N} \sum_{i=0}^{N-1} a_i a_{i+j} = -\dfrac{1}{N} & \text{当} j \neq 0 \end{cases} \tag{7.3.8}$$

形式的码,称为**狭义伪随机码**.

（2）凡自相关系数具有

$$\rho_a(j) = \begin{cases} \dfrac{1}{N} \sum_{i=0}^{N-1} a_i^2 = 1 & \text{当} j = 0 \\ \dfrac{1}{N} \sum_{i=0}^{N-1} a_i a_{i+j} = c < 1 & \text{当} j \neq 0 \end{cases} \tag{7.3.9}$$

形式的码,称为**第一类广义伪随机码**.

（3）凡互相关系数具有

$$\rho_{ab}(j) \approx 0 \tag{7.3.10}$$

形式的码,称为**第二类广义伪随机码**.

凡相关函数满足（1）、（2）、（3）三者之一的码,统称为伪随机码.

7.3.3 m 序列

二元 m 序列是一种伪随机序列,有优良的自相关函数,是狭义伪随机序列. m 序列易于产生与复制,在扩频技术中得到了广泛的应用.

1. m 序列的产生方法

m 序列是最长线性移位寄存器序列,是由移位寄存器加反馈后形成的. 最长线性移位寄存器序列可以由反馈逻辑的递推关系求得.

（1）序列多项式.

一个以二元有限域的元素 $a_n(n = 0,1,\cdots)$ 为系数的多项式

$$G(x) = a_0 + a_1 x + a_2 x^2 + \cdots + a_n x^n + \cdots = \sum_{n=0}^{\infty} a_n x^n \tag{7.3.11}$$

称为**序列的生成多项式**,简称序列多项式.

由图 7.3.3 可以看出,移位寄存器第一位的下一时刻的状态是由此时的 r 个移位寄存器的状态反馈后共同确定的,即有

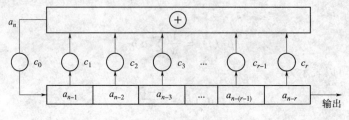

图 7.3.3

$$a_n = c_1 a_{n-1} + c_2 a_{n-2} + c_3 a_{n-3} + \cdots + c_r a_{n-r} = \sum_{i=1}^{r} c_i a_{n-i} \tag{7.3.12}$$

由此可见,序列满足线性递归关系.把等式两边加 a_n,并考虑到 $c_0 = 1$,则式(7.3.12)可变为

$$0 = c_0 a_n + \sum_{i=1}^{r} c_i a_{n-i} = \sum_{i=0}^{r} c_i a_{n-i} \tag{7.3.13}$$

(2)特征多项式.

对反馈移位寄存器可用一个矩阵来描述它,即 A 矩阵,称为**状态转移矩阵**. A 矩阵为 $r \times r$ 阶矩阵,其结构为

$$A = \begin{pmatrix} c_1 & c_2 & c_3 & \cdots & c_{r-1} & 1 \\ 1 & 0 & 0 & \cdots & 0 & 0 \\ 0 & 1 & 0 & \cdots & 0 & 0 \\ \vdots & \vdots & \vdots & & \vdots & \vdots \\ 0 & 0 & 0 & \cdots & 1 & 0 \end{pmatrix} \tag{7.3.14}$$

由式(7.3.14)可以看出, A 的第一行元素正是移位寄存器的反馈逻辑.其中, $c_r = 1$,除了第一行和第 r 列以外的子矩阵为一 $(r-1) \times (r-1)$ 的单位矩阵.由此可见, A 矩阵与移位寄存器的结构是一一对应的. A 矩阵可以将移位寄存器的下一状态与现状态联系起来.令移位寄存器的现状态和下一状态分别由矢量 a_n 和 a_{n+1} 表示,分别为则有 $a_{n+1} = A \cdot a_n$.

矩阵 A 的特征方程式为

$$f(x) = \sum_{i=0}^{r} c_i x^i, \quad c_0 = c_r = 1 \tag{7.3.15}$$

例 7.3.1 如图 7.3.4 所示的反馈移位寄存器,其 A 矩阵为

$$A = \begin{pmatrix} 1 & 0 & 1 & 1 \\ 1 & 0 & 0 & 0 \\ 0 & 1 & 0 & 0 \\ 0 & 0 & 1 & 0 \end{pmatrix}$$

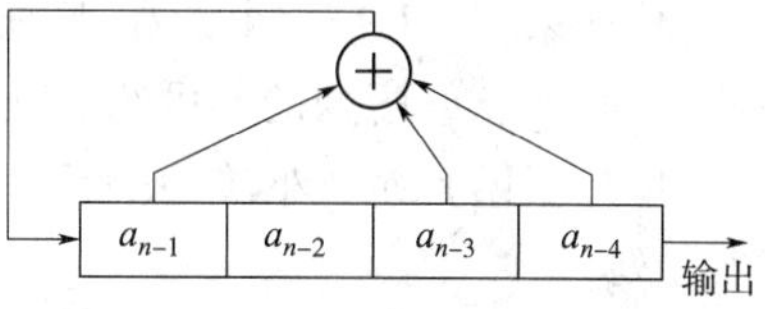

图 7.3.4

特征方程式为 $\qquad f(x) = x^4 + x^3 + x + 1$

(3)特征多项式与序列多项式的关系.

序列多项式

$$G(x) = \sum_{n=0}^{\infty} \left[\sum_{i=1}^{r} c_i a_{n-i} \right] x^n \tag{7.3.16}$$

一般式

$$G(x) = \frac{g(x)}{f(x)} \tag{7.3.17}$$

其中, $g(x)$ 为移位寄存器初始状态决定的式子.

交换求和次序并进行变量代换,可得考虑 $c_0 = 1$,选择移位寄存器的初始状态为 $a_{-r} = 1$, $a_{-r+1} = \cdots = a_{-2} = a_{-1} = 0 (n=0)$,可得

$$g(x) = \sum_{i=1}^{r} c_i x^i \left(\sum_{m=-i}^{-1} a_m x^m \right) \tag{7.3.18}$$

$$G(x) = \frac{g(x)}{\sum_{i=0}^{r} c_i x^i} = \frac{c_r}{\sum_{i=0}^{r} c_i x^i} = \frac{c_r}{f(x)} \tag{7.3.19}$$

其中, c_i 只有取 1 时才有意义. 故可得序列多项式与特征多项式之间的关系为

$$G(x) = \frac{1}{f(x)} \tag{7.3.20}$$

定理　如果序列 $\{a_n\}$ 的周期为 N,则 $f(x)$ 可整除 $1 + x^N$,即有 $(1 + x^N)/f(x)$.

例 7.3.2　一个三级移位寄存器如图 7.3.5 所示,求该反馈

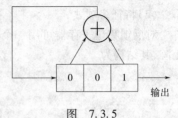

移位寄存器序列.

特征多项式为 $\qquad f(x) = x^3 + x + 1$

初始状态为 $\qquad\qquad 100$

$$G(x) = \frac{1}{f(x)}$$

$$G(x) = 1 + x + x^2 + x^4 + x^7 + x^8 + x^9 + x^{11} + x^{14} + \cdots$$

图　7.3.5

对应的序列为

a_0	a_1	a_2	a_3	a_4	a_5	a_6	a_7	a_8	a_9	a_{10}	a_{11}	a_{12}	a_{13}	a_{14}	$\cdots$
1	1	1	0	1	0	0	1	1	1	0	1	0	0	1	$\cdots$

2. m 序列发生器

产生 m 序列的条件:

(1) r 级移位寄存器产生的码,周期 $N = 2^r - 1$. 其特征多项式必然是不可约的(即不能再因式分解),才能产生最长序列. 因此,反馈抽头不能随便决定,否则将会产生短码.

(2) 所有的次数 $r > 1$ 的能产生最长序列的不可约多项式 $f(x)$ 必然能除尽 $1 + x^N$,因为 $aN(x) = (1 + x^N)/f(x)$.

(3) 如果 $2^r - 1$ 是一个素数,则所有 r 次不可约多项式产生的线性移位寄存器序列,一定是 m 序列,产生这个 m 序列的不可约多项式称为本原多项式.

(4) 除了第 r 阶以外,如果还有偶数个抽头的反馈结构,则产生的序列就不是最长线性移位寄存器序列.

下面给出由 $1 + x^N$ 分解出的阶数 r 的不可约多项式的条数 N_1 和能产生 m 序列的特征多项式的条数 N_m.

r 级移位寄存器序列的 r 阶不可约多项式的个数为

$$N_1 = \frac{1}{r} \sum_{d \mid r} 2^d \mu\left(\frac{r}{d}\right) \tag{7.3.21}$$

能产生 m 序列的特征多项式的条数为

$$N_m = \frac{\Phi(2^r - 1)}{r} \tag{7.3.22}$$

3. m 序列的反馈系数

一个线性反馈移位寄存器能否产生 m 序列,决定于它的电路反馈系数 c_i,也就是它的递归关系式. 不同的反馈系数产生不同的移位寄存器序列. 表 7.3.1 列出了不同级数的最长线性移位寄存器序列的反馈系数. $r \geq 9$ 时,由于 m 序列的条数很多,不可能在此一一列出,故只列出了一部分.

表 7.3.1 中的 m 序列的反馈系数只列出了一部分. 通过这些反馈系数,还可以求出对应的镜像序列的反馈抽头和特征多项式. 所谓的镜像序列是与原序列相反的序列. 如 $r = 3$ 的序列为 1110100,镜像序列为 0010111. 可以通过式(7.3.23),由原序列的特征多项式 $f(x)$ 求镜像序列的特征多项式 $f^{(R)}(x)$,即

表　7.3.1

级数 r	长度 N	反　馈　系　数
3	7	13
4	15	23
5	31	45,67,75
6	63	103,147,155
7	127	203,211,217,235,277,313,325,345,367
8	255	435,453,537,543,545,551,703,747
9	511	1 021,1 055,1 131,1 157,1 167,1 175
10	1 023	2 011,2 033,2 157,2 443,2 745,3 471
11	2 047	4 005,4 445,5 023,5 263,6 211,7 363
12	4 095	10 123,11 417,12 515,13 505,14 127,15 053
13	8 191	20 033,23 261,24 633,30 741,52 535,37 505

$$f^{(R)}(x) = x^r f\left(\frac{1}{x}\right) \tag{7.3.23}$$

表 7.3.1 中的反馈系数的数字为八进制数. 将其转换为二进制数后,就可得到对应的反馈系数. 如 $r=9$,反馈系数为 1 157,转换成二进制数,并与移位寄存器相对应,可得

$$
\begin{array}{cccccccccc}
c_9 & c_8 & c_7 & c_6 & c_5 & c_4 & c_3 & c_2 & c_1 & c_0 \\
0 & 0 & 1 & 0 & 0 & 1 & 1 & 0 & 1 & 1 & 1 & 1
\end{array}
$$

即 $c_9 = c_6 = c_5 = c_3 = c_2 = c_1 = c_0 = 1$(或 $c_9 = c_8 = c_7 = c_6 = c_4 = c_3 = c_0 = 1$)有反馈,$c_8 = c_7 = c_4 = 0$(或 $c_5 = c_2 = c_1 = 0$)无反馈. 同时可以得到产生 m 序列的特征多项式相对于 1 157 的反馈系数. 特征多项式为

$$f(x) = x^9 + x^8 + x^7 + x^6 + x^4 + x^3 + 1$$

或

$$f(x) = x^9 + x^6 + x^5 + x^3 + x^2 + x + 1 \tag{7.3.24}$$

4. m 序列的性质

(1)均衡性. 在 m 序列的一个周期内,"1"和"0"的数目基本相等. 准确地说,"1"的个数比"0"的个数多一个(因为 2^r 个状态中少了一个全"0"状态).

(2)游程分布. 把一个序列中取值相同的那些相继元素合称一个游程. 在一个游程中,元素的个数称为游程长度. 其中长度为 1 的游程数占总数的½,长度为 2 的游程占¼,长度为 3 的游程占⅛. 一般来说,在 m 序列中,游程总数为 2^{r-1} 个,长度为 k 的游程数占游程总数的 2^{-k},其中 $1 \leqslant k \leqslant (r-2)$,且连"1"和连"0"的游程数各占一半,$r-1$ 个连"0"和 r 个"1"的游程各有一个.

(3)移位相加性. 一个序列 $\{a_n\}$ 与其经 m 次迟延移位产生的另一不同序列 $\{a_{n+m}\}$ 模 2 加,得到的仍然是 $\{a_n\}$ 的某次迟延移位序列 $\{a_{n+k}\}$,即 $\{a_n\} + \{a_{n+m}\} = \{a_{n+k}\}$.

(4)周期性. m 序列的周期为 $N = 2^r - 1$,r 为反馈移位寄存器的级数.

(5)伪随机性. 如果对一正态分布白噪声取样,若取样值为正,记为"＋". 若取样值为负,记为"－",则将每次取样所得极性排成序列,可以写成

　　　　… ＋ ＋ － ＋ － － ＋ － － － ＋ － ＋ － ＋ ＋ ＋ － …

这是一个随机序列,具有如下基本性质:

①序列中"＋"和"－"的出现概率相等.

②序列中长度为 1 的游程数约占总数的 1/2,长度为 2 的游程约占 1/4,长度为 3 的游程约占

1/8.

③由于白噪声的功率谱为常数,自相关函数为一冲激函数 $\delta(\tau)$.

由于 m 序列在均衡性、游程分布、自相关函数及功率谱等方面都与上述随机序列很相似,故通常认为 m 序列属于伪随机序列,一种常见而且用得最多的伪随机序列.

(6) m 序列的自相关系数

$$\rho(j) = \frac{1}{N}\sum_{i=0}^{N-1}a_i a_{i+j} = \frac{A-D}{N} = \begin{cases} 1 & \text{当} j = 0 \\ -\dfrac{1}{N} & \text{当} j \neq 0 \end{cases} \tag{7.3.25}$$

当周期 NT_c 很长及码元宽度 T_c 很小时,$R(\tau)$ 近似于冲激函数 $\delta(\tau)$ 的形状.

(7) m 序列的功率谱. 由于 m 序列的自相关函数是周期性的,因此对应的频谱是离散的. 自相关函数的波形是三角波(见图7.3.6),对应的离散谱的包络为 $Sa^2(x)$. 由此可得 m 序列的功率谱 $G(\omega)$ 为

$$G(\omega) = \frac{1}{N^2}\delta(\omega) + \frac{N+1}{N^2}Sa^2\left(\frac{\omega T_c}{2}\right)\sum_{\substack{k=-\infty\\k\neq 0}}^{\infty}\delta\left(\omega - \frac{2k\pi}{NT_c}\right) \tag{7.3.26}$$

给出 $G(\omega)$ 的频谱图,T_c 为伪码 chip 的持续时间,如图7.3.7所示.

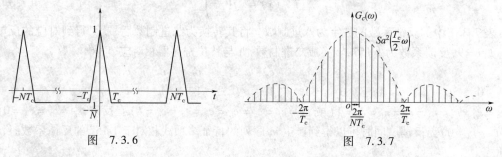

图　7.3.6　　　　　　　　　　图　7.3.7

由此可得:

① m 序列的功率谱为离散谱,谱线间隔 $\omega_1 = 2\pi/(NTc)$;

②功率谱的包络为 $Sa^2(T_{c\omega/2}N)$,每个分量的功率与周期 N 成反比;

③直流分量与 N^2 成反比,N 越大, 直流分量越小,载漏越小;

④带宽由码元宽度 T_c 决定,T_c 越小,即码元速率越高,带宽越宽;

⑤第一个零点出现在 $2\pi/T_c$;

⑥增加 m 序列的长度 N,将使谱线加密;减小码元宽度 T_c,谱密度降低,更接近于理想噪声特性.

7.3.4　Gold 序列

m 序列虽然具有很好的伪随机性、相关性,但 m 序列的条数相对较少,难以作为系统地址码的要求. Gold 码继承了 m 序列的许多优点,可用码的条数又远大于 m 序列,是作为地址码的一种良好的码型. 所以,目前发展的扩频选址通信大多采用优选对码,即戈尔德码(Gold 码)作为地址码.

1. m 序列优选对

Gold 码是基于 m 序列优选对产生的. m 序列优选对,是指在 m 序列集中,其互相关函数最大值的绝对值 $|R_{ab}|_{max}$ 小于某个值(互相关值下限——最小值)的两条 m 序列.

设序列 $\{a\}$ 是对应于 r 阶本原多项式 $f(x)$ 产生的 m 序列;序列 $\{b\}$ 是对应于 r 阶本原多项式 $g(x)$ 产生的 m 序列,当它们的互相关函数值 $R_{ab}(\tau)$ 满足不等式,则 $f(x)$ 和 $g(x)$ 产生的 m 序列 $\{a\}$ 和 $\{b\}$ 构成一优选对.

$$|R_{ab}(\tau)| \leqslant \begin{cases} 2^{\frac{r+1}{2}} + 1 & \text{当 } r \text{ 为奇数} \\ 2^{\frac{r+2}{2}} + 1 & \text{当 } r \text{ 为偶数,但不被 4 整除} \end{cases} \tag{7.3.27}$$

不同码长的 m 序列优选对的最大互相关值如表 7.3.2 所示.

表 7.3.2

移位寄存器	码 长	互相关函数值	归 一 化
3	7	≤5	5/7
5	31	≤9	9/31
6	63	≤17	17/63
7	127	≤17	17/127
9	511	≤33	33/511
10	1 023	≤65	65/1 023
11	2 047	≤65	65/2 047

2. Gold 码的产生方法

Gold 码是 m 序列的组合码,是由两个长度相同、速率相同,但码字不同的 m 序列优选对模 2 加后得到,具有良好的自、互相关特性,且地址码数远远大于 m 序列. 一对 m 序列优选对可产生 $2^r + 1$ 条 Gold 码. 这种码发生器结构简单,易于实现,工程中应用广泛.

设序列 $\{a\}$ 和序列 $\{b\}$ 为长 $N = 2^r - 1$ 的 m 序列优选对. 以 $\{a\}$ 序列为参考序列,对 $\{b\}$ 序列进行移位 i 次,得到 $\{b\}$ 的移位序列 $\{b_i\}$ $(i = 0, 1, \cdots, N-1)$,然后与 $\{a\}$ 序列模 2 加后得到一新的长度为 N 的序列 $\{c_i\}$. 则此序列就是 Gold 序列,即

$$\{c_i\} = \{a_i\} + \{b_i\}, \quad i = 0, 1, \cdots, N-1 \tag{7.3.28}$$

对不同的 i,得到不同的 Gold 码,这样可以得到 $2^r - 1$ 条 Gold 码,加上 $\{a\}$、$\{b\}$ 序列,一共有 $2^r + 1$ 条 Gold 码. 把这 $2^r + 1$ 条 Gold 码称为一个 Gold 码族.

Gold 码产生方法有两种:一种是串联成 $2r$ 级线性移位寄存器,如图 7.3.8(a)所示;另一种是两个 r 级移位寄存器并联而成,如图 7.3.8(b)所示.

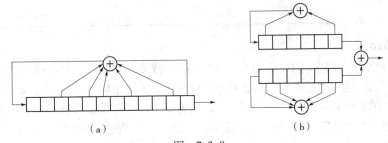

(a)   (b)

图 7.3.8

虽然多项式的阶数为 $2r$,但由于是可约的,故它只能产生长为 $2^r - 1$ 的序列;除了与 $g(x)$、$f(x)$ 相关的二条 m 序列外,还有 $2^r - 1$ 条序列,共 $2^r + 1$ 条 Gold 码($r = 6$ 时,$2^r + 1 = 65$).

例 7.3.3 当 $r = 3$ 时,本原多项式的系数为 $(13)_8$,$(13)_8 = (001\ 011)_2$. 对应的本原多项式为

$$f(x) = x^3 + x + 1, g(x) = x^3 + x^2 + 1$$

相应的 m 序列为(一个周期)

1110100 和 1011100

所以,其对应的 Gold 码为

$$0101000 \quad 1011010 \quad 1100011 \quad 0111111$$
$$0010001 \quad 0000110 \quad 1001101$$

3. Gold 码的相关特性

由 m 序列优选对模 2 加产生的 Gold 码族中的 2^r-1 条 Gold 码序列已不再是 m 序列,也不具有 m 序列的游程特性和二值相关特性. 但 Gold 码族中任意两序列之间互相关函数都满足

$$|R_{ab}(\tau)| \leqslant \begin{cases} 2^{\frac{r+1}{2}}+1 & \text{当 } r \text{ 为奇数} \\ 2^{\frac{r+2}{2}}+1 & \text{当 } r \text{ 为偶数,但不被 4 整除} \end{cases} \tag{7.3.29}$$

由于 Gold 码的这一特性,使 Gold 码族中任一码都可作为地址码,大大超过了用 m 序列用作地址码的数量.

表 7.3.3 给出了 Gold 码三值互相关特性. 码序列的互相关值可以看成两个序列对应位的元素相同数和不相同数的差值. 把序列码分成平衡码与非平衡码二类,平衡码为序列中"1"的个数比"0"的个数多 1 个的码序列,除此之外的码序列为非平衡码,很明显,m 序列为平衡码.

表 7.3.3

寄存器长度	码 长	归一化相关函数值	出 现 概 率
r 为奇数	$N=2^r-1$	$-\dfrac{1}{N}$	0.50
		$-\dfrac{2^{\frac{r+1}{2}}+1}{N}$	0.25
		$\dfrac{2^{\frac{r+1}{2}}-1}{N}$	0.25
r 为偶数,但不被 4 整除	$N=2^r-1$	$-\dfrac{1}{N}$	0.75
		$-\dfrac{2^{\frac{r+2}{2}}+1}{N}$	0.125
		$\dfrac{2^{\frac{r+2}{2}}-1}{N}$	0.125

4. 平衡 Gold 码

平衡 Gold 码是指在码序列中"1"的个数比"0"的个数多一个的码. 平衡码有优良的自相关特性. 表 7.3.4 列出了 r 为奇数的平衡码与非平衡码的数量. 由表中可见,第一类的码序列中"1"的个数为 2^{r-1} 个,则"0"的个数为 $2^{r-1}-1$ 个(因为总码长为 2^r-1). "1"的个数比"0"的个数多 1 个,因此为平衡码. 这种平衡码有 $2^{r-1}+1$ 条. 第 2 类、第 3 类为非平衡码("0"和"1"的个数之差大于 1).

表 7.3.4

类 别	码序列中"1"的个数	码族中这种序列数
1	2^{r-1}	$2^{r-1}+1$
2	$2^{r-1}+2^{\frac{r-1}{2}}$	$2^{r-2}-2^{\frac{r-3}{2}}$
3	$2^{r-1}-2^{\frac{r-1}{2}}$	$2^{r-1}+2^{\frac{r-3}{2}}$

5. 产生平衡 Gold 码的方法

（1）特征相位.

为了寻找平衡 Gold 码,首先确定特征相位. 每一条最长线性移位寄存器序列都具有特征相位,当序列处于特征相位时,序列每隔一位抽样后得到的序列与原序列完全一样,这是序列处于特征相位的特征.

设序列的特征多项式 $f(x)$,为一 r 级线性移位寄存器产生 m 序列的本原多项式. 序列的特征相位由 $g(x)/f(x)$ 的比值确定. $g(x)$ 为生成函数,为一阶数等于或小于 r 的多项式. $g(x)$ 的计算方法如下：

$$g(x) = \begin{cases} \dfrac{\mathrm{d}[xf(x)]}{\mathrm{d}x} & \text{当 } r \text{ 为奇数} \\ f(x) + \dfrac{\mathrm{d}[xf(x)]}{\mathrm{d}x} & \text{当 } r \text{ 为偶数} \end{cases} \tag{7.3.30}$$

序列多项式为 $G(x) = g(x)/f(x)$,长除后就可得到处于特征相位的 m 序列.

例 7.3.4 求本原多项式 $f(x) = x^3 + x + 1$ 的特征相位

$$g(x) = \frac{\mathrm{d}[x \cdot f(x)]}{\mathrm{d}x} = \frac{\mathrm{d}[x^4 + x^2 + x]}{\mathrm{d}x} = 4x^3 + 2x + 1 = 1 \pmod 2$$

$$G(x) = \frac{g(x)}{f(x)} = \frac{1}{1 + x + x^3} = 1 + x + x^2 + x^4 + x^7 + x^8 + x^9 + \cdots$$

因而得特征相位为 111. 序列为 1110100111010…

由上看出抽样后的序列仍是原序列,因此,序列处于特征相位,特征相位为 111（产生 m 序列的初始相位）. 由上述方法求得序列特征相位后,需要进一步研究处于特征相位上 m 序列优选对间的相位关系,以便寻找平衡码.

（2）相对相位.

由 m 序列优选对产生平衡 Gold 码的移位序列的相对相位. 令序列 $\{a\}$ 和序列 $\{b\}$ 为处于特征相位的 m 序列优选对. 因此,处于特征相位上的 $\{a\}$ 和 $\{b\}$ 序列,以 $\{a\}$ 为参考序列,$\{b\}$ 为移动序列,当 $\{b\}$ 序列的第一个 0 对应于 $\{a\}$ 序列的第一个 1 时,两序列模 2 和得平衡码. 那么,移动序列 $\{b\}$ 的第一位为"0"的序列的前 r 位,就是产生平衡 Gold 码的相对相位.

产生平衡 Gold 码的一般步骤为：

① 选一参考序列,其本原多项式为 $f_a(x)$,求出生成多项式 $g_a(x)$.

② $G(x) = g_a(x)/f_a(x)$ 求出序列多项式,使得序列 $\{a\}$ 处于特征相位上.

③ 求位移序列 $\{b\}$,使位移序列的初始状态的第一位为"0",即处于相对相位,对应于 $\{a\}$ 的第一位"1".

④ 将处于特征相位的 $\{a\}$ 序列与处于相对相位的 $\{b\}$ 序列模 2 加,就可得到平衡 Gold 码 $\{c\}$ 序列.

例 7.3.5 当 $r = 3$ 时,本原多项式的系数为 $(13)_8$,$(13)_8 = (001011)_2$. 对应的本原多项式为 $f(x) = x^3 + x + 1$,$g(x) = x^3 + x^2 + 1$.

生成多项式分别为

$$g_1(x) = \frac{\mathrm{d}[x \cdot f_1(x)]}{\mathrm{d}x} = 4x^3 + 2x + 1 = 1$$

$$g_2(x) = \frac{\mathrm{d}[x \cdot f_2(x)]}{\mathrm{d}x} = 4x^3 + 3x^2 + 1 = x^2 + 1$$

对应的序列多项式为

$$G_1(x) = \frac{g_1(x)}{f_1(x)} = \frac{1}{1+x+x^3} = 1 + x + x^2 + x^4 + x^7 + \cdots$$

$$G_2(x) = \frac{g_2(x)}{f_2(x)} = \frac{1+x^2}{1+x^2+x^3} = 1 + x^3 + x^5 + x^6 + x^7 + \cdots$$

相应的 m 序列为(一个周期)$\{a\} = 1110100$ 和 $\{b\} = 1001011$.

所以,对应的平衡 Gold 码为 1100011 和 1011010 以及 1001101. 由此可以看出,产生平衡 Gold 码的相对相位为 001、010、011,其他相位不能产生平衡 Gold 码共有 9 条. 平衡码 5 条(3 条由 $\{a\}$ 和 $\{b\}$ 的移位产生,2 条为 $\{a\}$ $\{b\}$ 自身)和非平衡码 4 条.

7.3.5 M 序列

1. M 序列的构成方法

M 序列是最长序列,它是由最长非线性移位寄存器产生的码长为 2^r 的周期序列. M 序列已达到 r 级移位寄存器所能达到的最长周期,所以又称**全长序列**.

M 序列的构造方法很多,可在 m 序列的基础上增加全"0"状态获得,也可用搜索的方法获得. 无论何种方法,只要满足对 r 级移位寄存器所有的 2^r 个状态都要经历一次,而且仅经历一次,同时要满足移位寄存的关系即可.

(1)由 m 序列构成 M 序列.

由于 m 序列已包含了 $2^r - 1$ 个非零的状态,缺少由 r 个"0"组成的一个全"0"状态,因此由 m 序列构成 M 序列时,只要在适当的位置插入一个零状态(r 个"0"),即可使码长为 $2^r - 1$ 的 m 序列增长至码长为 2^r 的 M 序列.

显然全零状态插入应在状态 $000\cdots01$ 之后,使之出现全零状态,同时还必须使全零状态的后继状态为 $100\cdots00$,即状态的转移过程为 $(000\cdots01) \rightarrow (000\cdots00) \rightarrow (100\cdots00)$.

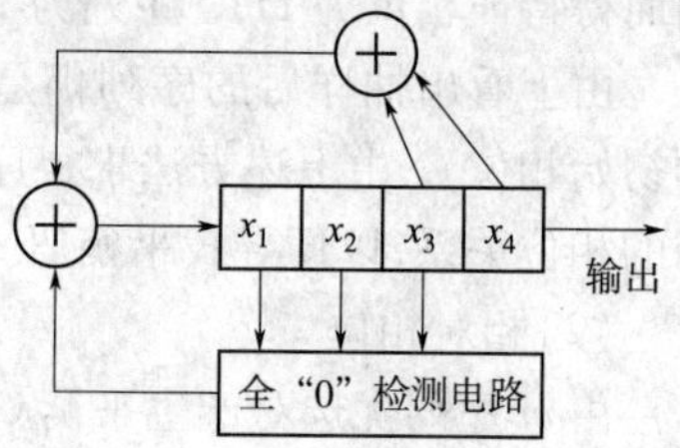

4 级 M 序列发生器如图 7.3.9 所示.

图 7.3.9

(2)搜索法.

M 序列的长度为 2^r,它经历了 r 级移位寄存器所有的 2^r 个状态,而且每个状态只能经历一次,考虑移位寄存器的移位寄存功能,可以从 r 级移位寄存器的某一个状态出发,进行状态的转移,转移过程中的状态没有重复.

经过 2^r 次转移后,又回到出发的状态,就可得到一个闭环,称为 **Hamilton 回路**. 该环的状态数为 2^r 个,由此可得一条 M 序列. 不同的路径,可以得到不同的 M 序列. 如 $r = 3$ 的情况,其状态转移过程如图 7.3.10 所示.

由此方法可产生出所有的 r 级移位寄存器产生的 M 序列. 由图可见,只有两条通路组成一个 $2^r = 8$ 的闭环,即

$$(111) \rightarrow (011) \rightarrow (001) \rightarrow (000) \rightarrow (100) \rightarrow (010) \rightarrow (101) \rightarrow (110) \rightarrow (111)$$

$$(111) \rightarrow (011) \rightarrow (101) \rightarrow (010) \rightarrow (001) \rightarrow (000) \rightarrow (100) \rightarrow (110) \rightarrow (111)$$

可得相应的 M 序列为 11100010 和 11101000.

2. M 序列的性质

(1)M 序列的随机特性:

①M 序列的周期为 2^r,这里,r 是移位寄存器的级数.

②在长为 $N = 2^r$ 的 M 序列中,"0"与"1"的个数相同,即各占一半为 2^{r-1}.

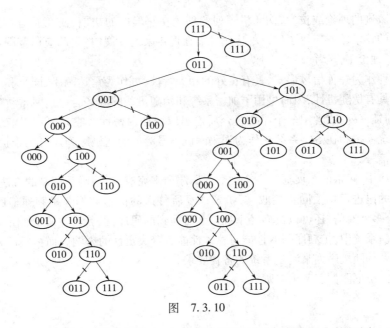

图 7.3.10

③在长为 2^r 的 M 序列中,游程总数为 2^{r-1},其中"0"和"1"的游程个数相同. 当 $1 \le k \le r-2$ 时,游程长度为 k 的游程数占总游程数的 2^{-k},即等于 2^{r-k-1}. 长度为 $r-1$ 的游程不存在. 长度为 r 的游程有 2 个.

(2)M 序列的条数.

M 序列的条数比 m 序列的条数多得多. M 序列的条数(不包括平移等价序列)为

$$N_M = 2^{2^{r-1}-r} \tag{7.3.31}$$

表 7.3.5 给出了不同级数 r 的 m 序列与 M 序列条数的比较. 由表可以看出,当 $r \ge 4$ 时,M 序列比 m 序列多得多. 故 M 序列作为地址码可以满足 CDMA 的要求.

表 7.3.5

类别	公式	2	3	4	5	6	7	8	9
m 序列	$\dfrac{\varphi(2^r-1)}{r}$	1	2	2	6	6	18	16	48
M 序列	$2^{2^{r-1}-r}$	1	2	16	2048	2^{26}	2^{57}	2^{121}	2^{248}

(3)M 序列的相关特性.

对于任意给定的 r 级 M 序列,其自相关函数 $R(\tau)$ 为

$$R(0) = 2^r$$
$$R(\pm\tau) = 0, \quad 1 \le \tau \le r-1$$
$$R(\pm\tau) = 2^r - 4w(f_0), \quad \tau \ge r$$

其中,$w(f_0)$ 是产生 M 序列的反馈函数 $f(x_1, x_2, \cdots, x_r) = x_1 + f_0(x_2, x_3, \cdots, x_r)$ 中 f_0 的权重.

7.4 随机序列在通信工程中的应用

伪随机序列的理论与应用,从产生到发展,至今已有几十年的历史. 它并不像某些突然爆发,

尔后不久销声匿迹的理论或技术,伪随机序列的理论在它形成的初期,便在通信、雷达、导航以及密码学等重要的技术领域获得了广泛的应用.而在近年来的发展中,它的应用范围远远超出了上述领域,引起了理论工作者的极大兴趣.

伪随机序列作为一种信号形式,具有良好的相关特性,可作为雷达测距、同步和线性系统测量的信号.它还具有伪随机性,因而可用于加密系统和伪随机跳频等场合.这时常将序列经非线性变换,即构造前馈序列;或者用多个序列组合后输出以增加保密性.它还可用以产生伪随机数适于计算机的系统模拟和在数字系统中作为误码测试信号等.伪随机序列还可用于扩频,在多址系统中作为地址信号.

在扩频通信中,频带的扩展通过一个独立的码序列来完成,用编码及调制的方法来实现;在接收端则用同样的码进行相关同步接收、解扩及恢复所传送的信息数据.扩频通信的抗干扰能力强、可用作码分多址通信,还可以抗多径干扰.上面提到的码序列,就是本章介绍的伪随机序列.在整个扩频通信系统中,扩频序列的性能对整体性能有着决定性的影响.而扩频序列的研究就是改进和设计各种伪随机序列来满足系统的各种要求.

直接扩频系统框图如图 7.4.1 所示.

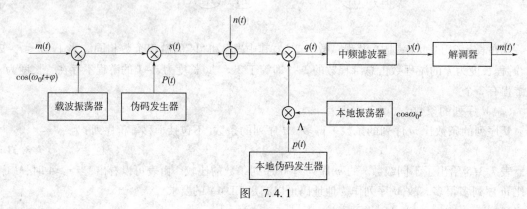

图 7.4.1

除了在扩频通信中的活跃表现,伪随机序列在众多领域都崭露头角.例如,在信息加密方面,用 m 序列将携带信息的数字信号在系统结构上随机化,以达到隐藏信息的目的.对 $0-1$ 序列,在实现时只需要将 m 序列与元信号进行异或处理,就能得到密文,由于 m 序列的自身特性,得到的密文类似于白噪声.将这种加密序列在信道中传输,即便是被他人窃听了也无法理解其内容.当信号到达接收端时,用与加密时完全相同的 m 序列对密文进行再次异或来恢复出原信号,保证了信息的隐蔽性.

关于伪随机序列在通信方面的应用还有很多,本节在这里只是给大家提供部分随机序列应用的介绍,有兴趣的同学可以继续深入研究.

习　　题

1. 设白噪声序列 $x(n)$ 的功率谱密度 $P_x(\omega)$ 为 6.5,试给出其自相关序列.

2. 设白噪声序列 $x(n)$ 的方差 σ^2 为 4.2,试给出其自相关序列和功率谱密度.

3. 一离散时间平稳白噪声通过一阶 IIR 数字滤波器 $y[k] = x[k] + ay[k-1]$, $|a| < 1$,求输出的自相关函数、平均功率和功率谱.

4. 随机序列的产生方法有哪些?

5. m 序列有哪些特性?

6. 试构成周期长度为 7 的 m 序列产生器,并说明其均衡性、游程特性、移位特性及自相关特性.

7. 给定一个 23 级的移位寄存器,可能产生的最长码序列有多长?

8. 判断下列多项式是否为 m 序列的本原多项式:

$(1) f(x) = x^5 + x^4 + x^3 + 1$;

$(2) f(x) = x^4 + x^2 + 1$;

$(3) f(x) = x^3 + x^2 + 1$;

$(4) f(x) = x^9 + x^6 + x^3 + x^2 + 1$.

9. 已知一个由八级线性反馈移位寄存产生的 m 序列,试写出每个周期内所有可能的游程长度的个数.

10. 已知级数 $r = 11$ 的 m 序列优选对的反馈系数为 4445 和 5263,以 4445 对应的序列为参考序列,以 5263 对应的序列为移位序列,试画出产生平衡 Gold 码的结构图.

第8章 排队论

在日常生活中,人们会遇到各种各样的排队问题. 例如,某手机维修中心在周末现只安排一名员工为顾客提供服务. 新来维修的顾客到达后,若已有顾客正在接受服务,则需要排队等待. 若排队的人数过多,需要增加接待空间,可能会造成顾客抱怨,会影响公司产品的销售;若维修人员多,会增加维修中心的支出. 如何调整两者的关系,使得系统达到最优?

它是一个典型的排队的例子,关于排队的例子有很多. 例如:上下班坐公共汽车,等待公共汽车的排队;顾客到商店购物形成的排队;病人到医院看病形成的排队;售票处购票形成的排队;另一种排队是物的排队,例如,路口红灯下面的汽车、信息系统中等待打印或发送的文件、通信网络中等待转发的数据分组等.

8.1　排队服务系统的基本概念

最早被研究的排队现象源于通信,在电话网络中通信信道是公用的,即通话时选用,话毕后释放. 如果先前的通话占用了信道,后到的用户则必须等待先前的通话完毕才能接通电话. 1909年,丹麦的电话工程师爱尔朗(A. K. Erlang)通过对电话接通率的研究,提出了排队论. 现在,排队论是研究排队系统的数学理论和方法,是应用数学的一个重要分支. 排队系统又称随机服务系统,排队论又称随机服务系统理论.

8.1.1　排队系统的组成和特征

排队现象的主体有两个,一个是要求得到服务的,一个是提供服务的. 把要求得到服务的人或物(设备)统称为顾客,提供服务的服务人员或服务机构统称为服务员或服务台. 排队现象的关键是顾客到来后得到服务之前的排队等待.

顾客排队队列与服务台构成一个排队系统,或称随机服务系统,或称排队服务系统. 显然,缺少顾客或服务台任何一方都不会形成排队系统. 对于任何一个排队系统,每一名顾客通过排队系统总要经过如下过程:顾客到达、排队等待、接受服务和离去,其过程如图8.1.1所示,每当顾客到达,若服务员忙,则排队等候;否则服务员进入忙状态,顾客开始接受服务. 当服务完成后,顾客离去,服务员又进入空闲状态. 若队列中有顾客排队,则服务员进入忙状态,队首顾客开始接受服务.

排队系统都有三个基本组成部分:输入过程、排队规则、服务过程. 排队系统的组成要素也有三个:顾客源、等待队列、服务机构. 下面分析各要素对排队系统的影响因素.

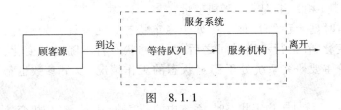

图　8.1.1

1. 顾客源

顾客到达的间隔时间:有确定的、随机的,随机的一般满足某个分布类型.排队系统中的顾客有两种状态:等待服务、接受服务.

一次到达人数:有单个到达的,有可能成批到达的,成批到达比单个到达对排队的影响更大.

顾客的总体(也称顾客源):数量有可能是无限,数量有可能是有限.当然这是相对的.

2. 等待队列

等待规则:分损失制、等待制.损失制即不等待、不排队,一般在队列长度比较长的情况下发生.

接受服务顺序:分先到先服务、后到先服务、按优先权服务、随机服务.

3. 服务机构

服务台数量:有单个,多个;服务台的状态有两个:忙、闲.

排列方式:有串联(流水线式的服务)、并联(同样的服务)、混合排列.

服务时间:有固定、随机的.

一次服务人数:有单人、成批.

8.1.2　排队服务系统的分类

按上面所讨论的排队系统各项的特性,可对排队系统作出分类.从 1971 年起,通常按如下六方面的特性对排队系统进行分类:

$$(a/b/c)/(d/e/f)$$

其中,每个字母代表一个特征,它们分别是:

a:顾客到达间隔的分布,有:M——负指数分布;D——确定型;E_k——k 阶爱尔朗分布;GI——一般相互独立的分布;G——一般独立时间的分布.

b:服务时间的分布,有 M、D、E_k、G.

c:系统中并联的服务台数,记为 S.

d:系统中最多可容纳的顾客数,为 $1 \sim \infty$.

e:顾客源总数,为 $1 \sim \infty$.

f:排队服务规则,有先到先服务(FCFS)、后到先服务(LCFS)、随机服务.一般研究先到先服务.

用 a,b,c,d,e,f 这六个参数可以表示出某种类型的排队系统,如:

$$M/M/1/10/\infty/\text{FCFS}$$

表示的是顾客到达间隔的分布服从负指数分布,服务时间的分布服从负指数分布,单服务台,系统中最多可容纳的顾客数为 10 个的先到先服务的排队服务系统.

如果其中后三项可以省略,这时表示的是:$a/b/c/\infty/\infty/\text{FCFS}$,如 $M/M/1$,表示的是顾客到达间隔的分布服从负指数分布,服务时间的分布服从负指数分布,单服务台,系统中最多可容纳的顾客数为无限的先到先服务的排队服务系统.

8.1.3　排队系统的状态及参数

描述排队系统某时刻的状态,主要考虑排队系统中的顾客数,包括等待的和正在被服务的.

其与系统运行的时刻 t 相关,且是一个随机变量.

当系统状态与时刻 t 无关时,称系统处于稳定状态.在系统开始运行的一段时间内,系统状态随时间而变化,在运行一段时间之后,系统的状态将不随时间变化,此时系统即进入稳定状态.排队论主要研究系统处于稳定状态的工作情况,以下参数也都针对于稳定状态进行定义.

系统状态 N——系统处于稳定状态时,系统中的顾客数,其是一个随机变量,不随时间变化.

状态概率 P_n——系统状态等于 n 的概率,即 $P\{N=n\}$. P_0, P_1, …即构成了随机变量 N 的概率分布.当系统达到稳定状态时, N 的取值仍会发生变化,但 N 的分布规律将保持不变.

队长——系统中等待服务的顾客数,其等于系统状态减去正在被服务的顾客数,是一个随机变量.

顾客平均到达率 λ——单位时间内平均到达的顾客数,其为常数.

顾客平均到达间隔 $1/\lambda$——相邻两个顾客到达的间隔时间的平均值,也即平均隔多长时间到达一个顾客.例如,顾客的平均到达率 $\lambda=3$ 人/小时,则顾客的平均到达间隔 $1/\lambda=1/3$ h $=$ 20 min.

平均服务时间 $1/\mu$——对每个顾客进行服务的时间的平均值,其为常数.

平均服务率 μ——单个服务台单位时间内平均可服务完的顾客数.例如,平均服务时间 $1/\mu=$ 15 min/人 $=1/4$(h/人),则平均服务率 $\mu=4$ 人/h.

8.1.4 排队系统的指标

如何评价一个排队系统的性能呢?首先要选定排队系统的指标.排队系统的指标有:

平均逗留时间 W_s——顾客从到达系统到离开系统所经历时间的平均值.逗留时间包括等待时间和服务时间.

平均等待时间 W_q——顾客在系统中处于等待状态的时间的平均值.等待时间等于逗留时间减去服务时间.

平均顾客数 L_s——系统中顾客人数的平均值,即系统状态的均值.

平均队长 L_q——系统中处于等待状态的顾客人数的平均值,即队长的均值.

服务强度 ρ——每个服务台处于工作状态的时间占全部时间的比例,也称服务机构的利用率.

以上指标与参数间的关系如下:

(1) $L_s = \sum\limits_{n=1}^{\infty} nP_n$.

L_s 是系统状态 N 的均值, N 是离散型随机变量其分布律为:

N	0	1	2	…	n	…
P	P_0	P_1	P_2	…	P_n	…

按离散型随机变量均值的计算方法可得该关系.

(2) $L_q = \sum\limits_{n=S+1}^{\infty} (n-S)P_n$.

L_q 是队长的均值.队长等于系统状态减去正在被服务的顾客数,而系统中正在被服务的顾客数总是小于等于服务台的数量 S,因而有

$$\text{队长} = \begin{cases} N-S & \text{当 } N>S \\ 0 & \text{当 } N \leq S \end{cases}$$

可得系统状态的分布律与队长的分布律的对应关系如下：

N	0	1	…	S	$S+1$	…	n	…
队长	0	0	…	0	1		$n-S$	
P	P_0	P_1	…	P_S	P_{S+1}	…	P_n	…

（3）$L_s = \lambda W_s$

如，一个确定性系统，每分钟到达 1 人，每人逗留 3 min，则各时刻系统中的顾客数为：

时刻	1	2	3	4	5	…
人数	1	2	3	3	3	3

也即在稳定状态下，系统中始终保持为 3 人. 其符合上述关系式.

由该式可得 $W_s = \dfrac{L_s}{\lambda}$.

（4）$L_q = \lambda W_q$

该式的直观解释与上式类似. 可得 $W_q = \dfrac{L_q}{\lambda}$.

（5）$W_s = W_q + \dfrac{1}{\mu}$

该式的含义为

$$平均逗留时间 = 平均等待时间 + 平均服务时间$$

由（3）、（4）、（5）可得，$L_q = L_s - \dfrac{\lambda}{\mu}$.

例 一个单服务台的排队系统，系统最多容纳 4 名顾客. 当系统处于稳定状态时，系统状态 N 的分布律为：

N	0	1	2	3	4
P	1/12	2/12	5/12	2/12	2/12

求平均顾客数，平均队长，正在被服务顾客的平均数.

设顾客平均到达率 $\lambda = 3$ 人/h. 求平均逗留时间、平均等待时间、平均服务时间、平均服务率.

解 平均顾客数 $L_s = \displaystyle\sum_{n=1}^{\infty} nP_n = 1 \times \dfrac{2}{12} + 2 \times \dfrac{5}{12} + 3 \times \dfrac{2}{12} + 4 \times \dfrac{2}{12} = \dfrac{26}{12} = 2.17$（人）

平均队长 $L_q = \displaystyle\sum_{n=S+1}^{\infty} (n-S)P_n = 1 \times \dfrac{5}{12} + 2 \times \dfrac{2}{12} + 3 \times \dfrac{2}{12} = \dfrac{15}{12} = 1.25$（人）

正在被服务顾客的平均数 $= L_s - L_q = \dfrac{26}{12} - \dfrac{15}{12} = \dfrac{11}{12} = 0.92$（人）

若顾客平均到达率 $\lambda = 3$ 人/h，则

平均逗留时间 $W_s = \dfrac{L_s}{\lambda} = \dfrac{26/12}{3} = \dfrac{13}{18} = 0.72$（h）；

平均等待时间 $W_q = \dfrac{L_q}{\lambda} = \dfrac{15/12}{3} = \dfrac{5}{12} = 0.42(\text{h})$；

平均服务时间 $1/\mu = W_s - W_q = \dfrac{13}{18} - \dfrac{5}{12} = \dfrac{11}{36} = 0.3(\text{h})$；

平均服务率 $\mu = \dfrac{36}{11} = 3.27(\text{人}/\text{h})$.

8.2 到达与服务时间的分布

8.2.1 顾客到达的分布

顾客的到达过程是一个随机事件流,称为顾客到达流.

最简单的顾客到达流称为泊松流,也称最简单流. 最简单流的条件有三个:

(1)平稳性. 到达 k 个顾客的概率仅与时间段的长度 t 有关,与时间段的起始时刻无关.

(2)无后效性. 在不相交的各时间段内到达的顾客数相互独立.

(3)普通性. 在足够小的时间段内只能有一个顾客到达,有两个或两个以上顾客同时到达的概率为 0.

顾客到达最简单流的性质可以从以下三个方面说明.

(1)在时间段 t 内到达的顾客数服从参数为 λt 泊松分布,即在时间段 t 内到达 k 个顾客的概率为

$$v_k(t) = \mathrm{e}^{-\lambda t}\frac{(\lambda t)^k}{k!} \quad (k = 0, 1, 2, \cdots)$$

其中,λ 为单位时间内平均到达的顾客数,即顾客平均到达率.

(2)单位时间内到达的顾客数服从参数为 λ 的泊松分布,即

$$v_k(1) = \mathrm{e}^{-\lambda}\frac{\lambda^k}{k!} \quad (k = 0, 1, 2, \cdots)$$

(3)顾客到达的间隔时间服从参数为 λ 的指数分布.

概率密度为 $\qquad\qquad\qquad f(t) = \lambda \mathrm{e}^{-\lambda t}$

分布函数为 $\qquad\qquad\qquad F(t) = 1 - \mathrm{e}^{-\lambda t}$

$1/\lambda$ 为顾客平均到达间隔时间.

(4)当 $\Delta t \to 0$ 时,有

$$v_0(\Delta t) = 1 - \lambda \Delta t$$
$$v_1(\Delta t) = \lambda \Delta t$$
$$v_k(\Delta t) = 0 \quad (k = 2, 3, \cdots)$$

8.2.2 服务时间的分布

服务机构对每个顾客的服务时间可认为服从指数分布.

概率密度为 $\qquad\qquad\qquad f(t) = \mu \mathrm{e}^{-\mu t}$

分布函数为 $\qquad\qquad\qquad F(t) = 1 - \mathrm{e}^{-\mu t}$

指数分布的性质:

(1)$1/\mu$ 为对每个顾客的平均服务时间.

(2)在服务机构处于持续服务状态时,顾客离开流是一个最简单流.

(3)在服务机构处于持续服务状态时,在时间段 t 内完成服务而离开的顾客人数服从泊松分布,即在时间段 t 内离开 k 个顾客的概率为

$$u_k(t) = \mathrm{e}^{-\mu}\frac{(\mu t)^k}{k!} \quad (k=0,1,2,\cdots)$$

其中,μ 为单位时间内平均离开的(完成服务的)顾客数,即平均服务率.

(4)在服务机构处于持续服务状态时,当 $\Delta t \to 0$,有

$$u_0(\Delta t) = 1 - \mu\Delta t$$
$$u_1(\Delta t) = \mu\Delta t$$
$$u_k(\Delta t) = 0 \quad (k=2,3,\cdots)$$

(5)在对顾客服务了一段时间后,剩余服务时间仍服从与原来一样的指数分布.

8.2.3 k 阶 Erlang 分布

k 个相互独立具有相同参数的指数分布随机变量之和的分布,称为 k 阶 Erlang 分布. k 阶 Erlang分布用于描述若干相同的服务站串联时,总服务时间的分布.

设 $v_1, v_2, \cdots, v_k$ 为 k 个相互独立的随机变量,服从相同参数 $k\mu$ 的负指数分布,令 $T = v_1 + v_2 + \cdots + v_k$,则 T 的概率密度为

$$b_k(t) = \frac{\mu k(\mu k t)^{k-1}\mathrm{e}^{-\mu k t}}{(k-1)!}, t>0$$

称 T 服从 k 阶爱尔朗分布.

因此,串列 k 个服务台,每台服务时间相互独立,服从相同的负指数分布,那么一顾客走完 k 个服务台总共所需服务时间就服从上述 k 阶爱尔朗分布. 因此,该排队系统的平均到达率是第 1 个服务台的到达率,平均服务率 μ 是每一个服务台的 $1/k$.

8.3 简单的排队系统模型

在排队系统的研究和应用中,顾客到达为最简单流,即顾客平稳、单个、相互独立地到达,到达间隔服从指数分布,一定时间段内的到达人数服从泊松分布;服务时间服从负指数分布;排队规则:单队,队长无限,先到先服务的排队系统的分析是比较简单的一类.

8.3.1 $M/M/1$

$M/M/1$ 模型即 $M/M/1/\infty/\infty/\mathrm{FCFS}$ 模型,单服务台系统. $M/M/1$ 模型是一种最简单的排队系统.

1. 系统特征

(1)到达规律:顾客到达为最简单流,即顾客平稳、单个、相互独立地到达,到达间隔服从指数分布,一定时间段内的到达人数服从泊松分布,平均到达率为 λ,平均到达间隔为 $1/\lambda$;顾客源无限.

（2）排队规则：单队，队长无限，先到先服务.

（3）服务情况：单服务台，单个服务；服务时间服从负指数分布，平均服务率为 μ，平均服务时间为 $1/\mu$.

2. 系统状态分析

系统状态 N——系统中的顾客数.

N 是一个离散型随机变量，其可能取值为 $0,1,2,\cdots$.

采用分布律 $P_n(n=0,1,2,\cdots)$ 描述 N 的取值状态.

在排队系统刚启动运行的一段时间内，或顾客的到达率及服务率发生变化时，N 的概率分布将随时间发生变化，这时系统状态记为 $N(t)$，称为瞬时状态，概率分布记为 $P_n(t)$.

在到平均达率 λ 和平均服务率 μ 保持一定，系统运行一段时间之后，系统状态将不再随时间而发生变化，N 的概率分布保持一定，此时称为系统的稳定状态.

瞬时状态的分析很困难，通常只分析系统的稳定状态. 在稳定状态下 N 的概率分布 P_n 将保持一定，不随时间发生变化. 进行状态分析的目的就是求出稳定状态下 N 的概率分布 P_n.

为了分析系统在不同的状态取值之间进行转换的概率关系，设想在一个很短的时刻 Δt 内（$\Delta t \to 0$），系统中只会 1 名顾客到达和离开 1 名顾客，系统状态的取值变化关系如图 8.3.1 所示.

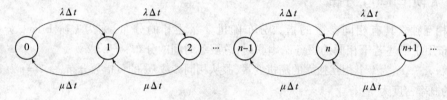

图　8.3.1

根据最简单流的条件，在极短的时间 Δt 内，系统只会到达和离开 1 名顾客，因此系统的状态取值只能在相邻的取值之间发生变化. 图 8.3.1 体现了系统状态的取值发生变化的概率.

当系统状态取值为 0 时，在极短时间内，到达一个顾客的概率为 $\lambda \Delta t$，此时状态取值将转换为 1.

当状态取值为 1 时，表明系统中有一个顾客处于服务状态，在极短时间内，该顾客离开的概率为 $\mu \Delta t$，而到达一个顾客的概率为 $\lambda \Delta t$，因此状态取值变为 0 的概率为

$$\mu \Delta t (1 - \lambda \Delta t) = \mu \Delta t - \mu \lambda \Delta t^2 = \mu \Delta t$$

类似状态取值由 1 变为 2 的概率为

$$\lambda \Delta t (1 - \mu \Delta t) = \lambda \Delta t - \mu \lambda \Delta t^2 = \lambda \Delta t$$

在系统处于稳态时，系统取各状态值的概率不随时间而变化，因此，在 Δt 时间内，系统从每个状态取值转出和转入的概率都必须保持相等.

设在时刻 t，系统取各状态值的概率为 $P_n(n=0,1,2,\cdots)$，则在 $t+\Delta t$ 时刻，对每个状态取值均应满足如下关系：

对状态值 0，应有 $P_1 \cdot \mu \Delta t = P_0 \cdot \lambda \Delta t$，即 $\mu P_1 = \lambda P_0$；

对状态值 1，$P_0 \cdot \lambda \Delta t + P_2 \cdot \mu \Delta t = P_1 \cdot \lambda \Delta t + P_1 \cdot \mu \Delta t$，即 $\lambda P_0 + \mu P_2 = (\lambda + \mu) P_1$；

对状态值 n，$P_{n-1} \cdot \lambda \Delta t + P_{n+1} \cdot \mu \Delta t = P_n \cdot \lambda \Delta t + P_n \cdot \mu \Delta t$，即 $\lambda P_{n-1} + \mu P_{n+1} = (\lambda + \mu) P_n$.

由此形成一组差分方程

$$\mu P_1 = \lambda P_0$$
$$(\lambda + \mu) P_n = \lambda P_{n-1} + \mu P_{n+1}, \quad n = 1, 2, \cdots$$

下面求解此方程

$$P_1 = \frac{\lambda}{\mu}P_0$$

$$P_2 = \frac{\lambda}{\mu}P_1 + P_1 - \frac{\lambda}{\mu}P_0 = \frac{\lambda}{\mu}\frac{\lambda}{\mu}P_0 + \frac{\lambda}{\mu}P_0 - \frac{\lambda}{\mu}P_0 = \left(\frac{\lambda}{\mu}\right)^2 P_0$$

递推可得

$$P_n = \left(\frac{\lambda}{\mu}\right)^n P_0$$

令 $\rho = \frac{\lambda}{\mu}$，设 $\lambda < \mu$（是系统可达到稳态的必要条件），有 $\rho < 1$，则

$$P_n = \rho^n P_0$$

按照概率分布的性质，应有 $\qquad \sum_{n=0}^{\infty} P_n = 1$

即

$$\sum_{n=0}^{\infty} P_n = \sum_{n=0}^{\infty} \rho^n P_0 = P_0 \sum_{n=0}^{\infty} \rho^n = P_0 \frac{1}{1-\rho} = 1$$

得

$$P_0 = 1 - \rho$$

由此得系统状态的概率分布为

$$P_n = (1-\rho)\rho^n \quad (n = 0, 1, 2, \cdots)$$

3. 系统指标

（1）平均顾客数 L_s

$$
\begin{aligned}
L_S &= \sum_{n=0}^{\infty} nP_n = \sum_{n=1}^{\infty} n(1-\rho)\rho^n \\
&= \sum_{n=1}^{\infty} n\rho^n - \sum_{n=1}^{\infty} n\rho^{n+1} \\
&= (\rho + 2\rho^2 + 3\rho^3 + \cdots) - (\rho^2 + 2\rho^3 + 3\rho^4 + \cdots) \\
&= \rho + \rho^2 + \rho^3 + \cdots = \frac{\rho}{1-\rho} = \frac{\lambda}{\mu - \lambda}
\end{aligned}
$$

（2）平均队长 L_q

$$
\begin{aligned}
L_q &= \sum_{n=1}^{\infty} (n-1)p_n = \sum_{n=1}^{\infty} np_n - \sum_{n=1}^{\infty} p_n \\
&= L_S - (1-\rho)\sum_{n=1}^{\infty} \rho^n = \frac{\rho}{1-\rho} - \rho = \frac{\rho^2}{1-\rho} = \frac{\rho\lambda}{\mu - \lambda}
\end{aligned}
$$

有

$$L_S = L_q + \rho$$

（3）平均逗留时间 W_s

设一顾客到达时，系统已有 n 个顾客，按先到先服务的规则，这个顾客的逗留时间 W_n 就是原有各顾客的服务时间 T_n 和这个顾客服务时间 T_{n+1} 之和

$$W_n = T'_1 + T_2 + \cdots + T_n + T_{n+1}$$

其中，第 1 个顾客正被服务，T'_1 是到服务完了的部分服务时间.

令 $f(W \mid n+1)$ 表示 W_n 的概率密度，这是在系统已经有 n 个顾客条件下的条件概率密度，所以 W 的概率密度

$$f(W) = \sum_{n=0}^{\infty} P_n f(W \mid n+1)$$

现若 $T_2, \cdots, T_n, T_{n+1}$ 都服从参数为 μ 的负指数分布,根据负指数分布的无记忆性,T'_1 也服从同分布的负指数分布,于是,W_n 服从爱尔朗分布

$$f(W \mid n+1) = \frac{\mu(\mu w)^n e^{-\mu w}}{n!}$$

所以

$$f(W) = \sum_{n=0}^{\infty} (1-\rho)\rho^n \cdot \frac{\mu(\mu w)^n}{n!} \cdot e^{-\mu w}$$

$$= (1-\rho)\mu e^{-\mu w} \sum_{n=0}^{\infty} \frac{(\rho\mu w)^n}{n!} = (\mu - \lambda)e^{-(\mu-\lambda)w}$$

因此,顾客在系统中的逗留时间 T 服从参数为 $\mu - \lambda$ 的指数分布,有

$$f(W) = (\mu - \lambda)e^{-(\mu-\lambda)w}$$
$$F_T(t) = 1 - e^{-(\mu-\lambda)t}$$

其均值为

$$W_s = E[T] = \frac{1}{\mu - \lambda}$$

有

$$L_s = \lambda W_s$$

平均逗留时间也可以采用更普遍适用的方法求得. 想象有一个顾客,和他有关的事项都取为平均值. 在他刚被服务好要离开时在该系统中的顾客数就是系统的平均顾客数 L_s,应正好等于该顾客在系统中总的平均逗留时间 W_s 内到达的顾客数,即 $L_s = \lambda W_s$,这就是由 D. C. Little 首先发现的结果,$L_s = \lambda W_s$ 称为 Little 公式. 由此得

$$W_s = \frac{L_s}{\lambda} = \frac{\rho/\lambda}{1-\rho} = \frac{1/\mu}{1-\lambda/\mu} = \frac{1}{\mu - \lambda}$$

(4)平均等待时间 W_q

根据直观的含义有

$$平均等待时间 = 平均逗留时间 - 平均服务时间$$

因此

$$W_q = W_s - \frac{1}{\mu} = \frac{\rho}{\mu - \lambda}$$

有

$$W_s = W_q + \frac{1}{\mu}, L_q = \lambda W_q$$

(5)服务强度 ρ

$\rho = \dfrac{\lambda}{\mu}$,表示平均到达率与平均服务率之比;

$\rho = \dfrac{1/\mu}{1/\lambda}$,表示平均服务时间与平均到达时间之比;

$\rho = 1 - P_0$,表示系统中至少有 1 个顾客的概率,即系统处于繁忙状态的概率.

称 ρ 为服务强度,也称系统的繁忙率.$1 - \rho$ 称为系统的空闲率.

例 8.3.1 某公用电话亭平均每 20 min 到达一个要打电话的顾客,电话亭只有一部电话,假设每人的平均通话时间为 15 min,均服从指数分布. 求:

(1)系统的各项统计指标;

(2) 顾客逗留时间 T 超过 40 min 的概率;

(3) 若希望到达的顾客 90% 以上能有座位等候,则应设置多少个座位.

解 (1)已知: $\lambda = 3$ 人/h, $\mu = 4$ 人/h;

服务强度: $\rho = \dfrac{\lambda}{\mu} = \dfrac{3}{4} = 0.75$;

空闲率: $1 - \rho = 0.25$;

平均顾客数: $L_s = \dfrac{\lambda}{\mu - \lambda} = \dfrac{3}{4 - 3} = 3$(人);

平均队长: $L_q = \dfrac{\rho\lambda}{\mu - \lambda} = \dfrac{0.75 \times 3}{4 - 3} = 2.25$(人);

平均逗留时间: $W_s = \dfrac{1}{\mu - \lambda} = \dfrac{1}{4 - 3} = 1$(h);

平均等待时间: $W_q = \dfrac{\rho}{\mu - \lambda} = \dfrac{0.75}{4 - 3} = 0.75$(h) $= 45$(min).

(2)

$$P\{T > 2/3\} = 1 - P\{T \leqslant 2/3\} = 1 - F_T(2/3) = 1 - (1 - e^{-(4-3) \times 2/3}) = e^{-2/3} = 0.5134$$

(3)设座位数为 C,加上通话的座位共有 $C + 1$ 个座位. 因而系统中顾客数不超过 $C + 1$ 的概率应达到 90% ,即

$$P\{N \leqslant C + 1\} \geqslant 0.9$$

$$P\{N \leqslant C + 1\} = \sum_{n=0}^{C+1} P_n = \sum_{n=0}^{C+1} (1 - \rho)\rho^n = (1 - \rho)\sum_{n=0}^{C+1} \rho^n = (1 - \rho)\frac{1 - \rho^{C+2}}{1 - \rho}$$
$$= 1 - \rho^{C+2} \geqslant 0.9$$

即
$$\rho^{C+2} \leqslant 0.1$$
两边取对数,有
$$(C + 2)\lg\rho \leqslant \lg 0.1$$
即
$$C + 2 \geqslant \frac{\lg 0.1}{\lg 0.75} = \frac{-1}{-1.249} \approx 8$$

得 $C \geqslant 6$,所以至少应设 6 个座位.

8.3.2 $M/M/S$

$M/M/S$ 即 $M/M/S/\infty/\infty/\text{FCFS}$ 模型,多服务台系统.

1. 系统特征

与 $M/M/1$ 系统相比的不同点如下:

系统中有 S 个服务台($S > 1$),每台的服务时间均服从指数分布,且具有相同的平均服务率 μ,即

$$\mu_1 = \mu_2 = \cdots = \mu_s = \mu$$

各服务台并联,顾客排单个队列,顺序进入任何空闲的服务台接受服务.

整个服务机构的平均服务率为 $\begin{cases} n\mu & \text{当 } n < S \\ S\mu & \text{当 } n \geqslant S \end{cases}$

整个服务机构的服务强度为 $\rho = \dfrac{\lambda}{S\mu}$,要求有 $\rho < 1$,否则队长将趋于无限,系统达不到稳定状态.

2. 系统状态分析

状态转移图如图 8.3.2 所示.

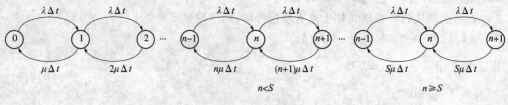

图 8.3.2

由状态转移图可列出其稳态时的状态转移方程如下：

$$\begin{cases} \mu P_1 = \lambda P_0 \\ \lambda \cdot P_{n-1} + (n+1)\mu P_{n+1} = (n\mu + \lambda) P_n & \text{当} 1 < n < S \\ \lambda P_{n-1} + S\mu P_{n+1} = (S\mu + \lambda) P_n & \text{当} n \geqslant S \end{cases}$$

解此方程得

$$P_0 = \left[\sum_{n=0}^{S-1} \frac{(\lambda/\mu)^n}{n!} + \frac{(\lambda/\mu)^S}{S!} \frac{1}{1 - \lambda/(S\mu)} \right]^{-1}$$

$$P_n = \begin{cases} \dfrac{(\lambda/\mu)^n}{n!} P_0 & \text{当} n \leqslant S \\ \dfrac{(\lambda/\mu)^n}{S! \ S^{n-S}} P_0 & \text{当} n \geqslant S \end{cases}$$

3. 系统指标

平均队长：$L_q = \displaystyle\sum_{n=S+1}^{\infty} (n - S) P_n = \dfrac{P_0 (\lambda/\mu)^S \rho}{S! (1 - \rho)^2}$；

平均顾客数：$L_S = L_q + \dfrac{\lambda}{\mu}$；

平均逗留时间：$W_S = \dfrac{L_S}{\lambda}$；

平均等待时间：$W_q = \dfrac{L_q}{\lambda}$；

服务强度（繁忙率）：$\rho = \dfrac{\lambda}{S\mu}$；

空闲率：$1 - \rho$；

顾客逗留时间 $T \sim e(1/W_S), P\{T \leqslant t\} = F_T(t) = 1 - e^{-t/W_s}.$

例 8.3.2　排队系统有 2 个服务台，每个服务台的平均服务时间均为 15 min，服从指数分布，顾客按泊松流到达，平均每小时到达 6 人.

(1)求系统的各项指标；

(2)顾客到达时需等待的概率；

(3)顾客逗留时间超过 1 h 的概率.

解　(1)已知 $S = 2, 1/\mu = 15$ min，$\mu = 4$ 人/h，$\lambda = 6$ 人/h；

繁忙率：$\rho = \dfrac{\lambda}{S\mu} = \dfrac{6}{2 \times 4} = 0.75$；

空闲率：$1 - \rho = 0.25$；

系统中没有顾客的概率

$$P_0 = \left[\sum_{n=0}^{S-1} \frac{(\lambda/\mu)^n}{n!} + \frac{(\lambda/\mu)^S}{S!} \frac{1}{1 - \lambda(S\mu)} \right]^{-1}$$

$$= \left[\sum_{n=0}^{1} \frac{(6/4)^n}{n!} + \frac{(6/4)^2}{2!} \frac{1}{1 - 6/(2 \times 4)} \right]^{-1}$$

$$= \left[\frac{(6/4)^0}{0!} + \frac{(6/4)^1}{1!} + \frac{9/4}{2} \frac{1}{1 - 3/4} \right]^{-1}$$

$$= \left(1 + \frac{3}{2} + \frac{9}{8} \times 4 \right)^{-1} = \left(\frac{14}{2} \right)^{-1} = \frac{1}{7} = 0.142\,9$$

平均队长: $L_q = \dfrac{P_0 (\lambda/\mu)^S \rho}{S! \,(1-\rho)^2} = \dfrac{\frac{1}{7} \times \left(\frac{6}{4}\right)^2 \times \frac{3}{4}}{2! \times \left(1 - \frac{3}{4}\right)^2} = \dfrac{27/112}{1/8} = \dfrac{27}{14} = 1.929$;

平均顾客数: $L_S = L_q + \dfrac{\lambda}{\mu} = \dfrac{27}{14} + \dfrac{6}{4} = \dfrac{48}{14} = \dfrac{24}{7} = 3.429$;

平均逗留时间: $W_S = \dfrac{L_S}{\lambda} = \dfrac{24/7}{6} = \dfrac{24}{42} = \dfrac{4}{7} = 0.571\,4(\mathrm{h}) = 34.29(\mathrm{min})$;

平均等待时间: $W_q = \dfrac{L_q}{\lambda} = \dfrac{27/14}{6} = \dfrac{27}{84} = \dfrac{9}{28} = 0.321\,4(\mathrm{h}) = 19.29(\mathrm{min})$.

(2) $P\{N \geqslant 2\} = 1 - P\{N < 2\} = 1 - P_0 - P_1$

$$= 1 - \frac{1}{7} - \frac{(6/4)^1}{1!} \times \frac{1}{7} = \frac{6}{7} - \frac{3}{14} = \frac{9}{14} = 0.642\,9$$

(3) 有顾客逗留时间 $T \sim \mathrm{e}(1/W_S) \sim \mathrm{e}(7/4)$

$$P\{T > 1\} = 1 - P\{T \leqslant 1\} = 1 - F(1) = 1 - (1 - \mathrm{e}^{-7/4}) = \mathrm{e}^{-7/4} = 0.173\,8$$

例 8.3.3 例 8.3.2 中,若 1 名顾客在系统中逗留 1 min 将产生 0.5 元的开支,增加一个服务台每天将增加 400 元的开支,系统每天运行 12 h,则平均每天接待 72 名顾客,问是否应该增加一个服务台.

解 令 $S = 3$,可得

$$W_S = 0.289\,5(\mathrm{h}) = 17.37(\mathrm{min})$$

则增加一个服务台,可减少每名顾客的逗留时间

$$34.29 - 17.37 = 16.92(\mathrm{min})$$

每天可减少顾客逗留开支

$$72 \times 16.92 \times 0.5 = 609.2(\text{元})$$

因可减少的开支 609.2 元大于需增加的开支 400 元,所以应该增加一个服务台.

进一步,可令 $S = 4$,可得

$$W_S = 0.257\,5\ \mathrm{h} = 15.45(\mathrm{min})$$

则增加两个服务台,可减少每名顾客的逗留时间

$$34.29 - 15.45 = 18.84(\mathrm{min})$$

每天可减少顾客逗留开支

$$72 \times 18.84 \times 0.5 = 678.3(\text{元})$$

因可减少的开支 678.3 元小于需增加的开支 800 元,所以不应该增加两个服务台.

8.3.3 $M/M/1/K/\infty/\mathrm{FCFS}$

$M/M/1/K/\infty/\mathrm{FCFS}$ 模型,单服务台/容量有限.

1. 系统特征

与 $M/M/1$ 系统相比只有一点不同:当系统中的顾客数为 K 时,此时到达的顾客将不能进入系统,而必须离开.

顾客的到达仍为泊松流,平均到达率为 λ,但其中只有一部分进入系统,到达并进入系统的顾客的平均到达率称为平均有效到达率,记为 λ_{eff}.

由于系统容量有限,当 $\lambda \geqslant \mu$ 时,系统中的顾客数不会无限增长,仍可达到稳态,因此这类系统可以有 $\lambda \geqslant \mu$.

2. 系统状态分析

状态转移图如图 8.3.3 所示.

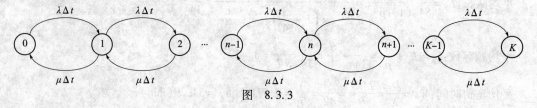

图 8.3.3

由状态转移图可列出其稳态时的状态转移方程如下:

$$\mu P_1 = \lambda P_0$$
$$\mu P_{n+1} + \lambda P_{n-1} = (\lambda + \mu) P_n, \quad \text{当} 1 \leqslant n \leqslant K-1$$
$$\mu P_K = \lambda P_{K-1}$$

下面解此方程:

可推导出
$$P_n = \left(\frac{\lambda}{\mu}\right)^n P_0 = \rho^n P_0 \quad \rho = \frac{\lambda}{\mu}$$

应有
$$\sum_{n=0}^{K} p_n = 1 \text{,即} p_0 \cdot \sum_{n=0}^{K} \rho^n = 1$$

而
$$\sum_{n=0}^{K} P_n = P_0 \sum_{n=0}^{K} \rho^n = \begin{cases} P_0 \dfrac{1-\rho^{K+1}}{1-\rho} & \text{当} \rho \neq 1 \\ P_0(K+1) & \text{当} \rho = 1 \end{cases}$$

可得

当 $\rho \neq 1$ 时:$P_n = \dfrac{1-\rho}{1-\rho^{K+1}} \cdot \rho^n, n = 0, 1, 2, \cdots, K$;

当 $\rho = 1$ 时:$P_n = \dfrac{1}{K+1}, n = 0, 1, \cdots, K$.

3. 系统指标

(1)平均顾客数 L_S

$$L_S = \sum_{n=0}^{K} n \cdot P_n = \frac{\rho}{1-\rho} - \frac{(K+1)\rho^{K+1}}{1-\rho^{K+1}}$$

(2)顾客损失率 P_K

P_K:顾客到达后不能进入系统的概率,或到达的顾客中离开的比率.

$$P_K = P\{n = K\} = \frac{1-\rho}{1-\rho^{K+1}} \cdot \rho^K$$

顾客进入率:$1 - P_K$,顾客到达后能进入系统的概率.

（3）平均有效到达率 λ_{eff}

λ_{eff}：单位时间内到达并进入系统的顾客数.

有效到达率就等于到达率乘顾客到达后能够进入系统的概率,因而有

$$\lambda_{eff} = \lambda(1 - P_K)$$

另,记系统的繁忙率为 ρ_{eff},应有 $\rho_{eff} = \dfrac{\lambda_{eff}}{\mu}$,亦应有 $\rho_{eff} = 1 - P_0$,则可得 $\lambda_{eff} = \mu(1 - P_0)$.

（4）平均队长 L_q

$$L_q = L_S - \lambda_{eff}/\mu = L_S - \rho_{eff}$$

（5）平均逗留时间 W_S

$$W_S = \frac{L_S}{\lambda_{eff}}$$

（6）平均等待时间 W_q

$$W_q = \frac{L_q}{\lambda_{eff}} \text{或} W_q = W_S - \frac{1}{\mu}$$

例 8.3.4　某理发店只有一名理发师,平均每 20 min 到达一名顾客,为每名顾客理发的时间平均为 15 min,到达间隔及理发时间均服从指数分布. 理发店有 3 张等候的座椅,等候座椅坐满时新到达的顾客将离开. 求系统的各项指标.

解　这是一个 $M/M/1/K/\infty/FCFS$ 排除系统,有 $S = 1, K = 4, \lambda = 3$ 人/h,$\mu = 4$ 人/h;

$\rho = \dfrac{\lambda}{\mu} = \dfrac{3}{4} = 0.75$;

顾客损失率:$P_K = \dfrac{1 - \rho}{1 - \rho^{K+1}} \cdot \rho^K = \dfrac{1 - 0.75}{1 - 0.75^5} \cdot 0.75^4 = 0.103\ 7$;

平均有效到达率:$\lambda_{eff} = \lambda(1 - P_K) = 3 \times (1 - 0.103\ 7) = 2.688\ 9$（人/h）;

繁忙率:$\rho_{eff} = \dfrac{\lambda_{eff}}{\mu} = \dfrac{2.689}{4} = 0.672\ 2$;

空闲率:$1 - \rho_{eff} = 1 - 0.672\ 2 = 0.327\ 8$;

平均顾客数:$L_S = \dfrac{\rho}{1 - \rho} - \dfrac{(K+1)\rho^{K+1}}{1 - \rho^{K+1}} = \dfrac{1 - 0.75}{0.75} - \dfrac{5 \times 0.75^5}{1 - 0.75^5} = 1.444\ 3$（人）;

平均队长:$L_q = L_S - \rho_{eff} = 1.444\ 3 - 0.672\ 2 = 0.772\ 1$（人）;

平均逗留时间:$W_S = \dfrac{L_S}{\lambda_{eff}} = \dfrac{1.444\ 3}{2.688\ 9} = 0.537\ 1$（h）$= 32.2$（min）;

平均等待时间:$W_q = \dfrac{L_q}{\lambda_{eff}} = \dfrac{0.772\ 1}{2.688\ 9} = 0.287\ 1$（h）$= 17.2$（min）.

8.3.4　$M/M/S/K/\infty/FCFS$

$M/M/S/K/\infty/FCFS$ 模型,多服务台/系统容量有限.

$\rho = \dfrac{\lambda}{S\mu}$,有 $\rho \neq 1$.

$$P_0 = \left[\sum_{n=0}^{S-1} \frac{(\lambda/\mu)^n}{n!} + \frac{S^S \cdot \rho^S (1 - \rho^{K-S+1})}{S!(1 - \rho)} \right]^{-1};$$

$$P_n = \begin{cases} \dfrac{(\lambda/\mu)^n}{n!}P_0 & \text{当 } 1 \leqslant n \leqslant S \\[3mm] \dfrac{(\lambda/\mu)^n}{S! \ S^{n-S}}P_0 & \text{当 } S \leqslant n \leqslant K \\[3mm] 0 & \text{当 } n > k \end{cases};$$

顾客损失率: $P_K = P\{n = K\} = \dfrac{(\lambda/\mu)^K}{S! \ S^{K-S}}P_0$;

平均有效到达率: $\lambda_{\text{eff}} = \lambda(1 - P_K)$;

繁忙率: $\rho_{\text{eff}} = \dfrac{\lambda_{\text{eff}}}{S\mu}$;

空闲率: $1 - \rho_{\text{eff}}$;

平均队长: $L_q = \dfrac{(\lambda/\mu)^S P_0 \rho}{S! \ (1-\rho)^2}[1 - \rho^{K-S} - (1-\rho)(K-S)\rho^{K-S}]$;

平均顾客数: $L_S = L_q + \dfrac{\lambda_{\text{eff}}}{\mu}$;

平均逗留时间: $W_S = \dfrac{L_S}{\lambda_{\text{eff}}}$;

平均等待时间: $W_q = \dfrac{L_q}{\lambda_{\text{eff}}}$;

顾客逗留时间 $T \sim e(1/W_S)$, $P\{T \leqslant t\} = F_T(t) = 1 - e^{-t/W_S}$.

例 8.3.5 某修车店有两名修理技工,车辆到达服从 $\lambda = 4$ 辆/h 的泊松分布,每辆车的修理时间服从 $\mu = 1$ 辆/h 的负指数分布. 修车店只能停放 3 辆待维修的车辆.

(1)求系统的各项统计指标;

(2)若每修一辆车平均可盈利 50 元,修车店每天营业 8 h,若增加 1 名技工每天需增加开支 150 元,问该修车店是否应该增加一名技工.

解 (1)有 $S = 2$, $K = 5$, $\lambda = 4$ 辆/h, $\mu = 1$ 辆/h;

$\rho = \dfrac{\lambda}{S\mu} = \dfrac{4}{2 \times 1} = 2$;

$$P_0 = \left[\sum_{n=0}^{S-1}\dfrac{(\lambda/\mu)^n}{n!} + \dfrac{S^S \cdot \rho^S(1-\rho^{K-S+1})}{S!(1-\rho)}\right]^{-1}$$

$$= \left[\dfrac{(4/1)^0}{0!} + \dfrac{(4/1)^1}{1!} + \dfrac{2^2 \times 2^2 \times (1-2^4)}{2 \times (1-2)}\right]^{-1}$$

$$= (1 + 4 + 120)^{-1} = 0.008;$$

顾客损失率: $P_K = \dfrac{(\lambda/\mu)^K}{S! \ S^{K-S}}P_0 = \dfrac{(4/1)^5}{2 \times 2^{5-2}} \times 0.008 = 0.512$;

平均有效到达率: $\lambda_{\text{eff}} = \lambda(1 - P_K) = 4 \times (1 - 0.512) = 1.952$;

繁忙率: $\rho_{\text{eff}} = \dfrac{\lambda_{\text{eff}}}{S\mu} = \dfrac{1.952}{2 \times 1} = 0.976$;

空闲率: $1 - \rho_{\text{eff}} = 1 - 0.976 = 0.024$;

平均队长: $L_q = \dfrac{(\lambda/\mu)^S P_0 \rho}{S! \ (1-\rho)^2}[1 - \rho^{K-S} - (1-\rho)(K-S)\rho^{K-S}]$

$$= \dfrac{(4/1)^2 \times 0.008 \times 2}{2 \times (1-2)^2} \times [1 - 2^3 - (1-2)(5-2) \times 2^3]$$

$$= 16 \times 0.008 \times 17 = 2.176（辆）;$$

平均顾客数: $L_S = L_q + \dfrac{\lambda_{\text{eff}}}{\mu} = 2.176 + \dfrac{1.952}{1} = 4.128（辆）;$

平均逗留时间: $W_S = \dfrac{L_S}{\lambda_{\text{eff}}} = \dfrac{4.128}{1.952} = 2.115（\text{h}）;$

平均等待时间: $W_q = \dfrac{L_q}{\lambda_{\text{eff}}} = \dfrac{2.176}{1.952} = 1.115（\text{h}）.$

（2）设 $S = 3$，计算可得:

$$\rho = \frac{\lambda}{S\mu} = 1.333\ 3$$

$$P_0 = 0.017\ 6$$

顾客损失率

$$P_K = 0.333\ 6$$

则每天平均可增加的车辆修理量为

$$(0.512 - 0.334) \times 4 \times 8 = 5.696\ \text{辆}$$

每天可增加的修车盈利为

$$5.696 \times 50 = 285 > 150$$

所以应增加 1 名技工.

8.3.5　$M/M/S/S/\infty/FCFS$

$M/M/S/S/\infty/FCFS$ 模型，多服务台损失制系统.

系统容量与服务台数量相同，即系统不能等待，当服务台都忙时，新到达的顾客只能离开，因此称为损失制系统

该系统的计算式可以 $M/M/S/K/\infty/FCFS$ 系统为基础推导得到，计算式将简单一些.

$\rho = \dfrac{\lambda}{S\mu}$，有 $\rho \neq 1$,

$$
\begin{aligned}
P_0 &= \left[\sum_{n=0}^{S-1} \frac{(\lambda/\mu)^n}{n!} + \frac{S^S \cdot \rho^S (1 - \rho^{K-S+1})}{S!(1-\rho)} \right]^{-1} \\
&= \left[\sum_{n=0}^{S-1} \frac{(\lambda/\mu)^n}{n!} + \frac{S^S \cdot (\lambda/S\mu)^S (1 - \rho^{S-S+1})}{S!(1-\rho)} \right]^{-1} \\
&= \left[\sum_{n=0}^{S-1} \frac{(\lambda/\mu)^n}{n!} + \frac{(\lambda/S\mu)^S}{S!} \right]^{-1} = \left[\sum_{n=0}^{S} \frac{(\lambda/\mu)^n}{n!} \right]^{-1};
\end{aligned}
$$

$$
P_n = \begin{cases}
\dfrac{(\lambda/\mu)^n}{n!} P_0 & \text{当 } 1 \leq n \leq S \\[2mm]
\dfrac{(\lambda/\mu)^n}{S!\ S^{n-S}} P_0 & \text{当 } S \leq n \leq K = \begin{cases} \dfrac{(\lambda/\mu)^n}{n!} P_0 & \text{当 } 1 \leq n \leq S \\[2mm] 0 & \text{当 } n > S \end{cases}; \\[2mm]
0 & \text{当 } n > k
\end{cases}
$$

顾客损失率: $P_S = P\{n = S\} = \dfrac{(\lambda/\mu)^K}{S!\ S^{K-S}} P_0 = \dfrac{(\lambda/\mu)^S}{S!} P_0;$

平均有效到达率: $\lambda_{\text{eff}} = \lambda(1 - P_S);$

繁忙率: $\rho_{\text{eff}} = \dfrac{\lambda_{\text{eff}}}{S\mu};$

空闲率:$1 - \rho_{\text{eff}}$;

平均队长:$L_q = \dfrac{(\lambda/\mu)^S P_0 \rho}{S! \ (1-\rho)^2}[1 - \rho^{K-S} - (1-\rho)(K-S)\rho^{K-S}] = 0$;

平均顾客数:$L_S = L_q + \dfrac{\lambda_{\text{eff}}}{\mu} = \dfrac{\lambda_{\text{eff}}}{\mu}$;

平均逗留时间:$W_S = \dfrac{L_S}{\lambda_{\text{eff}}}$;

平均等待时间:$W_q = \dfrac{L_q}{\lambda_{\text{eff}}} = 0$;

顾客逗留时间 $T \sim \mathrm{e}(1/W_S)$,$P\{T \leqslant t\} = F_T(t) = 1 - \mathrm{e}^{-t/W_s}$.

例 8.3.6 某客栈有 10 间客房,客人的平均到达率为 6 间房/天(按房间数计算顾客),每房客人的平均入住天数为 1.8 天. 求:(1)该客栈的入住率;(2)到达的客人不能入住的概率;(3)每月(30 天)损失的顾客数.

解 为损失制系统,有 $S = 10,\lambda = 6,1/\mu = 1.8,\mu = 1/1.8 = 0.556$.

$$\frac{\lambda}{\mu} = \frac{6}{1/1.8} = 10.8;$$

$$\rho = \frac{\lambda}{S\mu} = \frac{6}{10 \times (1/1.8)} = 1.08;$$

$$P_0 = \Big[\sum_{n=0}^{S} \frac{(\lambda/\mu)^n}{n!}\Big]^{-1} = \Big[\frac{10.8^0}{0!} + \frac{10.8^1}{1!} + \cdots + \frac{10.8^{10}}{10!}\Big]^{-1} = 0.000\ 042;$$

顾客损失率:$P_S = P\{n = S\} = \dfrac{(\lambda/\mu)^S}{S!} P_0 = \dfrac{10.8^{10}}{10!} P_0 = 0.250\ 8$;

平均有效到达率:$\lambda_{\text{eff}} = \lambda(1 - P_S) = 6 \times (1 - 0.250\ 8) = 4.495$;

繁忙率:$\rho_{\text{eff}} = \dfrac{\lambda_{\text{eff}}}{S\mu} = \dfrac{4.495}{10 \times 1/1.8} = 0.809\ 2$;

平均顾客数:$L_S = \dfrac{\lambda_{\text{eff}}}{\mu} = \dfrac{4.495}{1/1.8} = 8.092$.

(1)客栈的入住率即为繁忙率,$\rho_{\text{eff}} = 0.809\ 2 \approx 81\%$;

(2)即顾客损失率,$P_S = 0.250\ 8 \approx 25\%$;

(3)每月损失顾客数 $= \lambda \times P_S \times 30 = 6 \times 0.25 \times 30 = 45$.

例 8.3.7 例 8.3.6 中,客栈准备投资 35 万元另修建 6 间客房. 若每间客房每售出一天的盈利为 120 元,顾客到达率保持不变,试计算该项投资的回收期(不考虑利率和房价变动).

解 计算新建客房后平均顾客数,有 $S = 16$,其他不变.

$$\frac{\lambda}{\mu} = \frac{6}{1/1.8} = 10.8;$$

$$\rho = \frac{\lambda}{S\mu} = \frac{6}{16 \times (1/1.8)} = 0.675;$$

$$P_0 = \Big[\sum_{n=0}^{S} \frac{(\lambda/\mu)^n}{n!}\Big]^{-1} = \Big[\frac{10.8^0}{0!} + \frac{10.8^1}{1!} + \cdots + \frac{10.8^{16}}{16!}\Big]^{-1} = 0.000\ 021;$$

顾客损失率:$P_S = P\{n = S\} = \dfrac{(\lambda/\mu)^S}{S!} P_0 = \dfrac{10.8^{16}}{16!} P_0 = 0.035$;

平均有效到达率:$\lambda_{\text{eff}} = \lambda(1 - P_S) = 6 \times (1 - 0.035) = 5.789$;

平均顾客数：$L_S = \dfrac{\lambda_{\text{eff}}}{\mu} = \dfrac{5.789}{1/1.8} = 10.42$；

则每天增加顾客数 $= 10.42 - 8.09 = 2.33$（间房）；

每天盈利增加量 $= 2.33 \times 120 = 279$（元）；

投资回收期 $= \dfrac{350\,000}{279.6} = 125\,2$（元）$= 3.43$（年）．

8.4　$M/G/1$ 排队系统

8.4.1　服务时间为任意分布

1. 系统特征

顾客到达服从泊松分布，平均到达率为 λ．

对每个顾客的服务时间为 t，已知 $E(t) = \dfrac{1}{\mu}$，$D(t) = \sigma^2$．

平均服务时间为 $\dfrac{1}{\mu}$，则单位时间内平均服务完的顾客数，即平均服务率为 μ．

有 $\lambda < \mu$，或 $\rho = \dfrac{\lambda}{\mu} < 1$，只有一个服务台．

2. 系统指标

繁忙率：$\rho = \dfrac{\lambda}{\mu}$；

空闲率：$1 - \rho$；

平均顾客数：$L_S = \dfrac{2\rho - \rho^2 + \lambda^2 \sigma^2}{2(1 - \rho)}$；

平均队长：$L_q = L_S - \rho$；

平均逗留时间：$W_S = \dfrac{L_S}{\lambda}$；

平均等待时间：$W_q = \dfrac{L_q}{\lambda}$．

例 8.4.1　某门诊部平均每 20 min 到达一个病人，门诊部只有一名医生，对每名病人的平均诊治时间为 15 min，均服从指数分布．求：系统的各项统计指标．

解　已知 $\lambda = 3$ 人/h，$\mu = 4$ 人/h，

$\qquad \rho = 0.75$

$\qquad L_S = 3$ 人

$\qquad L_q = 2.25$ 人

$\qquad W_S = 1$ h

$\qquad W_q = 0.75$ h $= 45$ min

例 8.4.2　某门诊部按泊松流平均每 20 min 到达一个病人，门诊部只有一名医生，对每名病人诊治时间的均值为 15 min，方差为 5^2．求：系统的各项统计指标．

解　已知 $\lambda = 0.05$ 人/min，$\dfrac{1}{\mu} = 15$ min，$\sigma^2 = 25$；

繁忙率:$\rho = 0.05 \times 15 = 0.75$;

平均顾客数:$L_S = \dfrac{2\rho - \rho^2 + \lambda^2\sigma^2}{2(1-\rho)} = \dfrac{2 \times 0.75 - 0.75^2 + 0.05^2 \times 25}{2 \times (1 - 0.75)} = 2$;

平均队长:$L_q = L_S - \rho = 2 - 0.75 = 1.25$;

平均逗留时间:$W_S = \dfrac{L_S}{\lambda} = \dfrac{2}{0.05} = 40\,(\min)$;

平均等待时间:$W_q = \dfrac{L_q}{\lambda} = \dfrac{1.25}{0.05} = 25\,(\min)$.

对照例 8.4.1 可见,在平均到达率和平均服务率相同的情况下,系统的指标存在较大差异.

若服务时间的方差取为 15^2,这与指数分布的方差相同,则各项指标为

$$L_S = 3 \text{ 人}, \quad L_q = 2.25 \text{ 人}$$

$$W_S = 60 \text{ min}, \quad W_q = 45 \text{ min}$$

此时各项指标与 $M/M/1$ 系统相同.

可见方差不同系统的统计指标将发生变化,基本规律是:方差越大则随机性越大,系统的各项统计指标也越大,对应于系统的运行效率就越低.

由此引出一个问题,前面介绍的五种简单系统,假定到达间隔时间及服务时间服从均指数分布,而指数分布的方差是不可设定的,其固定等于均值的平方,也即指数分布的均方差固定等于均值.所以,在很多情况下,指数分布都不能对事物的随机性做出适当的描述,同时指数分布的曲线形态也不符合很多事物的分布情况.

指数分布主要适合描述顾客到达的规律,对服务时间的描述通常都不太符合实际情况.所以前面介绍的简单系统模型用于分析实际系统时往往会出现较大的偏差.

解决的方法一方面是采用这里所介绍的任意分布,但其只能对单服务台的基本系统进行计算,可计算性受到局限.另一种更通用的方法则是对系统进行模拟仿真.

8.4.2 服务时间为 Erlang 分布

服务台顺序进行多个服务项目,各项目的服务时间服从相同的指数分布,则服务台的服务时间 t 服从 Erlang 分布.记为 $t \sim E\left(\dfrac{1}{\mu}, k\right)$.其中,$\dfrac{1}{\mu}$ 为合计服务时间的均值,k 为服务项目数.

有
$$E(t) = \frac{1}{\mu}, D(t) = \frac{1}{k\mu^2}$$

其中,μ 为平均服务率.

一名顾客在完成全部服务项目后下一名顾客才可开始接受服务.

将方差代入 $M/G/1$ 的计算式即可得到该模型的计算式:

繁忙率:$\rho = \dfrac{\lambda}{\mu}$;

空闲率:$1 - \rho$;

平均顾客数:$L_S = \dfrac{2\rho - \rho^2 + \lambda^2(1/\mu)^2/k}{2(1-\rho)}$;

平均队长:$L_q = L_S - \rho$;

平均逗留时间:$W_S = \dfrac{L_S}{\lambda}$;

平均等待时间:$W_q = \dfrac{L_q}{\lambda}$.

通信工程应用数学

例 8.4.3 某门诊部按泊松流平均每 20 min 到达一个病人,门诊部只有一名医生,对每名病人均进行 3 项诊治,每项的诊治的时间服从相同的指数分布,总诊治时间的均值为 15 min. 求:系统的各项统计指标.

解 已知 $\lambda = 0.05$ 人/min, $\dfrac{1}{\mu} = 15$ min, $k = 3$;

繁忙率: $\rho = 0.05 \times 15 = 0.75$;

平均顾客数: $L_s = \dfrac{2\rho - \rho^2 + \lambda^2 \sigma^2}{2(1-\rho)} = \dfrac{2 \times 0.75 - 0.75^2 + 0.05^2 \times 15^2/3}{2 \times (1-0.75)} = 2.25$;

平均队长: $L_q = L_s - \rho = 2.25 - 0.75 = 1.5$;

平均逗留时间: $W_s = \dfrac{L_s}{\lambda} = \dfrac{2.25}{0.05} = 45$(min);

平均等待时间: $W_q = \dfrac{L_q}{\lambda} = \dfrac{1.5}{0.05} = 30$(min).

服务项目数越多,则各项指标值越小,系统的服务效率越高.

8.5 排队系统的优化

8.5.1 排队系统的优化问题

排队系统的优化问题有两类:

(1)最优设计,是指系统设计的最优化,完成于系统运行之前,是静态问题.

(2)最优控制,是指一个给定的排队系统,如何运营可以使得某个目标函数得到最优.

这是一个动态问题. 最优控制主要是一个控制领域的问题. 这里只讨论静态问题.

一般来说,提高服务水平,顾客满意,但服务成本高;服务机构简单,顾客等待多. 最优化的目标之一是兼顾两者,使之合理. 如本章开头提到的维修服务问题.

排队系统的优化的基本方法是:数学中的极值原理,或经济管理中的边际法.

8.5.2 $M/M/1$ 模型中最优服务率 μ

1. $M/M/1/\infty/\infty/FCFS$ 模型优化

设 c_s 为单位时间服务成本, c_w 为在系统中逗留费用,则目标函数取为

$$z = c_s \mu + c_w L$$

将 $L = \lambda/(\mu - \lambda)$ 代入, 得

$$z = c_s \mu + c_w \lambda/(\mu - \lambda).$$

为了求 z 的极小值,令

$$\frac{\mathrm{d}z}{\mathrm{d}\mu} = c_s - c_w \frac{\lambda}{(\mu - \lambda)^2} = 0$$

得出最优的服务率在 $\mu^* = \lambda + \sqrt{\dfrac{c_w}{c_s}\lambda}$ （为保证 $\mu > \lambda$,根号前只取 + 号）,如图 8.5.1 所示.

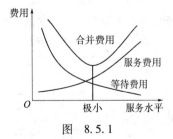

图 8.5.1

2. $M/M/1/N/\infty/FCFS$ 模型优化

这种情况的例子是电话呼叫系统,整个电话系统容许 N 对通话,系统中如果已经有 N 对通话,则后来的顾客即被拒绝,造成"呼损". 话费收入与成功通话的总对数有关.

对于一般排队系统,设系统中如果已经有 K 个顾客,顾客被拒概率为 p_K,接受概率 $1 - p_K$,有效进入概率 $\lambda_e = \lambda(1 - p_K)$,即有效到达率. 在稳定状态下,有效到达率也等于单位时间内实际服务完成的平均顾客数.

设每服务一个顾客服务机构获 G 元,则单位时间收入期望值为

$$\lambda(1 - p_K)G$$

利润 $z = \lambda(1 - p_K)G - c_s\mu = \lambda G \dfrac{1 - \rho^K}{1 - \rho^{K+1}} - c_s\mu$

$$= \lambda\mu G \dfrac{\mu^K - \lambda^K}{\mu^{K+1} - \lambda^{K+1}} - c_s\mu$$

（注 $p_0 = \dfrac{1}{1 + \sum\limits_{n=1}^{K} \rho^n} = \begin{cases} \dfrac{1 - \rho}{1 - \rho^{K+1}}, & p_K = \rho^K \rho_0 \\ \dfrac{1}{K + 1} \end{cases}$ ）

令 $\mathrm{d}z/\mathrm{d}\mu = 0$,得

$$\rho^{K+1}\dfrac{K - (K+1)\rho + \rho^{K+1}}{(1 - \rho^{K+1})^2} = \dfrac{c_s}{G}$$

由此确定出 ρ,进而确定出使服务系统最优的 μ^*. 一般用数值计算方法求解,或图解法.
由于 λ, G, K, c_s 为已知,由具体的 G/c_s,
找出对应的 $\mu^* = (\mu/\lambda)\lambda$,如图 8.5.2 所示.
实际做法是:
令 $y = 1/\rho, x = G/c_s$,则上述方程化为

$$\dfrac{(y^{K+1} - 1)^2}{Ky^{K+1} - (K+1)y^K + 1} - x = 0$$

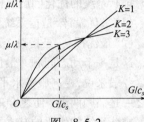

图 8.5.2

例 8.5.1 对某服务台进行实测,得到如表 8.5.1 所示的数据.

表 8.5.1

系统中的顾客数(n)	0	1	2	3
记录到的次数(m_n)	161	97	53	34

平均服务时间为 10 min,服务一个顾客的收益 2 元,服务机构运行单位时间成本为 1 元,问服务率为多少时可使单位时间平均收益最大?

解 这是 $M/M/1/3$ 模型,$G = 2, c_s = 1$,
下面从现在运行的数据中,估计出顾客的 λ.

因为 $\dfrac{p_n}{p_{n-1}} = \dfrac{m_n}{m_{n-1}} = \rho$,所以

$$\hat{\rho} = \dfrac{1}{3}\sum_{n=1}^{3} \dfrac{m_n}{m_{n-1}} = \dfrac{1}{3}(0.60 + 0.55 + 0.64) = 0.6$$

由 $\mu = 1/(10/60) = 6$（人/h）,得

$$\hat{\lambda} = \hat{\rho}\mu = 0.6 \times 6 = 3.6$（人/h）.$$

下面进行优化分析：

作当 $K = 3$ 时，$x = \dfrac{G}{c_s}$ 与 $y = \dfrac{1}{\rho}$ 的关系图，如图8.5.3所示．

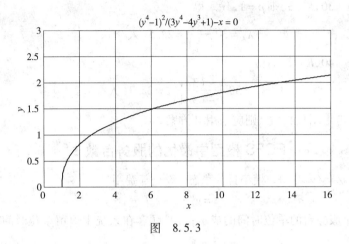

图 8.5.3

由 $\dfrac{G}{c_s} = 2$，由图得

$$\dfrac{1}{\rho}^* = 0.82.$$

$$\mu^* = \hat{\lambda}/\rho^* = 3.6 \times 0.82 \approx 3(\text{人/h})$$

当然，也可作 $\dfrac{c_s}{G}$ 与 ρ 的关系图，同样可由值 $\dfrac{c_s}{G} = \dfrac{1}{2}$ 去求出 $\rho^* = 1.21$，及

$$\mu^* = \hat{\lambda}/\rho^* = 3.6/1.21 \approx 3$$

收益分析：

当 $\mu = 6$ 人/h 时，总收益为

$$z = 2 \times 3.6 \dfrac{1 - 0.6^3}{1 - 0.6^4} - 1 \times 6 = 0.485(\text{元/h})$$

当 $\mu = 3$ 人/h 时，总收益为

$$z = 2 \times 3.6 \dfrac{1 - 1.21^3}{1 - 1.21^4} - 1 \times 6 = 1.858(\text{元/h})$$

单位时间内平均增加收益 $1.858 - 0.485 = 1.373(\text{元/h})$．相当不错．

例8.5.2 考虑一个 $M/M/1/K/\infty/FCFS$ 系统，具有 $\lambda = 10$ 人/h，$\mu = 30$ 人/h，$K = 2$．管理者想改进服务，方案有两个：方案 A 是增加一个等待空间，即使 $K = 3$；方案 B 是提高平均服务率到 $\mu = 40$ 人/h．设每服务一个顾客的平均收入不变，问哪个方案将获得更大的收入或利润？当 λ 增加到 30 人/h 时，又将得到什么结果？

解 对 A：$\lambda = 10, \mu = 30, K = 3$，有

$$\lambda_A = \lambda(1 - p_3) = \lambda \dfrac{1 - \rho^3}{1 - \rho^4} = 10 \dfrac{1 - (1/3)^3}{1 - (1/3)^4} = 9.75$$

对 B：$\lambda = 10, \mu = 40, K = 2$，有

$$\lambda_B = \lambda(1 - p_2) = 10 \dfrac{1 - (1/4)^2}{1 - (1/4)^3} = 9.52(\text{人/h})$$

由利润公式
$$z = \lambda(1-p_K)G - c_s\mu = \lambda G \frac{1-\rho^K}{1-\rho^{K+1}} - c_s\mu$$

采用 A，将获得更多利润.

对于 $\lambda = 30, \mu = 30, K = 3$，则 $\rho = 1$，代入得
$$\lambda_A = 30\frac{3}{3+1} = 22.5(\text{人/h}),$$

对于 $\lambda = 30, \mu = 40, K = 2$，则得
$$\lambda_B = 30\frac{1-(3/4)^2}{1-(3/4)^3} = 22.7(\text{人/h})$$

所以此时，若考虑增加收益，则应采用 B 方案.

8.5.3　$M/M/s/\infty/\infty/$FCFS 模型中最优的服务台数 s

仅讨论 $M/M/s/\infty/\infty/$FCFS 模型且为稳态，设全部费用
$$z = c_s' \cdot s + c_w L.$$

其中，c_s' 是每个服务台的单位时间的成本；c_w 是顾客在系统中逗留单位时间的费用，s 是服务台数；L 是平均队长.

由于 c_s' 和 c_w 是给定的，所以 L 是服务台数 s 的函数，可记为 $z = z(s)$.

因为 s 是整数，所以不易求 z'，改用边际法.（增减 1 分析法）

由 $\min z = z(s^*)$，则
$$\begin{cases} z(s^*) \leqslant z(s^* - 1) \\ z(s^*) \leqslant z(s^* + 1) \end{cases}$$

将 z 代入，得
$$\begin{cases} c_s' \cdot s^* + c_w L(s^*) \leqslant c_s' \cdot (s^* - 1) + c_w L(s^* - 1) & (8.5.1) \\ c_s' \cdot s^* + c_w L(s^*) \leqslant c_s' \cdot (s^* + 1) + c_w L(s^* + 1) & (8.5.2) \end{cases}$$

从式(8.5.1)得
$$\frac{c_s'}{c_w} \leqslant L(s^* - 1) - L(s^*)$$

从式(8.5.2)得
$$L(s^*) - L(s^* + 1) \leqslant \frac{c_s'}{c_w}$$

故合为
$$L(s^*) - L(s^* + 1) \leqslant \frac{c_s'}{c_w} \leqslant L(s^* - 1) - L(s^*)$$

依次试 $s = 1, 2, \cdots$，取使上式成立的 s^*.

例 8.5.3　某检验中心为各工厂服务，要求作检验的工厂（顾客）的到来为泊松流，平均到达率 λ 为 48 次/天，每次检验时，因停工要损失 6 000 元. 服务时间服从负指数分布，平均服务率 μ 为 25 次/天，设置一个检验员成本每天 4 000 元，其他条件同 $M/M/s$. 请问应设多少检验员，使总费用平均值最少？

解　已知 $c_s' = 4\,000, c_w = 6\,000, \lambda = 48, \mu = 25, \lambda/\mu = 1.92$

令检验员数 s，将 $s = 1, 2, \cdots, 5$ 分别代入
$$p_0 = \left[\sum_{n=0}^{s-1}\frac{1.92^n}{n!} + \frac{1}{(s-1)!} \cdot \frac{1.92^s}{s-1.92}\right]^{-1}$$

和
$$L = L_q + \rho = \frac{p_0}{(s-1)!} \cdot \frac{1.92^{s+1}}{(s-1.92)^2} + 1.92$$

得表 8.5.2.

表 8.5.2

检验员数 s	平均顾客数 $L(s)$	$L(s)-L(s+1)\sim L(s-1)-L(s)$	总费用(千元/天)
1			
2	24.49	21.845 $\sim$	154.94
3	2.645	0.582 $\sim$21.845	27.87 *
4	2.063	0.111 $\sim$0.582	28.38
5	1.952		31.71

由于 $c'_s/c_w = 4/6 = 0.67 \in (0.582, 21.845)$,故

$$s^* = 3.$$

即当 $s^* = 3$ 时,总费用 z 最小,最小值为

$$z(3) = 27.87(元).$$

8.6 排队系统的随机模拟法

当排队系统的到达、服务分布未知,或难于解析表达时,可用随机模拟方法.

8.6.1 排队系统的模拟问题描述

排队系统的随机模拟是求解排队系统和分析排队系统性能的非常有效的方法,它可以用计算机程序直接建立真实系统的模型,通过计算机研究系统的随机变化的特征.

模型的建立过程就是确定排队系统的变量和事件值的过程. 在模拟中,到达过程或服务过程通过一个随机数序列表示. 下面分析一个理发店服务系统来说明需要模拟的工作.

某小理发店,只有一个理发员. 顾客来到理发店后,如果有人正在理发,就坐在一旁等候. 理发员按先来先理的原则为每一个顾客服务,而且只要有顾客就不停歇. 建模目的是研究在假定顾客到达间隔和理发所花的时间服从一定概率分布时,考察理发员的忙闲情况.

(1)分析实体及其状态如表 8.6.1 所示.

表 8.6.1

实体	理发员(永久)	顾客(临时)	顾客队列
活动	理发	与理发员协同完成理发活动	
状态	忙/闲	等待/接受服务	队列长度

(2)画出实体流图. 实体流程图,即表示事件、状态变化及实体间相互作用的逻辑关系的图.实体流程图采用与计算机程序流程图相类似的图示符号和原理,建立表示临时实体产生、在系统中流动、接受永久实体"服务"以及消失等过程的流程图. 该排队系统的实体流图如图 8.6.1所示.

本问题只有一个队列,顾客不会因排队人数太多而离去,因此,队列规则很简单,没有特殊的队列操作.

(3)设定模型属性变量及其初值.

顾客的到达时间(随机变量),从分布函数中获取;

理发员为一个顾客理发所需的服务时间(随机变量),从分布函数中获取;

队列的排队规则:先到先服务(FIFO),每到一位顾客就排在队尾,服务员先为排在队首的顾客服务.

系统初始状态:包括永久实体"理发员"及特殊实体"队列"的状态. 初始时刻是指模拟开始的时刻,可以对应为实际系统(理发店)开门营业的时间. 此时理发员为"闲",队列长度为"0"(空).

系统结束条件:结束条件是指模拟完成的时刻,可以对应为实际系统(理发店)关门下班的时间,或者是顾客到达数达到了某个限定值.

模型参数及变量的取值:包括第 i 个顾客与第 $i-1$ 个顾客到达的时间间隔 A_i,以及理发员为第 i 个顾客的理发时间 S_i. 一般来说,A_i、S_i 均为随机变量,应该根据其分布函数产生. 为举例方便,取其样本值为:

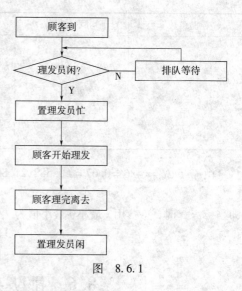

图 8.6.1

$$A_1 = 15, A_2 = 32, A_3 = 24, A_4 = 40, A_5 = 22, \cdots$$
$$S_1 = 43, S_2 = 36, S_3 = 34, S_4 = 28, \cdots$$

(4)模型的人工运行. 模型人工运行是指建立实体流图模型后,选取有代表性的例子将流图全部走一遍.

人工运行要求遍历流程图的各个分支和实体的各种可能状态,在时间逐步变化的动态条件下,分析事件的发生及状态的变化过程,以检查模型的组成和逻辑关系是否正确.

模型的人工运行规则:

规则1——确定当前时间. 运行开始时,取当前时间 TIME $= t_0$(为仿真初始时刻). 运行开始后,当前时间逐步向前推移,且递推至下一个最早发生事件的发生时刻. 如果当前时间有顾客到达事件发生,转规则2;若有顾客离去事件发生,转规则3.

规则2——顾客到达事件处理. 假定在时刻 TIME 有顾客 i 到达,根据实体流程图可知,如果此时理发员忙,则入队列等待,队列长度加1;否则置理发员为"忙"状态,顾客开始理发,且在 $d_i =$ TIME $+ S_i$ 时刻理毕离去.

规则3——顾客离去事件处理. 假定在时刻 TIME 有顾客 i 离去,根据实体流程图可知,如果此时队列长度为0,则置理发员为"闲"状态;否则,队列中排在队首的一名顾客开始理发,队列长度减1,并且该顾客在 $d_i =$ TIME $+ S_i$ 时刻理毕离去.

上述规则体现了"事件调度法"的基本思想. 如果还存在其他事件或复杂的服务流程时,则需增加相应的规则.

理发店模型人工运行结果如表8.6.2所示.

表 8.6.2

时间	事件		理发员状态		队列状态	下一最早事件
	当前	将来	t	$t + \Delta t$	长度	
0	No	15/1A	闲	闲	0	15/1A
15	1A	47/2A,58/1D	闲	B1	0	47/2A

通信工程应用数学

时间	事件		理发员状态		队列状态	下一最早事件
	当前	将来	t	$t + \Delta t$	长度	
47	2A	71/3A	B1	B1	1	58/1D
58	1D	94/2D	B1	B2	0	71/3A
71	3A	111/4A	B2	B2	1	94/2D

通过上表对该理发店排队系统的指标进行计算.

通过以上分析,排队系统的模拟关键的是要确定模型属性变量及其初值,如何从分布函数中获取顾客的到达时间(随机变量)？如何从分布函数中获取理发员为一个顾客理发所需的服务时间(随机变量)？

8.6.2　随机数的产生

当要在计算机上模拟任何一个带有随机性的系统时,总离不开随机数的生成,而在$[0,1)$上均匀分布的随机数序列是最基本的随机数序列,用它可以得到具有任何分布概率分布的随机数序列.因此首先要产生在$[0,1]$上均匀分布的随机数序列.

1. 手工方法产生随机数

随机数最早是通过掷骰子或洗纸牌的方式产生的.由于理论上$[0,1)$上有无穷多个数.这样的方法并不能无穷多次的进行下去,所以这样的方法所能产生的随机数其实是$[0,1)$上有限多个离散的有理数.因此,完全精确的产生$[0,1)$上均匀分布是随机数是不可能的,在实际应用中也是没有意义的.设序列

$$0 < a_1 < a_2 < \cdots < a_{n-1} < a_n < 1$$

为所能产生的$[0,1)$内的一串等间隔分布的有理数(即等差数列).如果n充分大,则该数列在$[0,1)$内充分"稠密".因此,问题的本质在生成一个等概率分布的离散随机数集$a_j, j = 1, \cdots, n$. 如果这一件事能够办到,则它可以看作$[0,1)$上均匀分布的随机数的一个近似.

实际上,可以取$a_j = \dfrac{j}{n}$,若能生成$\{0,1,2,\cdots,n-1\}$上的等概率分布,则将上述整数等概率随机变量除以n即能得到所需$[0,1)$上均匀分布随机数序.较常见的一种办法是:取$n = 2^m$则$\{0,1,2,\cdots,n-1\}$内的任何一个数都可以用一个相应的m位二进制数表示.该二进制数每一位取0或者1.只要等概率的生成0和1就可以得到一个概率$p = 1/2^m$的m位2进制数.最直接的可以用掷硬币的方法等概率地产生0或1.

这样的方法能够较完美的产生$[0,1)$上均匀分布的随机数序,但由于实验次数过多,产生随机数的时间过长,这一方法在实际模拟应用中是不可取也是不适用的.

2. 计算机模拟产生随机数

在实际应用中常采用计算机模拟产生伪随机数.尽管作为数列的伪随机数是由机器产生的,但它们具有$[0,1]$上均匀分布独立随机变量的一切特征.

一种简单的方法是采用计算机程序设计语言或软件系统提供的 rand( ) 函数.另外一种最常用产生伪随机数的方法称为线性同余法:从初值x_0(也称种子)出发,利用公式

$$x_n = (ax_{n-1} + c) \bmod m$$

逐步计算$x_n, n \geqslant 1$,其中a和m是给定的正整数,上式表示x_n为$ax_{n-1} + c$被m除后的余数.根据

整数的性质,只要 a 和 m 互质,于是每一个 x_n 均为 $0,1,2,\cdots,m-1$ 中的一个且在 m 个内不会重复, x_n/m 可以作为一个伪随机数,它近似服从 $[0,1]$ 上的均匀分布.

由上式产生随机数的方法. 由于每一个 x_n 均取值 $0,1,2,\cdots m-1$ 中的一个,故若干次后(至多 m 次)所产生的随机数必定重复,且自此之后整个序列也开始重复. 于是,在选择常数 a 和 m 时,希望对任一初值 x_0,在重复出现前所产生的随机数序列足够长.

一般的,在选取常数 a 和 m 时应遵循如下原则:

(1)对于任一初值,产生的序列具有 $[0,1)$ 上均匀分布独立随机变量的特征;

(2)对已任一初值,在重复出现前产生的随机数序列足够长;

(3)每一数值均可由计算机有效计算.

为满足上述三个条件,可选一个较大素数作为 m. 对于 32 位计算机上 3 万个以内的随机数,可以取 $m=2^{31}-1$ 和 $a=7^5=16\ 807$,符合上述要求.

线性同余法计算出来的伪随机数序列实际上是周期序列,而非真正的随机序列. 但当 m 取得比较大的时候在模拟中只需取其一个周期即可,这样的伪随机数序列满足均匀分布独立随机变量的一切特征.

8.6.3 随机变量的模拟

用计算机模拟任何一个随机现象时必然涉及一个给定概率分布的随机变量. 例如,在模拟排队系统时,顾客的到达时间和服务时间都是满足一定分布的随机变量. 一旦这些随机变量所满足的概率分布函数被选定,则必须有生成该给定概率分布的随机变量的算法,才能在计算机内得到这样的随机变量. 而所有的这些方法都基于 $[0,1]$ 上的均匀分布的随机变量. 通过选择一个均匀分布的随机数,得到一个目标随机变量的对应的一个样本值.

1. 连续随机变量的生成

逆变换法(也称反演法或变换法)是在随机变量的模拟中最常用的方法. 它首先产生 $[0,1]$ 内均匀分布随机数,再通过计算分布函数的反函数得到所需要的随机变量. 其正确性由以下概率论中的定理保证.

定理 设 U 是 $[0,1)$ 上均匀分布的随机数,则对于任一分布函数 $F(x)$,随机变量

$$X=F^{-1}(U)$$

的分布函数为 $F(x)$.

证 以 F_X 记 $X=F^{-1}(U)$ 的分布函数,则

$$F_X=P\{X\leqslant x\}=P\{F^{-1}U\leqslant x\}$$

由于 $F(x)$ 是一分布函数,故它是 x 的单调递增函数,且不等式 $a\leqslant b$ 等价于不等式 $F(a)\leqslant F(b)$. 于是有

$$F_X=P\{F(F^{-1}(U))\leqslant F(x)\}\Rightarrow F_X=P\{U\leqslant F(x)\}=F(x)$$

因为 $F(F^{-1}(U))=U$,且 U 在 $[0,1)$ 上均匀分布.

由逆变换法可知,对于连续随机变量的具体算法是:首先产生均匀分布的随机数 U,取 $X=F^{-1}(U)$ 即可. 例如,X 是参数为 1 的指数型随机变量,其分布函数为 $F(x)=1-\mathrm{e}^{-x}$,如果设 $x=F^{-1}(u)$,则

$$x=-\ln(1-u)$$

于是参数 1 的指数分布的随机变量可由下式产生

$$X=F^{-1}(U)=-\ln(1-U)$$

这样,指数型随机变量的模拟值可以通过一个均匀分布的随机数列来计算.

利用逆变换法可以模拟随机变量,但由于某些随机变量分布函数的反函数很难或不可能显式地表示,无法直接应用逆变换法. 因此考虑采用其他算法,如拒绝法、极坐标法等.

2. 离散随机变量生成

假设希望生成一个概率分布函数为

$$P\{X = x_j\} = p_j, \quad j = 0,1,2\cdots$$

的离散随机变量 X. 为此,首先生成一个 $[0,1)$ 上均匀分布随机数 U,且令

$$X = \begin{cases} x_0, U < p_0 \\ x_1, p_0 < U < p_1 \\ \vdots \\ x_j, p_{j-1} < U < p_j \\ \vdots \end{cases}$$

对于 $0 < a < b < 1$,由于 $P\{a \leqslant U < b\} = b - a$,故有

$$P\{X = x_i\} = P\left(\sum_{i=0}^{j-1} p_j \leqslant U \leqslant \sum_{i=0}^{j} p_j\right) = p_j$$

所以 X 的值满足分布要求.

如果 $x_i, i \geqslant 0$ 是由小到大排列,即 $x_0 < x_1 < x_2 < \cdots$,且以 F 记 X 的分布函数,则 $F(x_k) = \sum_{i=0}^{k} p_j$,如果 $F(x_{j-1}) \leqslant U \leqslant F(x_j)$,则 X 等于 x_j. 换言之,当生成一个随机数 U 后,通过 U 是否落在区间 $[F(x_{j-1}), F(x_j)]$ 来确定 X 的值(或等价的通过求 $F(U)$ 的逆). 基于此,上述方法称为离散的逆变换法.

8.6.4 到达过程和服务过程的模拟

不管是到达过程,还是服务过程,都具有时间和事件两个属性,从单个顾客的到来的事件来看,事件之间的时间间隔是随机的,从给定的时间长度来看,该期间到来的顾客数是随机的.

模拟排队系统的到达过程目前有两种策略,面向事件的时钟推进和面向时间间隔的时钟推进. 服务过程的模拟采用相应的策略.

1. 事件单位推进(面向事件的时钟推进)

时钟是按下一最早发生事件的发生时间推进,即时间控制部件从事件表中选择具有最早发生时间的时间记录,然后将时钟推进到该事件发生的时刻.

对于每一类事件,模型应建立相应的事件子程序(事件例程),并根据最早发生事件的类型调用相应的事件子程序,进行事件处理,然后返回时间控制部件. 这样,事件的选择与处理不断地进行,时钟就从一个事件发生时刻推进到下一个最早发生事件的发生时刻上,直到模拟运行满足规定的终止条件为止.

时钟的推进呈现跳跃性. 由于事件的产生具有随机性,时钟的推进速度也是随机的.

2. 时间单位推进(面向时间间隔的时钟推进)

类似于连续系统模拟的等步长策略,即时钟以固定的时间间隔推进,在每一个时间间隔点,判断是否有事件发生,若有事件发生则按优先顺序进行处理事件,改变系统状态,且事件发生在该步结束时刻,然后再向前推进一个时间单位.

事件单位推进方式效率较高,一般情况下可以节省时间,广泛采用,但其设计和实现比较复杂.

对于大多数离散事件系统,由于一般都具有较强的随机性,故最常采用面向事件的时钟推进方式.

时间单位推进将每步内发生的所有事件都当作该步末端时刻发生的,使得一些时间间隔较小的事件表现为同步发生,这样就会产生较大的偏差.为了克服这个缺点,需要将时间单位取得足够小,这又使计算量增大.基于时间单位推进方式的特点,它主要用于系统事件发生时间具有较强周期性的模型,如定期订货的库存系统,以年月日为单元的排队系统等.

具有给定分布的到达过程和服务过程的模拟一般采用面向事件的时钟推进的仿真策略,步骤如下:

(1)初始化.

置仿真的开始时间 t_0 和结束时间 t_f;

置实体的初始状态;

置初始事件及其发生时间 t_s.(计算 X)

(2)仿真时钟 TIME $= t_s$

(3)确定当前时钟 TIME 下发生的事件类型 $E_i, i = 1, 2, 3, \cdots, n$,并按规则排序.

(4)如果 TIME $\leqslant t_f$,执行

{case E_i of

E_1:执行 E_1 的事件例程;产生后续事件类型及发生时间;

$\cdots$;

E_n:执行 E_n 的事件例程;产生后续事件类型及发生时间;

endcase}

否则,转(6).

(5)将仿真时钟 TIME 推进到下一最早事件发生时刻,转(3).

(6)仿真结束.

上述第(5)步体现了仿真时钟的推进机制,是将仿真时钟推进到下一最早事件的发生时刻.与连续系统仿真中的时间推进方法——固定时间增量法不同,反映了离散事件系统状态仅在离散时刻点上发生变化的特点,这种时间推进方法为离散事件系统仿真策略所普遍采用,称为下一事件增量法,简称事件增量法.

8.6.5 排队系统的模拟

顾客的到达和离开是排队系统最重要的事件,还有一些指标计算的变量.在模拟中有如下三种变量来描述:

(1)时间变量:表示模拟所用的时间总量;

(2)计数变量:这些变量表示时刻 t 某事件出现的次数;

(3)系统状态变量:该变量描述系统在时刻 t 的状态.

只要出现一个事件,上述变量的值就会出现改变或更新,为记录下一个事件何时出现,需要一个事件列表,此列表给出后面最近的事件和这些事件出现的时间.只要出现一个事件就重置时间变量、状态变量、计数变量和收集相应的数据.这样就可以及时得到系统的最新状态.

1. 时间单位推进的排队系统模拟

用一个例题来说明时间单位推进的排队系统模拟.

例 设有一个通信流量平滑设备,将接收到的随机大小的流量平滑成匀速的通信流量输出.输出的通信速率最高是 2 Gbit/s,根据估计,输入的通信速率的概率分布见表 8.6.3,平均速率 1.5 Gbit/s,求每秒推迟输出数据的最大数据量.

表　8.6.3

输入速率	0	1	2	3	4	5	≥6
概率	0.23	0.30	0.30	0.1	0.05	0.02	0

解　这是按定时给出的单服务台的排队系统．随机模拟时首先要产生若干均匀分布的随机数,比如 100 个,可以采用

$$x_n = (ax_{n-1} + c) \bmod m$$

来生成,其中选 $a=3$；$c=0$，$m=101$，$x_0=1$，生成的 100 个随机数如下：

6	18	54	61	82	44	31	93	77	29
87	59	76	26	78	32	96	86	56	67
100	98	92	74	20	60	79	35	4	12
36	7	21	63	88	62	85	53	58	73
17	51	52	55	64	91	71	11	33	99
95	83	47	40	19	57	70	8	24	72
14	42	25	75	23	69	5	15	45	34
1	3	9	27	81	41	22	66	97	89
65	94	80	38	13	39	16	48	43	28
84	50	49	46	37	10	30	90	68	2

再按到达的通信速率的概率分别,分别给它们分配随机数,如表 8.6.4 所示.

表　8.6.4

输 入 速 率	0	1	2	3	4	5	≥6
概　率	0.23	0.30	0.30	0.1	0.05	0.02	0
对应的随机数	1 – 23	24 – 53	54 – 83	84 – 93	94 – 98	99 – 100	

然后开始模拟计算,模拟计算的过程和结果列于表 8.6.5,表中的到达数据量根据随机数对应得到,需要转发的量 = 前一秒推迟的数据量 + 到达数据量,转发的数据量 = min(需要转发的量,2),推迟的数据量 = 需要转发的量 − 转发的数据量. 从表中可以找出,推迟的数据量最大时等于 9 Gbit,发生在第 23 s 和第 24 s 的时刻.

表　8.6.5

时间/s	随 机 数	到达数据量	需要转发的量	转发的数据量	推迟的数据量
1	6	0	0	0	0
2	18	0	0	0	0
3	54	2	2	2	0
4	61	2	2	2	0
5	82	2	2	2	0
6	44	1	1	1	0
7	31	1	1	1	0

时间/s	随 机 数	到达数据量	需要转发的量	转发的数据量	推迟的数据量
8	93	3	3	2	1
9	77	2	3	2	1
10	29	1	2	2	0
11	87	3	3	2	1
12	59	2	3	2	1
13	76	2	3	2	1
14	26	1	2	2	0
15	78	2	2	2	0
16	32	1	1	1	0
17	96	4	4	2	2
18	86	3	5	2	3
19	56	2	5	2	3
20	67	2	5	2	3
21	100	5	8	2	6
22	98	4	10	2	8
23	92	3	11	2	9
24	74	2	11	2	9
25	20	0	9	2	7
26	60	2	9	2	7
27	79	2	9	2	7
28	35	1	8	2	6
29	4	0	6	2	4
30	12	0	4	2	2
31	36	1	3	2	1
32	7	0	1	1	0
33	21	0	0	0	0
34	63	2	2	2	0
35	88	3	3	2	1
36	62	2	3	2	1
37	85	3	4	2	2
38	53	1	3	2	1
39	58	2	3	2	1
40	73	2	3	2	1
41	17	0	1	1	0

通信工程应用数学

时间/s	随 机 数	到达数据量	需要转发的量	转发的数据量	推迟的数据量
42	51	1	1	1	0
43	52	1	1	1	0
44	55	2	2	2	0
45	64	2	2	2	0
46	91	3	3	2	1
47	71	2	3	2	1
48	11	0	1	1	0
49	33	1	1	1	0
50	99	5	5	2	3
51	95	4	7	2	5
52	83	2	7	2	5
53	47	1	6	2	4
54	40	1	5	2	3
55	19	0	3	2	1
56	57	2	3	2	1
57	70	2	3	2	1
58	8	0	1	1	0
59	24	1	1	1	0
60	72	2	2	2	0
61	14	0	0	0	0
62	42	1	1	1	0
63	25	1	1	1	0
64	75	2	2	2	0
65	23	0	0	0	0
66	69	2	2	2	0
67	5	0	0	0	0
68	15	0	0	0	0
69	45	1	1	1	0
70	34	1	1	1	0
71	1	0	0	0	0
72	3	0	0	0	0
73	9	0	0	0	0
74	27	1	1	1	0
75	81	2	2	2	0

时间/s	随 机 数	到达数据量	需要转发的量	转发的数据量	推迟的数据量
76	41	1	1	1	0
77	22	0	0	0	0
78	66	2	2	2	0
79	97	4	4	2	2
80	89	3	5	2	3
81	65	2	5	2	3
82	94	4	7	2	5
83	80	2	7	2	5
84	38	1	6	2	4
85	13	0	4	2	2
86	39	1	3	2	1
87	16	0	1	1	0
88	48	1	1	1	0
89	43	1	1	1	0
90	28	1	1	1	0
91	84	3	3	2	1
92	50	1	2	2	0
93	49	1	1	1	0
94	46	1	1	1	0
95	37	1	1	1	0
96	10	0	0	0	0
97	30	1	1	1	0
98	90	3	3	2	1
99	68	2	3	2	1
100	2	0	1	1	0
总计		150			140

此表模拟的是100 s的工作情况,当然模拟时间越长结果越准确.需要模拟更长时间的工作状况,需要产生更长的随机数.

由于排队系统含有较大的随机性,为了降低这样的随机性给模拟带来的误差,可以采用多次模拟取平均值的方法.

2. 事件单位推进的排队系统模拟

为了确定顾客到达事件的时间间隔,在模拟的排队模型中假设顾客到达时间服从泊松过程.有且仅有一个服务员,如果服务员空闲,到达的顾客可以得到及时的服务,而当服务员工作中时新来的顾客要排队等候服务.另外,假设服务员完成以后转而服务下一个等候时间最长的顾客;如果没有顾客排队等候他就空闲下来等候下一位顾客的到来. 假设每一个顾客所需的服务时间是一个概率分布为 G 的随机变量,且独立于其他顾客的服务时间和到达时间. 另外,假设时间 T 后准备下班,不再接受顾客进入系统,但要求服务员完成在 T 前已经到达的顾客的服务,其中 T 是一个固定值. 下面只给出模拟的算法.

模拟系统变量和参数如下:

(1)时间变量:t.

(2)计数变量:N_a,时间 t 内到达的顾客数;N_d,时间 t 内离开的顾客数.

(3)系统状态变量:n,时刻 t 时服务系统中的顾客数;$n = N_a - N_d$.

(4)事件列表:t_A,t_D,其中,t_A 是时间 t 后下一个顾客的到达时间,t_D 是正在接受服务的顾客的离开时间.

(5)到达时间间隔 T_t:T_t 是两个顾客的到达的时间间隔.

(6)服务时间长度 Y:Y 是当前顾客接受服务的时间长度.

该排队系统的模拟算法如下:

(1)初始化:设置 $t = 0$,$N_a = 0$,$N_d = 0$,$t_A = 0$,$t_D = 0$,输入 T.

(2)当 $t \leq t_A = \min(t_A, t_D, T)$ 时,$t = t_A$,$N_a = N_A + 1$,$n = n + 1$. 生成 T_t,更新 $t_A = T_t + t_A$,若 $n = 1$,则生成 Y,$t_D - t + Y$.

(3)当 $n = 1$ 时,$t = t_D$,$n = n - 1$,$N_d = N_d + 1$.

(4)当 $\min(t_D, t_A) > T$,$n > 0$,$t = t_D$,$n = n - 1$,$N_d = N_d + 1$. 如果 $n > 0$,则生成 Y,更新 $t_D = t + Y$,$D(N_d) = t$.

(5)当 $\{t_A, t_D\} > T$,$n = 0$,$T_p = \max(t - T, 0)$.

(6)输出 N_a,N_d,结束.

习　题

1. 排队系统 $M/M/1$ 的含义是什么?

2. 平均逗留时间与平均等待时间的差异说明了什么?

3. 某汽车修理店老板自己一个人负责修车. 店前可停放 2 辆待修理车辆,多余车辆只能离开. 车辆平均到达率为 1.5 辆/h,每辆车的平均修理时间为 30 min,求系统的各项指标.

4. 题 3 中,因停车位有限损失了不少顾客,经与相关部门协商,修车店老板以每月 1 000 元另获得了 2 个停车位. 问这一做法是否合算. 修车店每月开店时间约为 200 h,每修一辆车的平均盈利为 40 元.

5. 某单位的电话总机连接了 3 条外线,外线的平均呼叫到达率(包括呼入和呼出)为 20 次/h,每次外线通话的平均时间为 6 min. 电话呼叫不能等待,为损失制系统. 求:(1)呼损率(因占线不能接通的概率);(2)外线的利用率;(3)若要使呼损率降到 5% 以下,至少应接多少条外线.

6. 对某服务台进行实测,得到第 6 题表所示的数据.

第 6 题表

系统中的顾客数(n)	0	1	2	3	4
记录到的次数(m_n)	161	97	53	34	15

平均服务时间为 20 min,服务一个顾客的收益 10 元,服务机构运行单位时间成本为 5 元,问服务率为多少时可使单位时间平均收益最大?

7. 某门诊部平均每 20 min 到达一个病人,门诊部只有 2 名医生,对每名病人的平均诊治时间为 15 min,均服从指数分布. 求:系统的各项统计指标.

8. 设一卸货场,货车夜间到达,白天卸货,每天只卸 3 车,余车次日再卸. 根据长年统计,得出货车夜间到达过程的规律如第 8 题表所示,求每天推迟卸货的平均车数(车/天).

第 8 题表

到达车数	0	1	2	3	4	5	≥6
概　　率	0.05	0.3	0.3	0.1	0.05	0.2	0

9. 对于排队系统的模拟,每次模拟计算的结果是否都一样,为什么?

第 9 章　矢量分析

在电磁理论中,要研究某些物理量(如电位、电场强度、磁场强度等)在空间的分布和变化规律,为此引入了场的概念. 如果每一时刻 t,一个物理量 Φ 在空间中的每一点 r 都有一个确定的值,则称在此空间中确定了该物理量的场,可表示为 $\Phi(r,t)$. 该物理量 Φ 可以是标量,也可以是有方向特征的矢量.

电磁场是分布在三维空间的矢量场,矢量分析是研究电磁场在空间的分布和变化规律的基本数学工具之一. 本章将系统阐述有关矢量分析的主要内容,包括标量场的梯度,矢量场的散度和旋度. 给出梯度、散度和旋度的定义和相关的运算法则及在三种常用坐标系中的表达式. 最后讲述唯一性定理和亥姆霍兹定理.

9.1　矢　量　代　数

9.1.1　标量和矢量

仅具有大小特征的量称为**标量**. 数学上,任一代数量 a 都可称为标量. 在物理学中,任一代数量一旦被赋予"物理单位",则称为一个具有物理意义的标量. 如长度、面积、体积、温度、气压、密度、能量及电位等物理量. 不仅具有大小而且具有方向特征的量称为**矢量**,如力、位移、速度、加速度、电场强度和磁场强度等. 标量的空间分布构成**标量场**,矢量的空间分布构成**矢量场**. 矢量 A 的几何表示是用一条有向线段,如图 9.1.1 所示.

图　9.1.1

线段的长度表示矢量 A 的大小,其指向表示矢量 A 的方向. 在 N 维空间中,把矢量的始端置于坐标原点,则矢量的终端位置即可表示该矢量. 矢量的终端位置可以表示为 N 个坐标分量. 对于一个确定的矢量而言,其大小和方向是确定的. 当将该矢量所在的空间用不同的坐标系加以描述时,该矢量在不同的坐标系中的表达形式通常是不同的. 若矢量的大小及方向均与空间坐标无关,这种矢量称为**常矢量**.

9.1.2　矢量的运算

1. 矢量的加法和减法

矢量加减法可以用平行四边形法则或三角形法则(见图9.1.2),也可以用各分量分别相加减得到. 例如,在三维直角坐标系中,两个矢量 $A = e_x A_x + e_y A_y + e_z A_z$ 和 $B = e_x B_x + e_y B_y + e_z B_z$ 之差为

$$A - B = e_x(A_x - B_x) + e_y(A_y - B_y) + e_z(A_z - B_z) \tag{9.1.1}$$

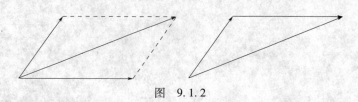

图 9.1.2

2. 标量积(点乘)

两矢量的**标量积**为

$$A \cdot B = |A| \cdot |B| \cdot \cos\theta \tag{9.1.2}$$

其中,$|A|$ 和 $|B|$ 分别表示矢量 A 和 B 的模,即大小,θ 表示矢量 A 和 B 之间较小的夹角($0 \leqslant \theta \leqslant \pi$).

3. 矢量积(叉乘)

两个矢量的**矢量积**仍是一个矢量

$$A \times B = C \tag{9.1.3}$$

其数值为 $|A| \cdot |B| \cdot \sin\theta$,$\theta$ 表示矢量 A 和 B 之间较小的夹角($0 \leqslant \theta \leqslant \pi$),它垂直于矢量 A 和 B 的平面,其方向由右手法则确定,即当右手四个手指从矢量 A 到 B 旋转 θ 时大拇指所指的方向.

4. 混合积

两矢量的**混合积**可以表示为 $A \cdot (B \times C)$,常用的变换式为

$$A \cdot (B \times C) = B \cdot (C \times A) = C \cdot (A \times B) \tag{9.1.4}$$

常用的矢量变换式可以参考相关文献资料.

9.2   三种常用的正交坐标系

空间的物理场分布是客观存在的.为了便于讨论和分析这种客观存在,需要采用统一的坐标系对物理场加以描述,这便是引入坐标系的目的和意义.坐标系的引入并不改变客观存在的物理场的大小和方向,但是物理场在不同坐标系中的表述形式一般是不同的.换句话说,坐标系是描述刻画物理场的一种方法,而不是最终目的.在某一坐标系下得到的场的表达式,还需要在该坐标系下对其物理性质加以分析.

9.2.1   直角坐标系

如图 9.2.1 所示,直角坐标系中的三个坐标变量是 x,y 和 z,它们的变化范围是

$$-\infty < x < \infty, \quad -\infty < y < \infty, \quad -\infty < z < \infty$$

空间任一点 $P(x_0, y_0, z_0)$ 是三个坐标曲面 $x = x_0, y = y_0$ 和 $z = z_0$ 的交点.

直角坐标系中三个相互正交的单位矢量是 e_x, e_y, e_z(见图 9.2.2),满足如下的关系:

$$e_x \cdot e_x = e_y \cdot e_y = e_z \cdot e_z = 1 \tag{9.2.1}$$

$$e_x \cdot e_y = e_y \cdot e_z = e_z \cdot e_x = 0$$

$$e_x \times e_y = e_z, \quad e_y \times e_z = e_x, \quad e_z \times e_x = e_y$$

任一矢量 A 在直角坐标系中可以表示为

$$A = e_x A_x + e_y A_y + e_z A_z \tag{9.2.2}$$

微分线元为

$$dr = e_x dx + e_y dy + e_z dz \tag{9.2.3}$$

与三个坐标方向相垂直的三个面积元分别为

通信工程应用数学

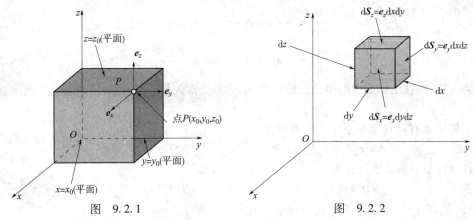

图 9.2.1   图 9.2.2

$$\begin{cases} \mathrm{d}S_x = \mathrm{d}y\mathrm{d}z \\ \mathrm{d}S_y = \mathrm{d}x\mathrm{d}z \\ \mathrm{d}S_z = \mathrm{d}x\mathrm{d}y \end{cases} \tag{9.2.4}$$

直角坐标系中的体积元为

$$\mathrm{d}V = \mathrm{d}x\mathrm{d}y\mathrm{d}z \tag{9.2.5}$$

9.2.2 圆柱坐标系

如图 9.2.3 所示,圆柱坐标系中的三个坐标分量是 ρ, ϕ 和 z,它们的变化范围分别是

$$0 \leqslant \rho < \infty, \quad 0 \leqslant \phi < 2\pi, \quad -\infty < z < \infty$$

圆柱坐标系与直角坐标系之间的变换关系为

$$\rho = \sqrt{x^2 + y^2}, \quad \tan \phi = \frac{y}{x}, \quad z = z \tag{9.2.6}$$

或

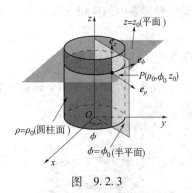

图 9.2.3

$$x = \rho\cos \phi, \quad y = \rho\sin \varphi, \quad z = z \tag{9.2.7}$$

圆柱坐标系中三个相互正交的单位矢量是 e_ρ, e_ϕ, e_z,满足如下的关系:

$$e_\rho \cdot e_\rho = e_\phi \cdot e_\phi = e_z \cdot e_z = 1 \tag{9.2.8}$$

$$e_r \cdot e_\phi = e_\phi \cdot e_z = e_z \cdot e_\rho = 0 \tag{9.2.9}$$

$$e_\rho \times e_\phi = e_z, e_\phi \times e_z = e_\rho, e_z \times e_\rho = e_\phi \tag{9.2.10}$$

圆柱坐标系中单位矢量与直角坐标系中单位矢量的换算关系为

$$\begin{pmatrix} e_\rho \\ e_\phi \\ e_z \end{pmatrix} = \begin{pmatrix} \cos \phi & \sin \phi & 0 \\ -\sin \phi & \cos \phi & 0 \\ 0 & 0 & 1 \end{pmatrix} \begin{pmatrix} e_x \\ e_y \\ e_z \end{pmatrix} \tag{9.2.11}$$

或

$$\begin{pmatrix} e_x \\ e_y \\ e_z \end{pmatrix} = \begin{pmatrix} \cos \phi & -\sin \phi & 0 \\ \sin \phi & \cos \phi & 0 \\ 0 & 0 & 1 \end{pmatrix} \begin{pmatrix} e_\rho \\ e_\phi \\ e_z \end{pmatrix} \tag{9.2.12}$$

而且

$$\frac{d\boldsymbol{e}_\rho}{d\phi} = -\boldsymbol{e}_x\sin\phi + \boldsymbol{e}_y\cos\phi = \boldsymbol{e}_\phi \qquad (9.2.13)$$

$$\frac{d\boldsymbol{e}_\phi}{d\phi} = -\boldsymbol{e}_x\cos\phi - \boldsymbol{e}_y\sin\phi = -\boldsymbol{e}_\rho \qquad (9.2.14)$$

应当注意,圆柱坐标系中的单位矢量 $\boldsymbol{e}_r$ 和 $\boldsymbol{e}_\phi$ 都不是常矢量,它们的方向是随着空间位置而变化的.

任一矢量 A 在圆柱坐标系中可以表示为

$$A = \boldsymbol{e}_\rho A_\rho + \boldsymbol{e}_\phi A_\phi + \boldsymbol{e}_z A_z \qquad (9.2.15)$$

圆柱坐标系中的位置矢量为

$$\boldsymbol{r} = \boldsymbol{e}_\rho A_\rho + \boldsymbol{e}_z A_z \qquad (9.2.16)$$

其中,不显含 ϕ 分量,已包含在 $\boldsymbol{e}_\rho$ 的方向中. 微分线元为

$$d\boldsymbol{r} = \boldsymbol{e}_\rho dr + \boldsymbol{e}_z A_z + \boldsymbol{e}_\phi r d\phi \qquad (9.2.17)$$

可以看出,在 ρ,ϕ,z 增加方向上的微分元分别为 $d\rho, rd\phi, dz$, 如图9.2.4所示.

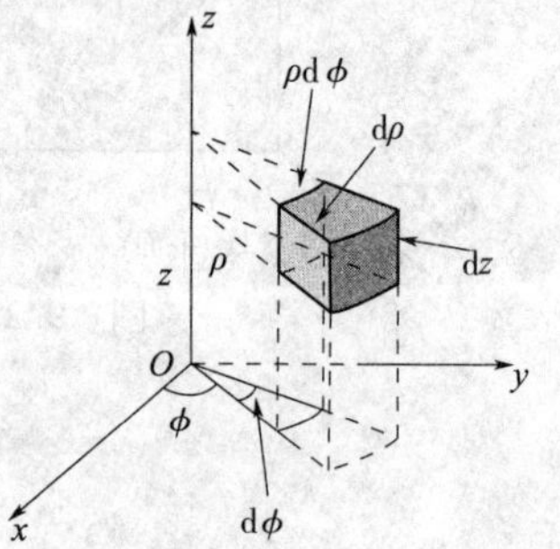

圆柱坐标系中与三个坐标方向相垂直的三个面积元分别为

$$\begin{cases} dS_\rho = \rho d\phi dz \\ dS_\phi = dr dz \\ dS_z = r dr d\phi \end{cases} \qquad (9.2.18)$$

圆柱坐标系中的体积元为

$$dV = \rho d\rho d\phi dz \qquad (9.2.19)$$

图 9.2.4

9.2.3 球坐标系

如图9.2.5所示,球坐标系中的三个坐标变量是 r,θ 和 ϕ, 它们的变化范围分别是

$$0 \leqslant r < \infty, \quad 0 \leqslant \theta < \pi, \quad 0 \leqslant \phi < 2\pi$$

空间任一点 $P(r_0,\theta_0,\phi_0)$ 是如下三个坐标曲面的交点:球心在原点、半径 $r = r_0$ 的球面;顶点在原点、轴线与 z 轴重合且半顶角 $\theta = \theta_0$ 的正圆锥面;包含 z 轴并与 xOz 平面构成夹角为 $\phi = \phi_0$ 的半平面.

球坐标系与直角坐标系之间的变换关系为

$$r = \sqrt{x^2+y^2+z^2}, \quad \theta = \arccos\frac{z}{\sqrt{x^2+y^2+z^2}}, \quad \phi = \arctan\frac{y}{x} \qquad (9.2.20)$$

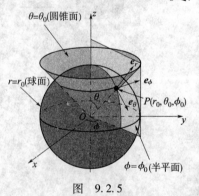

图 9.2.5

$$x = r\sin\theta\cos\phi, \quad y = r\sin\theta\sin\phi, \quad z = r\cos\theta \qquad (9.2.21)$$

在球坐标系中,过空间任一点 $P(r,\theta,\phi)$ 的三个相互正交的坐标单位矢量 $\boldsymbol{e}_r, \boldsymbol{e}_\theta, \boldsymbol{e}_\phi$ 分别是 r,θ 和 ϕ 增加的方向,且遵循右手螺旋法则,即

$$\boldsymbol{e}_r \times \boldsymbol{e}_\theta = \boldsymbol{e}_\phi, \quad \boldsymbol{e}_\theta \times \boldsymbol{e}_\phi = \boldsymbol{e}_r, \quad \boldsymbol{e}_\phi \times \boldsymbol{e}_r = \boldsymbol{e}_\theta \qquad (9.2.22)$$

另外,与直角坐标系和圆柱坐标系类似,有

$$\boldsymbol{e}_r \cdot \boldsymbol{e}_\theta = \boldsymbol{e}_\theta \cdot \boldsymbol{e}_\phi = \boldsymbol{e}_\phi \cdot \boldsymbol{e}_r = 0 \qquad (9.2.23)$$

$$\boldsymbol{e}_r \cdot \boldsymbol{e}_r = \boldsymbol{e}_\theta \cdot \boldsymbol{e}_\theta = \boldsymbol{e}_\phi \cdot \boldsymbol{e}_\phi = 1 \qquad (9.2.24)$$

球坐标系中的单位矢量与直角坐标系中单位矢量的换算关系为

$$\begin{pmatrix} \boldsymbol{e}_r \\ \boldsymbol{e}_\theta \\ \boldsymbol{e}_\phi \end{pmatrix} = \begin{pmatrix} \sin\theta\cos\phi & \sin\theta\sin\phi & \cos\theta \\ \cos\theta\cos\phi & \cos\theta\sin\phi & -\sin\theta \\ -\sin\phi & \cos\phi & 0 \end{pmatrix} \begin{pmatrix} \boldsymbol{e}_x \\ \boldsymbol{e}_y \\ \boldsymbol{e}_z \end{pmatrix} \tag{9.2.25}$$

或

$$\begin{pmatrix} \boldsymbol{e}_x \\ \boldsymbol{e}_y \\ \boldsymbol{e}_z \end{pmatrix} = \begin{pmatrix} \sin\theta\cos\phi & \sin\theta\cos\phi & -\sin\phi \\ \sin\theta\sin\phi & \cos\theta\sin\phi & \cos\phi \\ \cos\theta & -\sin\theta & 0 \end{pmatrix} \begin{pmatrix} \boldsymbol{e}_r \\ \boldsymbol{e}_\theta \\ \boldsymbol{e}_\phi \end{pmatrix} \tag{9.2.26}$$

而且

$$\begin{cases} \dfrac{\partial \boldsymbol{e}_r}{\partial\theta} = \boldsymbol{e}_\theta, \dfrac{\partial \boldsymbol{e}_r}{\partial\phi} = \boldsymbol{e}_\phi\sin\theta \\[2mm] \dfrac{\partial \boldsymbol{e}_\theta}{\partial\theta} = -\boldsymbol{e}_r, \dfrac{\partial \boldsymbol{e}_\theta}{\partial\phi} = \boldsymbol{e}_\phi\cos\theta \\[2mm] \dfrac{\partial \boldsymbol{e}_\phi}{\partial\theta} = 0, \dfrac{\partial \boldsymbol{e}_\phi}{\partial\phi} = -\boldsymbol{e}_r\sin\theta - \boldsymbol{e}_\theta\cos\theta \end{cases} \tag{9.2.27}$$

球坐标系中的单位矢量 $\boldsymbol{e}_r, \boldsymbol{e}_\theta, \boldsymbol{e}_\phi$ 都不是常矢量,因为它们的方向是随着空间位置变化而变化的.

直角坐标系中的矢量 $\boldsymbol{A}$ 可以利用下式换算为球坐标系中的矢量

$$\begin{pmatrix} \boldsymbol{A}_r \\ \boldsymbol{A}_\theta \\ \boldsymbol{A}_\phi \end{pmatrix} = \begin{pmatrix} \sin\theta\cos\phi & \sin\theta\sin\phi & \cos\theta \\ \cos\theta\cos\phi & \cos\theta\sin\phi & -\sin\theta \\ -\sin\phi & \cos\phi & 0 \end{pmatrix} \begin{pmatrix} \boldsymbol{A}_x \\ \boldsymbol{A}_y \\ \boldsymbol{A}_z \end{pmatrix} \tag{9.2.28}$$

类似地,可以利用下式将球坐标系中的矢量 $\boldsymbol{A}$ 换算成直角坐标系中的矢量.

$$\begin{pmatrix} \boldsymbol{A}_x \\ \boldsymbol{A}_y \\ \boldsymbol{A}_z \end{pmatrix} = \begin{pmatrix} \sin\theta\cos\phi & \cos\theta\cos\phi & -\sin\theta \\ \sin\theta\sin\phi & \cos\theta\sin\phi & \cos\phi \\ \cos\theta & -\sin\theta & 0 \end{pmatrix} \begin{pmatrix} \boldsymbol{A}_r \\ \boldsymbol{A}_\theta \\ \boldsymbol{A}_\phi \end{pmatrix} \tag{9.2.29}$$

任一矢量 $\boldsymbol{A}$ 在球坐标系中可以表示为

$$\boldsymbol{A} = \boldsymbol{e}_r A_r + \boldsymbol{e}_\theta A_\theta + \boldsymbol{e}_\phi A_\phi \tag{9.2.30}$$

球坐标系中的位置矢量为

$$\boldsymbol{r} = \boldsymbol{e}_r r \tag{9.2.31}$$

其中,不显含 θ 分量和 ϕ 分量,已包含在 $\boldsymbol{e}_r$ 的方向中. 其微分元是

$$\mathrm{d}\boldsymbol{r} = \mathrm{d}(\boldsymbol{e}_r r) = \boldsymbol{e}_r\mathrm{d}r + r\mathrm{d}\boldsymbol{e}_r = \boldsymbol{e}_r\mathrm{d}r + \boldsymbol{e}_\theta r\mathrm{d}\theta + \boldsymbol{e}_\phi r\sin\theta\mathrm{d}\phi \tag{9.2.32}$$

即在球坐标系中沿三个坐标的长度元为 $\mathrm{d}r, r\mathrm{d}\theta$ 和 $r\sin\theta\mathrm{d}\phi$,如图9.2.6所示. 度量系数分别为

$$h_r = 1, \quad h_\theta = r, \quad h_\phi = r\sin\theta \tag{9.2.33}$$

球坐标系中与三个坐标方向相垂直的三个面积元分别为

$$\begin{cases} \mathrm{d}S_r = r^2\sin\theta\mathrm{d}\theta\mathrm{d}\phi \\ \mathrm{d}S_\theta = r\sin\theta\mathrm{d}r\mathrm{d}\phi \\ \mathrm{d}S_\phi = r\mathrm{d}r\mathrm{d}\theta \end{cases} \tag{9.2.34}$$

体积元为

$$\mathrm{d}V = r^2\sin\theta\mathrm{d}r\mathrm{d}\theta\mathrm{d}\phi \tag{9.2.35}$$

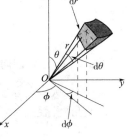

图 9.2.6

9.3 标量场的梯度

9.3.1 方向导数

标量场的方向导数描述标量函数在标量场中每一点上沿给定方向的变化率.

设 M_0 是空间中的某一点, l 是发自 M_0 沿着某一方向的射线, M 是 l 上 M_0 的近邻点, 如图 9.3.1 所示.

定义标量函数 $\phi(\boldsymbol{r},t)$ 在点 M_0 沿 l 方向的方向导数为

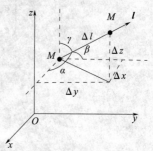

图 9.3.1

$$\frac{\partial \phi}{\partial l} = \lim_{\Delta l \to 0} \frac{\phi(M) - \phi(M_0)}{\Delta l} = \lim_{\Delta l \to 0} \frac{\Delta \phi}{\Delta l} \qquad (9.3.1)$$

若 $\dfrac{\Delta \phi}{\Delta l} > 0$, 表示在点 M_0 处 ϕ 沿 l 方向是增大的. 方向导数的定义是与坐标系无关的, 但是方向导数的具体计算与坐标系有关. 在直角坐标系中, 有

$$\Delta \phi = \frac{\partial \phi}{\partial x} \Delta x + \frac{\partial \phi}{\partial y} \Delta y + \frac{\partial \phi}{\partial z} \Delta z = \left(\frac{\partial \phi}{\partial x} \cos \alpha + \frac{\partial \phi}{\partial y} \cos \beta + \frac{\partial \phi}{\partial z} \cos \gamma \right) \Delta l \qquad (9.3.2)$$

其中, $\cos \alpha = \dfrac{\partial x}{\partial l}, \cos \beta = \dfrac{\partial y}{\partial l}, \cos \gamma = \dfrac{\partial z}{\partial l}$ 是 l 方向的方向余弦. 从而, 直角坐标系中方向导数的表达式为

$$\frac{\partial \phi}{\partial l} = \frac{\partial \phi}{\partial x} \cos \alpha + \frac{\partial \phi}{\partial y} \cos \beta + \frac{\partial \phi}{\partial z} \cos \gamma \qquad (9.3.3)$$

9.3.2 梯度

标量场的梯度定义为空间点的矢量函数, 其方向是标量场在该点有最大增加率的方向, 其值则为沿着该方向的**方向导数值**.

下面导出梯度的表达式, 设射线 l 在直角坐标系中的单位矢为

$$\boldsymbol{e}_l = \boldsymbol{e}_x \cos \alpha + \boldsymbol{e}_y \cos \beta + \boldsymbol{e}_z \cos \gamma \qquad (9.3.4)$$

引入矢量

$$\boldsymbol{G} = \boldsymbol{e}_x \frac{\partial \phi}{\partial x} + \boldsymbol{e}_y \frac{\partial \phi}{\partial y} + \boldsymbol{e}_z \frac{\partial \phi}{\partial z} \qquad (9.3.5)$$

则由上述推导, 可得

$$\frac{\partial \phi}{\partial l} = \boldsymbol{e}_l \cdot \boldsymbol{G} = |\boldsymbol{G}| \cdot \cos(\boldsymbol{G}, \boldsymbol{e}_l) \qquad (9.3.6)$$

显然, 当 $\boldsymbol{e}_l$ 与 $\boldsymbol{G}$ 同向时, 此时 $\cos(\boldsymbol{G}, \boldsymbol{e}_l) = 1$, $\dfrac{\partial \phi}{\partial l}$ 有正的最大值 $|\boldsymbol{G}|$. 这就是说, 矢量函数 $\boldsymbol{G}$ 同时给出了有最大方向导数的方向和该最大导数值, 该矢量函数就是标量场 $\phi(\boldsymbol{r},t)$ 的**梯度**, 记为 grad ϕ. 直角坐标系中梯度的表达式为

$$\text{grad } \phi \equiv \boldsymbol{G} = \boldsymbol{e}_x \frac{\partial \phi}{\partial x} + \boldsymbol{e}_y \frac{\partial \phi}{\partial y} + \boldsymbol{e}_z \frac{\partial \phi}{\partial z} \qquad (9.3.7)$$

引入哈密顿算符∇,在直角坐标系中

$$\nabla = \boldsymbol{e}_x \frac{\partial}{\partial x} + \boldsymbol{e}_y \frac{\partial}{\partial y} + \boldsymbol{e}_z \frac{\partial}{\partial z} \qquad (9.3.8)$$

利用∇算符,梯度可写为

$$\mathrm{grad}\ \phi = \nabla\phi \qquad (9.3.9)$$

从而,式(9.3.6)可写为

$$\frac{\partial\phi}{\partial l} = \boldsymbol{e}_l \cdot \nabla\phi \qquad (9.3.10)$$

标量场中,使函数 $\phi(\boldsymbol{r})$ 取相等数值的所有空间点组成的曲面称为等值面,其方程为

$$\phi(\boldsymbol{r}) = \mathrm{const} \qquad (9.3.11)$$

因此,$\phi(\boldsymbol{r})$ 沿等值面的任一切向的导数为零,记切向矢量为 $\boldsymbol{e}_t$,则有

$$\frac{\partial\phi}{\partial l} = \boldsymbol{e} \cdot \nabla\phi = 0 \qquad (9.3.12)$$

可见,梯度矢量总垂直于等值面.

9.3.3 梯度的运算法则

设 u,v 为标量函数,易证明以下运算法则成立:

$$\nabla C = 0\,(C\ \text{为空间常数}) \qquad (9.3.13)$$
$$\nabla(Cu) = C\,\nabla(u) \qquad (9.3.14)$$
$$\nabla(u \pm v) = \nabla(u) \pm \nabla(v) \qquad (9.3.15)$$
$$\nabla(uv) = v\,\nabla(u) + u\,\nabla(v) \qquad (9.3.16)$$
$$\nabla\left(\frac{u}{v}\right) = \frac{1}{v^2}(v\,\nabla u - u\,\nabla v) \qquad (9.3.17)$$
$$\nabla[f(u)] = \frac{\mathrm{d}f}{\mathrm{d}u}\nabla u \qquad (9.3.18)$$

9.4 矢量场的散度

9.4.1 矢量的通量

首先定义面元矢量为

$$\mathrm{d}\boldsymbol{S} = \hat{n}\mathrm{d}S \quad \text{或} \quad \mathrm{d}\boldsymbol{S} = \hat{\boldsymbol{n}} \cdot \mathrm{d}S$$

其中,$\hat{\boldsymbol{n}}$ 是面元的单位法线矢量.

设有一矢量场 $\boldsymbol{A}$,在场中任取一面元 $\mathrm{d}\boldsymbol{S}$,如图 9.4.1 所示,则

$$\mathrm{d}\boldsymbol{\Phi} = \boldsymbol{A} \cdot \mathrm{d}\boldsymbol{S} = |\boldsymbol{A}|\cos\theta\mathrm{d}S \qquad (9.4.1)$$

称为 $\boldsymbol{A}$ 穿过 $\mathrm{d}\boldsymbol{S}$ 的通量.

例如,在电场中,电通量 $\mathrm{d}\boldsymbol{\Phi}_E = \boldsymbol{E} \cdot \mathrm{d}\boldsymbol{S}$. 在磁场中,磁通量 $\mathrm{d}\boldsymbol{\Phi}_B = \boldsymbol{B} \cdot \mathrm{d}\boldsymbol{S}$. 穿过曲面 S 的通量为

$$\boldsymbol{\Phi} = \int_S \boldsymbol{A} \cdot \mathrm{d}\boldsymbol{S} \qquad (9.4.2)$$

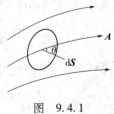

图 9.4.1

9.4.2 矢量的散度

如图9.4.2所示,在矢量场 A 中,围绕某一点 P 做一闭合曲面 S,法线方向向外,则 $\Phi = \iint_S A \cdot \mathrm{d}S$ 是矢量 A 穿过闭合曲面 S 的通量或发散量.

若 $\Phi > 0$,则流出 S 面的通量大于流入的通量,即通量由 S 面内向 S 面以外扩散,说明 S 面内有正源,如图9.4.3所示.

若 $\Phi > 0$,则流入 S 面的通量大于流出的通量,即通量向 S 面内汇集,说明 S 面内有负源,如图9.4.4所示.

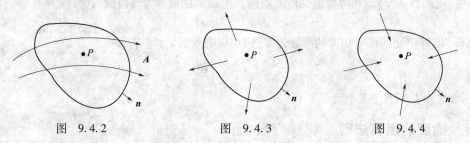

图 9.4.2   图 9.4.3   图 9.4.4

若 $\Phi = 0$,则流入 S 面的通量等于流出的通量,说明 S 面内无源或正负源等量异号相抵消.

例如,对于真空中的静电场,$\Phi_E = \oiint_S E \cdot \mathrm{d}S = \dfrac{q}{\varepsilon_0}$,如果 S 面内的净余电荷为正,$\Phi_E > 0$,说明电通量由 S 面内向外扩散;如果 S 面内的净余电荷为负,$\Phi_E < 0$,说明电通量向 S 面内汇集. 由此可以证明电力线起始于正电荷,终止于负电荷. 对于磁场,$\oiint_S B \cdot \mathrm{d}S = 0$,说明 S 面内无源,所以 B 是闭合曲线.

在矢量场 A 中,设闭合曲面 S 包围的体积为 ΔV,则 $\dfrac{\oiint_S A \cdot \mathrm{d}S}{\Delta V}$ 称为矢量场 A 在 ΔV 内的平均发散量,令 $\Delta V \to 0$,就得到矢量场 A 在该点的**发散量**或**散度**,记为 $\mathrm{div}A$,即

$$\mathrm{div}A = \lim_{\Delta V \to 0} \frac{\oiint_S A \cdot \mathrm{d}S}{\Delta V} \qquad (9.4.3)$$

可以看出,矢量(场)的散度是一个标量(场). 根据散度的定义,$\mathrm{div}A$ 与体积元 ΔV 的形状无关,只要在取极限过程中,所有尺寸都趋于 0 即可.

下面以直角坐标系为例推导散度的表达式. 在矢量场 A 所在的空间区域中,以点 $P(x,y,z)$ 为顶点做一个很小的直角六面体,各边的长度分别为 $\Delta x, \Delta y, \Delta z$,各面分别与各坐标面平行,如图9.4.5所示.

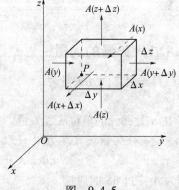

图 9.4.5

分别计算穿过三对表面的通量. 计算中应注意:在每个面上 $\mathrm{d}S$ 的方向总是向外的. 从左右一对侧面穿出的净余通量为

$$\iint_{\text{左右}} A \cdot \mathrm{d}S = -A_y(y)\Delta z\Delta x + \left[A_y(y) + \frac{\partial A_y}{\partial y}\Delta y\right]\Delta z\Delta x = \frac{\partial A_y}{\partial y}\Delta x\Delta y\Delta z \qquad (9.4.4)$$

从上下一对底面穿出的净余通量为

$$\iint_{上下} \boldsymbol{A} \cdot \mathrm{d}\boldsymbol{S} = -A_z(z)\Delta x\Delta y + \left[A_z(z) + \frac{\partial A_z}{\partial z}\Delta z\right]\Delta x\Delta y = \frac{\partial A_z}{\partial z}\Delta x\Delta y\Delta z \tag{9.4.5}$$

从前后一对侧面穿出的净余通量为

$$\iint_{前后} \boldsymbol{A} \cdot \mathrm{d}\boldsymbol{S} = -A_x(x)\Delta y\Delta z + \left[A_x(x) + \frac{\partial A_x}{\partial x}\Delta x\right]\Delta y\Delta z = \frac{\partial A_x}{\partial x}\Delta x\Delta y\Delta z \tag{9.4.6}$$

而 $\Delta x\Delta y\Delta z = \Delta V$,代入式(9.4.3),可得

$$\mathrm{div}\boldsymbol{A} = \lim_{\Delta V \to 0}\frac{\oiint_{S}\boldsymbol{A}\cdot\mathrm{d}\boldsymbol{S}}{\Delta V} = \lim_{\Delta V \to 0}\frac{\left(\dfrac{\partial A_x}{\partial x} + \dfrac{\partial A_y}{\partial y} + \dfrac{\partial A_z}{\partial z}\right)\Delta x\Delta y\Delta z}{\Delta x\Delta y\Delta z} = \frac{\partial A_x}{\partial x} + \frac{\partial A_y}{\partial y} + \frac{\partial A_z}{\partial z} \tag{9.4.7}$$

在直角坐标系中,哈密顿算符可以写为

$$\nabla = \boldsymbol{e}_x\frac{\partial}{\partial x} + \boldsymbol{e}_y\frac{\partial}{\partial y} + \boldsymbol{e}_z\frac{\partial}{\partial z} \tag{9.4.8}$$

所以, $\boldsymbol{A}$ 的散度也可以写为

$$\nabla \cdot \boldsymbol{A} = \left(\boldsymbol{e}_x\frac{\partial}{\partial x} + \boldsymbol{e}_y\frac{\partial}{\partial y} + \boldsymbol{e}_z\frac{\partial}{\partial z}\right) \cdot (\boldsymbol{e}_x A_x + \boldsymbol{e}_y A_y + \boldsymbol{e}_z A_z) = \frac{\partial A_x}{\partial x} + \frac{\partial A_y}{\partial y} + \frac{\partial A_z}{\partial z} \tag{9.4.9}$$

类似地,可以推出圆柱坐标系和球坐标系中的散度表达式,分别为

$$\nabla \cdot \boldsymbol{A} = \frac{1}{\rho} \cdot \frac{\partial}{\partial \rho}(\rho A_\rho) + \frac{1}{\rho} \cdot \frac{\partial A_\phi}{\partial \phi} + \frac{\partial A_z}{\partial z} \tag{9.4.10}$$

$$\nabla \cdot \boldsymbol{A} = \frac{1}{r^2} \cdot \frac{\partial}{\partial r}(r^2 A_r) + \frac{1}{r\sin\theta} \cdot \frac{\partial}{\partial\theta}(\sin\theta A_\theta) + \frac{1}{r\sin\theta} \cdot \frac{\partial A_\phi}{\partial\phi} \tag{9.4.11}$$

9.4.3 散度定理

散度定理可表述为:矢量场 $\boldsymbol{A}$ 穿过任一闭合曲面 S 的通量等于闭合曲面 S 所包围的体积 V 内 $\boldsymbol{A}$ 散度的积分,即

$$\oiint_{S}\boldsymbol{A}\cdot\mathrm{d}\boldsymbol{S} = \iiint_{V}\nabla\cdot\boldsymbol{A}\mathrm{d}V \tag{9.4.12}$$

利用散度定理,可以把面积分变为体积分,也可以把体积分变为面积分. 为证明散度定理,把闭合曲面 S 所包围的体积 V 分割成许多个小体积元 $\Delta V_1, \Delta V_2, \cdots$,如图9.4.6所示.

对于任意一个小体积元 ΔV_i,由式(9.4.12)可以写出

$$\oiint_{S_i}\boldsymbol{A}\cdot\mathrm{d}\boldsymbol{S} = (\nabla\cdot\boldsymbol{A})\cdot\Delta V_i \tag{9.4.13}$$

其中, S_i 是包围 ΔV_i 的表面. 矢量场 $\boldsymbol{A}$ 穿过闭合曲面 S 的总的通量可以写为

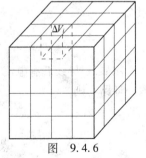

图 9.4.6

$$\oiint_{S}\boldsymbol{A}\cdot\mathrm{d}\boldsymbol{S} = \oiint_{S_1}\boldsymbol{A}\cdot\mathrm{d}\boldsymbol{S} + \oiint_{S_2}\boldsymbol{A}\cdot\mathrm{d}\boldsymbol{S} + \cdots$$

$$= (\nabla\cdot\boldsymbol{A})\cdot\Delta V_1 + (\nabla\cdot\boldsymbol{A})\cdot\Delta V_2 + \cdots \tag{9.4.14}$$

$$= \iiint_{V}\nabla\cdot\boldsymbol{A}\mathrm{d}V$$

对于一个体积元穿出的通量,对于相邻的体积元一定是穿入的,因此,穿过相邻的两体积元之间公共表面的通量互相抵消,所以对 $\oiint_{S_i}\boldsymbol{A}\cdot\mathrm{d}\boldsymbol{S}$ 求和就可以得到穿过闭合曲面 S 总的通量,这样就证明了散度定理.

9.5 矢量场的旋度

9.5.1 矢量的环流

矢量 $\boldsymbol{A}$ 沿闭合回路 $\boldsymbol{l}$ 的线积分称为环流,定义如下:

$$\varGamma_A = \oint_l \boldsymbol{A} \cdot \mathrm{d}\boldsymbol{l} \tag{9.5.1}$$

若 $\varGamma_A \neq 0$,则矢量场 $\boldsymbol{A}$ 为涡旋场,场线是连续的闭合曲线. 例如,对于磁场

$$\oint_l \boldsymbol{H} \cdot \mathrm{d}\boldsymbol{l} = I_0 + \iint_S \frac{\partial \boldsymbol{D}}{\partial t} \cdot \mathrm{d}\boldsymbol{S} \neq 0 \tag{9.5.2}$$

所以,磁力线是连续的闭合曲线.

若 $\varGamma_A = 0$,则矢量场 $\boldsymbol{A}$ 为无旋场,可以引入位的概念. 例如,对于静电场

$$\oint_l \boldsymbol{E} \cdot \mathrm{d}\boldsymbol{l} = 0 \tag{9.5.3}$$

所以电力线不闭合,引入了电位.

9.5.2 矢量场的旋度

设闭合回路 l 所围的面积为 ΔS,其法线矢量 $\hat{\boldsymbol{n}}$ 与 l 构成右手关系,则 $\dfrac{\oint_l \boldsymbol{A} \cdot \mathrm{d}\boldsymbol{l}}{\Delta S}$ 称为矢量场 $\boldsymbol{A}$ 在 ΔS 内沿 $\hat{\boldsymbol{n}}$ 方向的平均涡旋量. 令 $\Delta S \to 0$(ΔS 收缩成一点 P)就得到矢量场 $\boldsymbol{A}$ 在 P 点处沿 $\boldsymbol{n}$ 方向的涡旋量,即

$$\lim_{\Delta S \to 0} \frac{\oint_l \boldsymbol{A} \cdot \mathrm{d}\boldsymbol{l}}{\Delta S} = (\mathrm{rot})_n \boldsymbol{A} \tag{9.5.4}$$

例如,一导线载有电流 I,在导线周围产生的磁场 $\boldsymbol{H}$ 如图 9.5.1 所示,任取一环路 l,则

$$\lim_{\Delta S \to 0} \frac{\oint_l \boldsymbol{H} \cdot \mathrm{d}\boldsymbol{l}}{\Delta S} = (\mathrm{rot})_n \boldsymbol{H} \tag{9.5.5}$$

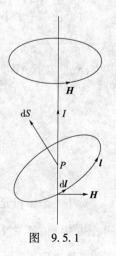

图 9.5.1

当 $\mathrm{d}S$ 与 I 同方向时,$\boldsymbol{H}$ 与 $\mathrm{d}\boldsymbol{l}$ 方向处处相同,$(\mathrm{rot})_n \boldsymbol{H}$ 最大,称为 $\boldsymbol{H}$ 的**旋度**,记为

$$\mathrm{rot}\boldsymbol{H} \quad \text{或} \quad \nabla \times \boldsymbol{H}$$

所以,矢量场 $\boldsymbol{A}$ 中某一点处的旋度是一个矢量的,大小等于该点处 $(\mathrm{rot})_n \boldsymbol{A}$ 正的最大值,方向沿该点处 $(\mathrm{rot})_n \boldsymbol{A}$ 取正的最大值时 $\hat{\boldsymbol{n}}$ 的方向.

旋度的定义和坐标系无关,但旋度的具体计算表达式与坐标系有关. 下面推导在直角坐标系中旋度的表达式.

在矢量场 $\boldsymbol{A}$ 所在的空间区域中，以点 $P(x,y,z)$ 为顶点，取一个平行于 yOz 平面的矩形小面元，边长分别为 $\Delta y,\Delta z$，面积为 ΔS，如图 9.5.2 所示.

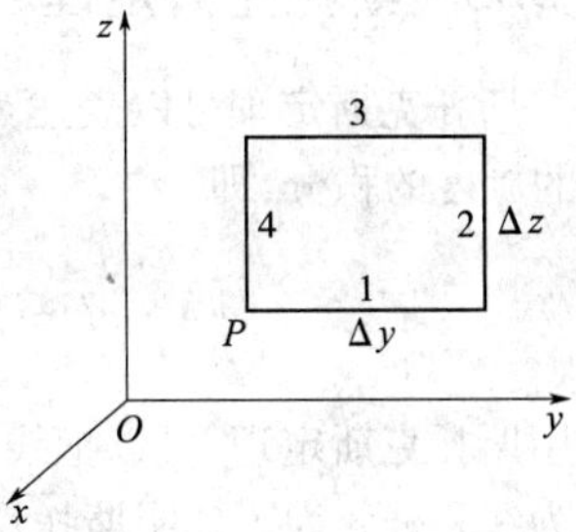

图 9.5.2

$\boldsymbol{A}$ 沿回路 1234 的积分为

$$\begin{aligned}\oint_l \boldsymbol{A}\cdot\mathrm{d}\boldsymbol{l} &= \oint_1 \boldsymbol{A}\cdot\mathrm{d}\boldsymbol{l}+\oint_2 \boldsymbol{A}\cdot\mathrm{d}\boldsymbol{l}+\oint_3 \boldsymbol{A}\cdot\mathrm{d}\boldsymbol{l}+\oint_4 \boldsymbol{A}\cdot\mathrm{d}\boldsymbol{l}\\ &= A_y\Delta y+\left(A_z+\frac{\partial A_z}{\partial y}\Delta y\right)\Delta z-\left(A_y+\frac{\partial A_y}{\partial z}\Delta z\right)\Delta y-A_z\Delta z\\ &= \left(\frac{\partial A_z}{\partial y}-\frac{\partial A_y}{\partial z}\right)\Delta y\Delta z\end{aligned} \tag{9.5.6}$$

所以矢量场 $\boldsymbol{A}$ 在 P 点处沿 x 方向的涡旋量为

$$(\mathrm{rot})_x\boldsymbol{A}=\lim_{\Delta S_x\to 0}\frac{\oint_l \boldsymbol{A}\cdot\mathrm{d}\boldsymbol{l}}{\Delta S_x}=\frac{\partial A_z}{\partial y}-\frac{\partial A_y}{\partial z} \tag{9.5.7}$$

同理，分别取平行于 xOz 平面和 xOy 平面的矩形小面元，可以导出矢量场 $\boldsymbol{A}$ 在 P 点处沿 y 方向和 z 方向的涡旋量为

$$(\mathrm{rot})_y\boldsymbol{A}=\lim_{\Delta S_y\to 0}\frac{\oint_l \boldsymbol{A}\cdot\mathrm{d}\boldsymbol{l}}{\Delta S_y}=\frac{\partial A_x}{\partial z}-\frac{\partial A_z}{\partial x} \tag{9.5.8}$$

$$(\mathrm{rot})_z\boldsymbol{A}=\lim_{\Delta S_z\to 0}\frac{\oint_l \boldsymbol{A}\cdot\mathrm{d}\boldsymbol{l}}{\Delta S_z}=\frac{\partial A_y}{\partial x}-\frac{\partial A_x}{\partial y} \tag{9.5.9}$$

所以矢量场 $\boldsymbol{A}$ 在 P 点处的旋度为

$$\begin{aligned}\mathrm{rot}\boldsymbol{A} &= \boldsymbol{e}_x(\mathrm{rot})_x\boldsymbol{A}+\boldsymbol{e}_y(\mathrm{rot})_y\boldsymbol{A}+\boldsymbol{e}_z(\mathrm{rot})_z\boldsymbol{A}\\ &= \boldsymbol{e}_x\left(\frac{\partial A_z}{\partial y}-\frac{\partial A_y}{\partial z}\right)+\boldsymbol{e}_y\left(\frac{\partial A_x}{\partial z}-\frac{\partial A_z}{\partial x}\right)+\boldsymbol{e}_z\left(\frac{\partial A_y}{\partial x}-\frac{\partial A_x}{\partial y}\right)\end{aligned} \tag{9.5.10}$$

或

$$\nabla\times\boldsymbol{A}=\begin{vmatrix}\boldsymbol{e}_x & \boldsymbol{e}_y & \boldsymbol{e}_z\\ \dfrac{\partial}{\partial x} & \dfrac{\partial}{\partial y} & \dfrac{\partial}{\partial z}\\ A_x & A_y & A_z\end{vmatrix} \tag{9.5.11}$$

采用同样的方法，可导出 $\nabla\times\boldsymbol{A}$ 在圆柱和球坐标系中的表达式分别为

$$\nabla\times\boldsymbol{A}=\frac{1}{\rho}\begin{vmatrix}\boldsymbol{e}_\rho & \rho\boldsymbol{e}_\phi & \boldsymbol{e}_z\\ \dfrac{\partial}{\partial \rho} & \dfrac{\partial}{\partial \phi} & \dfrac{\partial}{\partial z}\\ A_\rho & A_\phi & A_z\end{vmatrix} \tag{9.5.12}$$

$$\nabla\times\boldsymbol{A}=\frac{1}{r^2\sin\theta}\begin{vmatrix}\boldsymbol{e}_r & r\boldsymbol{e}_\theta & r\sin\theta\boldsymbol{e}_\phi\\ \dfrac{\partial}{\partial r} & \dfrac{\partial}{\partial \theta} & \dfrac{\partial}{\partial \phi}\\ A_r & rA_\theta & r\sin\theta A_\phi\end{vmatrix} \tag{9.5.13}$$

9.5.3 斯托克斯定理

斯托克斯定理可以表述为:矢量场 A 沿任意闭合回路 l 上的环量等于以 l 为边界的曲面 S 上 A 的旋度的积分,即

$$\oint_l A \cdot \mathrm{d}l = \iint_S (\nabla \times A) \cdot \mathrm{d}S \qquad (9.5.14)$$

利用斯托克斯定理,可以把线积分变为面积分,也可以把面积分变为线积分. 为了证明斯托克斯定理,把闭合回路 l 所包围的曲面 S 分割成许多小面元 $\Delta S_1, \Delta S_2, \cdots$,包围每一个小面元的闭合回路的方向与大回路 l 的方向相同,如图 9.5.3 所示.

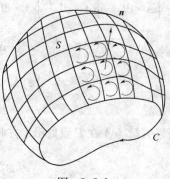

图 9.5.3

对于任意一个小面元 ΔS_i,由式(9.5.14)可以写出

$$\oint_{l_i} A \cdot \mathrm{d}l = (\mathrm{rot})_n A \mathrm{d}S_i = \nabla \times A \cdot \mathrm{d}S_i \qquad (9.5.15)$$

其中,l_i 是面元 ΔS_i 的边界. 矢量场 A 沿回路 l 的环流可以写为

$$\oint_l A \cdot \mathrm{d}l = \oint_{l_1} A \cdot \mathrm{d}l + \oint_{l_2} A \cdot \mathrm{d}l + \cdots$$

$$= \nabla \times A \cdot \mathrm{d}S_1 + \nabla \times A \cdot \mathrm{d}S_2 + \cdots = \oiint_S \nabla \times A \cdot \mathrm{d}S$$

$$(9.5.16)$$

由于相邻的两面元在公共边界上的环流方向相反,互相抵消,所以对 $\oint_{l_i} A \cdot \mathrm{d}l$ 求和就可以得到沿回路 l 的总的环流,这样就证明了斯托克斯定理.

9.6 亥姆霍兹定理

亥姆霍兹定理是矢量场一个重要的定理. 亥姆霍兹定理表明,若矢量场 $F(r)$ 在无界空间中处处单值,且其导数连续有界,场源分布在有限区域 V' 中,则该矢量场唯一地由其散度和旋度确定,且可以被表示为一个标量函数的梯度和一个矢量函数的旋度之和,即

$$F(r) = -\nabla \phi(r) + \nabla \times A(r) \qquad (9.6.1)$$

其中

$$\phi(r) = \frac{1}{4\pi} \int_{V'} \frac{\nabla' \cdot F(r')}{|r - r'|} \mathrm{d}V' \qquad (9.6.2)$$

$$A(r) = \frac{1}{4\pi} \int_{V'} \frac{\nabla' \times F(r')}{|r - r'|} \mathrm{d}V' \qquad (9.6.3)$$

其中,$r - r'$ 是场点 r 到源点 r' 的距离,算子 $\nabla' = e_x \dfrac{\partial}{\partial x'} + e_y \dfrac{\partial}{\partial y'} + e_z \dfrac{\partial}{\partial z'}$ 是对源点坐标微分,积分也是对源点坐标积分.

下面对亥姆霍兹定理做一简要的证明. 设在无界空间中有两个矢量函数 F 和 G,它们有相同的散度和旋度,即

$$\nabla \cdot F = \nabla \cdot G \qquad (9.6.4)$$

$$\nabla \times F = \nabla \times G \qquad (9.6.5)$$

利用反证法,设 $F \neq G$,令

$$F = G + g \qquad (9.6.6)$$

对上式两端分别取散度和旋度,可得

$$\nabla \cdot \boldsymbol{g} = 0 \tag{9.6.7}$$

$$\nabla \times \boldsymbol{g} = 0 \tag{9.6.8}$$

由式(9.6.8),可以令

$$\boldsymbol{g} = \nabla \phi \tag{9.6.9}$$

将式(9.6.9)代入(9.6.7),可得

$$\nabla \cdot \nabla \phi = \nabla^2 \phi = 0 \tag{9.6.10}$$

上式中的二阶偏微分方程是拉普拉斯方程,满足拉普拉斯方程的函数不会出现极值,而 ϕ 又是无界空间中取值的任意函数,因此 ϕ 只能是一个常数 $\phi = C$,从而求得

$$\boldsymbol{g} = \nabla \phi = 0 \tag{9.6.11}$$

于是由式(9.6.11)可得 $\boldsymbol{F} = \boldsymbol{G}$,即给定散度和旋度所决定的矢量场是唯一的. 这样也就证明了亥姆霍兹定理.

在无界空间中一个既有散度又有旋度的矢量场,可以表示为一个无旋场 $\boldsymbol{F}_d$(有散度)和一个无散场 $\boldsymbol{F}_c$(有旋度)之和,即

$$\boldsymbol{F} = \boldsymbol{F}_d + \boldsymbol{F}_c \tag{9.6.12}$$

对于无旋场 $\boldsymbol{F}_d$ 来说,$\nabla \times \boldsymbol{F}_d = 0$,但这个场的散度不会处处为零. 因为任何一个物理场必然有源来激发它,若这个场的漩涡源和通量源都为零,那么这个场就不存在了,因此无旋场必然对应于有散场,设其散度等于 $\rho(\boldsymbol{r})$,即 $\nabla \cdot \boldsymbol{F}_d = \rho$. 根据矢量恒等式 $\nabla \times \nabla \phi = 0$,可令

$$\boldsymbol{F}_d = -\nabla \phi \tag{9.6.13}$$

对于无散场 $\boldsymbol{F}_c$,$\nabla \cdot \boldsymbol{F}_c = 0$,但是这个场的旋度不会处处为零,设其旋度等于 $\boldsymbol{J}(\boldsymbol{r})$,即 $\nabla \times \boldsymbol{F}_c = \boldsymbol{J}$. 根据矢量恒等式 $\nabla \cdot \nabla \times \boldsymbol{A} = 0$,可以令

$$\boldsymbol{F}_c = \nabla \times \boldsymbol{A} \tag{9.6.14}$$

把式(9.6.13)和(9.6.14)代入式(9.6.12),可得

$$\boldsymbol{F} = -\nabla \phi + \nabla \times \boldsymbol{A} \tag{9.6.15}$$

即矢量场 $\boldsymbol{F}$ 可表示为一个标量场的梯度再加上一个矢量场的旋度.

设无旋场 $\boldsymbol{F}_d$ 的散度等于 $\rho(\boldsymbol{r})$,无散场 $\boldsymbol{F}_c$ 的旋度等于 $\boldsymbol{J}(\boldsymbol{r})$,则

$$\nabla \cdot \boldsymbol{F} = \nabla \cdot (\boldsymbol{F}_d + \boldsymbol{F}_c) = \nabla \cdot \boldsymbol{F}_d = \rho \tag{9.6.16}$$

$$\nabla \times \boldsymbol{F} = \nabla \cdot (\boldsymbol{F}_d + \boldsymbol{F}_c) = \nabla \cdot \boldsymbol{F}_c = \boldsymbol{J} \tag{9.6.17}$$

可以看出,$\boldsymbol{F}$ 的散度代表产生矢量场 $\boldsymbol{F}$ 的一种"源"ρ,而 $\boldsymbol{F}$ 的旋度代表产生矢量场 $\boldsymbol{F}$ 的另一种"源"$\boldsymbol{J}$. 当这两种源在空间的分布确定时,矢量场也就唯一确定了.

习　题

1. 试求距离矢量的模 $|\boldsymbol{r}_1 - \boldsymbol{r}_2|$ 在直角坐标系、圆柱坐标系和球坐标系中的表达式.

2. 求函数 $\phi = xyz$ 在点 (x_0, y_0, z_0) 沿由点 (a, b, c) 指向点 $(\varepsilon, \eta, \zeta)$ 方向的方向导数.

3. 若 $\boldsymbol{F} = -xy\boldsymbol{a}_x + 3x^2 y\boldsymbol{a}_y + z^3 x\boldsymbol{a}_z$,在 $P(1, -1, 2)$ 求 $\nabla \cdot \boldsymbol{F}$.

4. 在圆柱坐标系 (ρ, φ, z) 中求矢量函数 $\boldsymbol{B} = \boldsymbol{e}_\varphi \dfrac{1}{\rho}$ 的旋度(设 $\rho \neq 0$).

5. 求矢量 $\boldsymbol{A} = \boldsymbol{e}_x x + \boldsymbol{e}_x x^2 + \boldsymbol{e}_y y^2 z$ 沿 xOy 平面上的一个边长为 2 的正方形回路的线积分,此正方形的两边分别与 x 轴和 y 轴重合. 再求 $\nabla \times \boldsymbol{A}$ 对此回路包围的表面积分,验证斯托克斯定理.

参 考 文 献

[1]卢开澄．计算机密码学:计算机网络中的数据与安全[M].2版．北京:清华大学出版社,1998.

[2]费洪晓,刘丽珏．离散数学[M]．天津:天津大学出版社,2011.

[3]耿素云,屈婉玲,张立昂．离散数学[M].3版．北京:清华大学出版社,1978.

[4]左孝凌,李为鉴,刘永才．离散数学[M]．上海:上海科学技术文献出版社,1982.

[5]方世昌．离散数学[M].2版．西安:西安电子科技大学出版社,1996.

[6]盖云英,包忠革．复变函数与积分变换[M].2版．北京:科学出版社,2007.

[7]成立社,李梦如．复变函数与积分变换[M]．北京:科学出版社,2011.

[8]甘应爱,等．运筹学[M].3版．北京:清华大学出版社,2005.

[9]成礼智,郭汉伟．小波与离散变换理论及工程实践[M]．北京:清华大学出版社,2005.

[10]GOSWAMJ JC,CHAN A K.小波分析理论、算法及其应用[M]．许天周,黄春光,译．北京:国防工业出版社,2007.

[11]樊昌信,曹丽娜．通信原理[M].6版．北京:国防工业出版社,2013.

[12]龚光鲁．随机过程[M]．北京:机械工业出版社.2013.

[13]周炯槃,等．通信原理[M]．北京:北京邮电大学出版社,2015.

[14]李晓峰,周宁,周亮,等．通信原理[M]．北京:清华大学出版社,2014.

[15]冷建华,王琰峰,陈淑华．离散时间信号处理[M]．长沙:国防科技大学出版社,2004.

[16]王惠刚,马艳．离散随机信号处理基础[M]．北京:电子工业出版社,2014.

[17]OPPENHEIM A V,SCHAFER R W. Discrete-Time Signal Processing[J], Prentice-Hall, Englewood Cliffs, NJ,1991.

[18]刘磊,王琳．随机信号与系统[M]．北京:清华大学出版社,2011.

[19]范玉妹,汪飞星,王萍,等．概率论与数理统计[M]．北京:机械工业出版社,2011.

[20]莫勒,喻文健．MATLAB 数值计算[M]．北京:机械工业出版社,2006.

[21]罗斯,郑忠国,詹从赞．概率论基础教程[M].8版．北京:人民邮电出版社,2010.

[22]威廉·费勒,胡迪鹤．概率论及其应用[M].3版．北京:人民邮电出版社,2006.

[23]林元烈,梁宗霞．随机数学引论[M]．北京:清华大学出版社,2003.

[24]陈智雄．伪随机序列的设计及其密码学应用[M]．厦门:厦门大学出版社,2012.

[25]肖国震．伪随机序列及其应用[M]．北京:国防工业出版社,1985.

[26]田日才．扩频通信[M]．北京:清华大学出版社,2007.

[27]曾兴文,刘乃安,孙献璞．扩展频谱通信及其多址技术[M]．西安:西安电子科技大学出版社,2004.

[28]HOLMES J K. Coherent Spread Spectrum Systems[M]. NewYork:John Wiley&Sons,Ins. 1982.

[29]肖国振,梁传甲,王育民．伪随机序列及其应用[M]．北京:国防工业出版社,1985.

[30]谢处方,饶可谨．电磁场与电磁波[M].4版．北京:高等教育出版社,2006.

[31]GURU B S,HIZIROGLU H R,周克定．电磁场与电磁波．机械工业出版社,2000.

[32]杨儒贵．电磁场与电磁波[M]．北京:高等教育出版社,2003.

[33]邹澎,周晓萍．电磁场与电磁波[M]．北京:清华大学出版社,2008.

[34]雷虹,刘立国．电磁场与电磁波[M]．北京:北京邮电大学出版社,2008.

[35]周伟．MATLAB 小波分析高级技术[M]．西安:西安电子科技大学出版社,2006.